Herbert Meschkowski

Ungelöste und unlösbare Probleme der Geometrie

HERBERT MESCHKOWSKI

Ungelöste und unlösbare Probleme der Geometrie

Mit 45 Abbildungen

FRIEDR. VIEWEG & SOHN · BRAUNSCHWEIG
1960

Herbert Meschkowski, Dr. phil.

ist Professor an der Pädagogischen Hochschule Berlin

und Privatdozent an der Freien Universität Berlin

ISBN 978-3-322-97973-5   ISBN 978-3-322-98556-9 (eBook)

DOI 10.1007/978-3-322-98556-9

VORWORT

In einer Zeit, in der die mathematische Forschung ständig neue Theorien entwickelt, erscheint der Hinweis nicht überflüssig, daß es auch am Rande der elementaren Geometrie noch ungelöste Probleme gibt. Wir denken dabei vor allem an solche Fragestellungen, die so einfach sind, daß sie auch einem interessierten Laien verständlich gemacht werden können. Freilich, so ganz einfach sind nur die Fragestellungen. Die Lösungsversuche, die gemacht worden sind, die Beweise, die in die Nähe der gestellten Probleme führen, erfordern zum Verständnis doch einiges an mathematischer Bildung, etwa so viel, wie man bei einem Studenten der mittleren Semester voraussetzen darf.

Bei einigen berühmten Problemen, die die Mathematiker jahrtausendelang beschäftigten, hat die Forschung in den letzten Jahrzehnten zu der Einsicht geführt, daß sie unlösbar sind. Wir wollen auch einige solcher Fragestellungen in unsere Betrachtung einschließen. So stehen uralte klassische Probleme neben solchen, die bisher in der Buchliteratur gar nicht oder nur am Rand erwähnt wurden. Wir haben uns bemüht, auch bei den klassischen Problemen bekannte Methoden zu variieren oder die Fragestellung nach der einen oder andern Seite zu erweitern.

Es ist selbstverständlich, daß eine solche Darstellung nicht vollständig sein kann. Aus der Fülle der offenen Fragen haben wir uns einige besonders geeignet scheinende herausgegriffen. Das Quadraturproblem in seiner üblichen Form haben wir ganz beiseite gelassen, weil es darüber schon viele Darstellungen gibt. Auch das klassische Parallelenproblem ist hier nicht aufgenommen worden, weil wir ja zum Nachweis seiner Unlösbarkeit die Grundzüge der Nichteuklidischen Geometrie entwickeln müßten, und das würde doch den Rahmen dieser Schrift sprengen.

Die ausführlicher behandelten Fragen sind in dem einleitenden Kapitel zusammengestellt. Aus der Beschäftigung mit diesen Aufgaben ergeben sich aber weitere Probleme, die dann später im Text formuliert werden.

Das Anliegen dieser Schrift ist also nicht die systematische Darstellung eines bestimmten Teilgebietes der Geometrie. Unser Ziel ist vielmehr methodischer Art: Wir wollen die Arbeitsmethoden entwickeln, die zur Lösung geometrischer Probleme der hier betrachteten Art geeignet sind und über die Fragen nachdenken, die sich aus der Existenz unlösbarer Probleme ergeben.

Die in eckigen Klammern angegebenen Zahlen weisen auf das Literaturverzeichnis am Ende des Buches hin. Diese Zusammenstellung soll eindringendere eigene Arbeit erleichtern. Für diese eigene Arbeit wollen wir noch einen wichtigen Vorschlag an den Leser hinzufügen:

Nach den Erfahrungen der mathematischen Institute und der Autoren mathematischer Schriften reißen die Versuche nicht ab, die von der Forschung als unlösbar erkannten Probleme doch noch zu lösen. Und so ist zu fürchten, daß nach der Lektüre dieser Schrift sich wieder einige Leser finden werden, die nun doch und trotz allem eine Lösung des Trisektionsproblems gefunden haben. Allen solchen Lesern sei dies geraten: Lesen Sie den Unmöglichkeitsbeweis für diese Aufgabe dreimal durch und versuchen Sie dann, den Fehler in Ihrer Überlegung zu finden. Noch einfacher: Verzichten Sie auf solche Versuche, es geht wirklich nicht. Es gibt genug offene Fragen — und in dieser Schrift sind viele genannt —, an denen sich die mathematische Intuition mit echter Aussicht auf Erfolg betätigen kann. Damit soll nicht gesagt sein, daß die Lösung der hier genannten offenen Fragen besonders leicht sei. Es ist manchmal viel einfacher, in einer jungen Disziplin der Mathematik neue Erkenntnisse zu gewinnen, als eines der Probleme zu lösen, die am Rande der Elementargeometrie liegengeblieben sind. Da es aber nach einem Wort von *Erhard Schmidt* besser ist, alte Probleme mit neuen Methoden zu lösen als neue Probleme mit alten, ist es wohl berechtigt, zur Arbeit an den hier genannten „elementaren" Fragen anzuregen.

Zur Erleichterung der Lektüre ist am Schluß des Inhaltsverzeichnisses in einem Schema der innere Zusammenhang der Kapitel des Buches dargestellt.

Berlin, Februar 1960

Herbert Meschkowski

INHALTSVERZEICHNIS

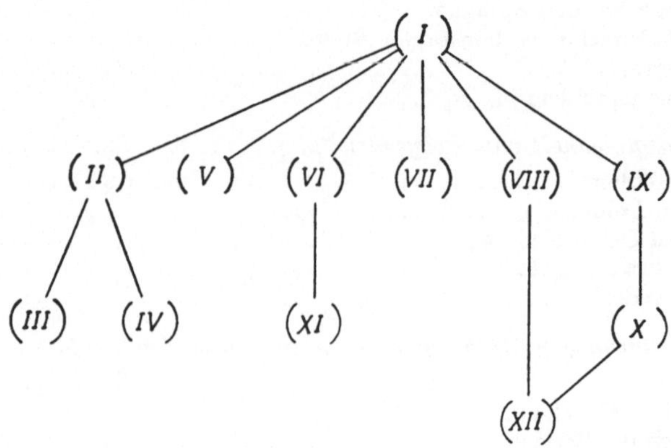

(I)
(II)
(V)
(VI)
(VII)
(VIII)
(IX)
(III)
(IV)
(XI)
(X)
(XII)

I. Die Probleme

Wir wollen zunächst die wichtigsten der Probleme zusammenstellen, mit denen wir uns in den nächsten Kapiteln beschäftigen werden. Da es in diesem Buch um ungelöste oder gar unlösbare Probleme geht, wird diese Beschäftigung darin bestehen, daß wir zusammentragen, was zur Lösung dieser Aufgaben geeignet ist. Dazu gehört die Lösung verwandter, meist einfacherer Probleme, der Bericht über Teilergebnisse usf. Bei den unlösbaren Problemen wird *zu beweisen* sein, daß eine Lösung unmöglich ist. Wir wollen aber nicht vorwegnehmen, welche der angeführten Aufgaben zu diesem Typus gehören. In einer Schlußbetrachtung soll schließlich versucht werden, die erkenntnis- und bildungstheoretische Bedeutung der Arbeit an den unlösbaren Problemen herauszustellen.

Beginnen wir also mit der Aufzählung der Probleme! Wir numerieren die Aufgaben, um sie später bequem zitieren zu können. Später eingeführte verwandte Probleme werden durch Anfügen von **a, b,** .... an die Nummer charakterisiert.

(1) *Gegeben sind ein kugelförmiger Planet und 10 (allgemein: n) einander feindliche Diktatoren. Wie sind die Residenzen dieser Herren auf der Kugel zu verteilen, damit der Minimalabstand zwischen irgend zwei von ihnen möglichst groß wird?*

Diese Aufgabe ist mit der folgenden gleichwertig: Welches ist der kleinste Radius r einer Kugel, auf der 10 (allgemein: n) Punkte von Minimalabstand *1* Platz haben?

Um die Gleichwertigkeit der Fragestellungen einzusehen, wählt man am besten den Radius des Planeten als Längeneinheit. Ist δ der Minimalabstand irgendeiner Verteilung von 10 (allgemein: n) Punkten auf dieser Kugel, so führt eine Ähnlichkeitstransformation mit dem Ähnlichkeitsfaktor δ^{-1} zu einer Kugel vom Radius $r = \delta^{-1}$ und dem Abstand *1* der Punkte. Einem Maximalwert von δ entspricht dabei ein Minimum von r.

Diese Aufgabe ist (in der zweiten Fassung) erst vor wenigen Jahren von *Schütte* und *van der Waerden* [III 1] in Angriff genommen worden. Sie gaben Lösungen für einzelne Zahlen n.

(2) *Auf einem kugelförmigen Planeten sollen n (n = 9, 10, 11 ....) Treibstofflager so untergebracht werden, daß die Entfernung von irgendeinem Punkt der Planetenoberfläche zum nächsten Lager möglichst klein wird.*

Dieses Problem ist zwar mit der Aufgabe (1) verwandt. Es wird sich aber zeigen, daß die Lösung von (1) (für ein bestimmtes n) keineswegs auch immer eine Lösung von (2) liefert.

(3)   *Wie muß man eine Folge von kongruenten Kugeln (im dreidimensionalen Raum) lagern, damit die Lagerungsdichte möglichst groß wird?*

Die „Lagerungsdichte" kann etwa so definiert werden: Ist r der Radius der zu lagernden kongruenten und sich nicht überdeckenden Kugeln, n_R die Anzahl der ganz in einer Kugel mit dem Radius R um einen Nullpunkt gelegenen Kugeln der gegebenen Folge, so heißt

$$d = \lim_{R \to \infty} \frac{n_R \dfrac{4}{3}\,\pi\,r^3}{\dfrac{4}{3}\,\pi\,R^3} = \lim_{R \to \infty} \frac{n_R\,r^3}{R^3}$$

die Lagerungsdichte der Folge. Man kann leicht zeigen (vgl. S. 7), daß dieser Grenzwert (wenn er existiert) von der speziellen Wahl des Nullpunktes unabhängig ist.

(4)   *Welches ist die kleinste ebene Figur, mit der man jeden ebenen Punkthaufen vom Durchmesser 1 bedecken kann?*

Ein „Punkthaufen" ist eine endliche Menge von Punkten, sein „Durchmesser" das Maximum des Abstandes von irgend zwei unter ihnen.

Es ist verhältnismäßig einfach, den kleinsten *Kreis* zu bestimmen, der jeden Punkthaufen vom Durchmesser *1* bedeckt. Sein Radius ist, wie zuerst *H. W. E. Jung* gezeigt hat [V 2], gleich $\dfrac{1}{3}\sqrt{3}$.

Es gibt aber noch kleinere Flächenstücke (wir werden sie „Tafeln" nennen), die ebenfalls die betrachteten Punkthaufen zudecken. Die Frage nach der *Tafel mit dem kleinsten Inhalt* ist noch nicht beantwortet.

(5)   *Unter welchen Voraussetzungen sind inhaltsgleiche Polyeder auch zerlegungsgleich?*

Zwei Polyeder heißen „zerlegungsgleich", wenn es möglich ist, sie in endlich viele paarweise kongruente Teilpolyeder zu zerlegen, die keine inneren Punkte gemeinsam haben:

$$(1) \qquad \mathfrak{P} = \mathfrak{p}_1 + \mathfrak{p}_2 + \ldots + \mathfrak{p}_n, \quad \mathfrak{Q} = \mathfrak{q}_1 + \mathfrak{q}_2 + \ldots + \mathfrak{q}_n,$$

$$\mathfrak{p}_\nu \equiv \mathfrak{q}_\nu, \quad \nu = 1, 2, \ldots n.$$

Man kann leicht zeigen, daß inhaltsgleiche ebene *Polygone* auch zerlegungsgleich sind[1]). Für *Polyeder* gilt die entsprechende Aussage nicht.

---

[1]) Die Zerlegungsgleichheit von Polygonen $\mathfrak{P}$ und $\mathfrak{Q}$ ist entsprechend (1) definiert.

Man kennt *notwendige* Bedingungen für die Zerlegungsgleichheit von Polyedern, die für viele Paare inhaltsgleicher Polyeder nicht erfüllt sind. Die Frage nach den *hinreichenden* Bedingungen für die Zerlegungsgleichheit ist immer noch nicht vollständig gelöst.

(6)   *Welches ist die kleinste Zahl inkongruenter Quadrate, in die man ein gegebenes Quadrat zerlegen kann?*

Man weiß, daß man ein Quadrat in 24 Teilquadrate zerlegen kann, von denen keine zwei kongruent sind. Es ist ferner bekannt, daß bei der Zerlegung irgendeines Rechtecks (mit kommensurablen Seiten) in lauter inkongruente Quadrate mindestens 9 solcher Quadrate auftreten.

(7)   *In einem Bereich $\mathfrak{B}$ soll eine Strecke AB von der Länge 1 so bewegt werden (durch Verschiebungen und Drehungen), daß der Richtungswinkel von AB sich dabei um 360° ändert. Gesucht ist ein Bereich kleinsten Flächeninhalts, in dem das möglich ist.*

Dreht man AB um A um 360°, so überstreicht die Strecke einen Kreis vom Inhalt π. Läßt man AB als Sehne auf einem Kreis vom Radius R gleiten, so überstreicht die Strecke einen Kreisring mit den Radien R und $\sqrt{R^2 - \frac{1}{4}}$. Der Inhalt dieses Ringes ist — unabhängig von R — gleich $\frac{\pi}{4}$. Es wird gefragt, ob es geeignete Bereiche mit noch kleinerem Inhalt gibt und für welchen Bereich dieser Art der Flächeninhalt zum Minimum wird.

(8)   *Ein gegebener Winkel soll mit Zirkel und Lineal in fünf gleiche Teile geteilt werden.*

(9)   *Die „Quadratur des Zirkels" auf der Kugel: Auf der Einheitskugel soll mit Kugelzirkel und Großkreislineal ein reguläres Viereck konstruiert werden, das einem gegebenen Kugelkreis (einer „Kugelkappe") inhaltsgleich ist.*

Ein „Großkreislineal" ist ein Gerät, mit dem man auf der Kugel durch zwei gegebene, nicht diametral gelegene Punkte den Großkreis zeichnen kann. Wie man das Zeichnen der Großkreise realisiert, ist für unsere Fragestellung gleichgültig. Es genügt die Verabredung, daß entsprechend den Vorschriften für die Konstruktion mit Zirkel und Lineal in der Ebene das Zeichnen eines Kreises um einen (gegebenen oder schon konstruierten) Punkt P mit einem Radius PQ (Q ist ein weiterer gegebener oder schon konstruierter Punkt) möglich ist und daß man durch zwei (nicht diametrale) Punkte R und S den Großkreis zeichnen kann.

Trotzdem wollen wir noch anmerken, daß man beide zulässigen Konstruktionsschritte mit einem gewöhnlichen Zirkel ausführen kann. Zur

Zeichnung des Großkreises durch R und S ist es allerdings erforderlich, daß die Zirkelspanne des Großkreises (auf der Einheitskugel $\sqrt{2}$) gegeben ist. Mit der Zirkelöffnung $\sqrt{2}$ kann man zunächst den „Pol" T des Großkreises RS ermitteln und dann um T wieder mit der Spanne $\sqrt{2}$ den Großkreis durch R und S zeichnen.

(10) *Das mengentheoretische Quadraturproblem: Die Kreisscheibe $\Re$ $(x^2 + y^2 \leq 1)$ und das inhaltsgleiche Quadrat $\mathfrak{Q}$ $(0 \leqq x \leqq \sqrt{\pi};$ $0 \leqq y \leqq \sqrt{\pi})$ sollen so in eine endliche Anzahl n von Teilmengen $\Re_\nu$ und $\mathfrak{Q}_\nu$ zerlegt werden, daß die Teilmengen gleicher Nummer kongruent sind:*

$$\Re = \Re_1 + \Re_2 + \ldots + \Re_n, \quad \mathfrak{Q} = \mathfrak{Q}_1 + \mathfrak{Q}_2 + \ldots + \mathfrak{Q}_n,$$

$$\Re_\nu \equiv \mathfrak{Q}_\nu, \quad \nu = 1, 2, \ldots n.$$

Es ist zu beachten, daß hier über die Teilmengen $\Re_\nu$ und $\mathfrak{Q}_\nu$ keine speziellen Voraussetzungen gemacht werden. Es brauchen nicht Polygone, Kreisbogendreiecke usw. zu sein. Zwei solche beliebigen Mengen $\Re_\nu$ und $\mathfrak{Q}_\nu$ heißen kongruent, wenn es möglich ist, $\Re_\nu$ in $\mathfrak{Q}_\nu$ durch Kongruenztransformationen (Drehung, Spiegelung, Parallelverschiebung) überzuführen.

Es läge nahe, auch das Vierfarbenproblem an dieser Stelle als „ungelöstes Problem" zu behandeln. Wir verzichten darauf, weil es aus jüngster Zeit gute Darstellungen über den Stand des Problems gibt.

II. Reguläre Lagerungen in der Ebene und auf der Kugel

1. Aufgaben über die Lagerungsdichte

Wir wollen der auf S. 1 formulierten Aufgabe (1) eine andere Fassung geben. Dazu denken wir uns auf der Einheitskugel n Punkte P_ν ($\nu = 1, 2, 3, \ldots, n$) zunächst beliebig verteilt. Der sphärische Minimalabstand von irgend zwei Punkten P_ν, P_μ sei d. Dann kann man um die Punkte P_ν Kugelkreise vom sphärischen Radius $r = \dfrac{d}{2}$ zeichnen, die keine inneren Punkte gemeinsam haben. Bei Verschiebung der Punkte P_ν wird sich der Minimalabstand d ändern, und aus Stetigkeitsgründen wird für (mindestens) eine Anordnung der Punkte P_ν d zum Maximum werden. Für eine solche extremale Figuration der Punkte P_ν ($\nu = 1, 2, \ldots, n$) wird mit d auch der Flächeninhalt der um diese Punkte gezeichneten Kreise (Kugelkappen) vom Radius $r = \dfrac{d}{2}$ zum Maximum.

Deshalb ist die Aufgabe (1) der Aufgabe (1a) äquivalent:

Aufgabe (1a):

Auf der Einheitskugel sollen n kongruente, sich nicht überdeckende, möglichst große Kugelkappen eingelagert werden.

Die Mittelpunkte eines solchen extremalen Kappensystems sind dann die geeignete Residenz für die Diktatoren von Aufgabe (1).

In analoger Weise können wir die Aufgabe (2) auf ein Bedeckungsproblem zurückführen. Denken wir uns um die für die Treibstofflager vorgesehenen Punkte P_ν Kugelkappen vom sphärischen Radius ϱ gelegt, die die ganze Kugel bedecken[1]). Der sphärische Maximalabstand irgendeines Kugelpunktes von den Punkten P_ν ist dann höchstens gleich ϱ, und unsere Aufgabe ist es, die Bedeckung mit den Kugelkappen so einzurichten, daß man mit Kappen von möglichst kleinem sphärischen Radius ϱ eine Bedeckung der ganzen Kugel erreicht. Wählen wir den Kugelradius wieder als Einheit, so haben wir für (2) das äquivalente Problem:

---

[1]) Das heißt genauer: Jeder Punkt der Kugel soll innerer Punkt *oder Randpunkt* von mindestens einer der Kappen sein. Beim Bedeckungsproblem betrachten wir also die Kappen als abgeschlossen, beim Lagerungsproblem (1a) als offen: Berührung der Kappen ist zugelassen.

Aufgabe (2 a):

*Die Einheitskugel soll durch n Kugelkappen von möglichst kleinem Radius
vollständig bedeckt werden.*

Die Mittelpunkte eines solchen extremalen Kappensystems sind dann
die Orte für die in Aufgabe (2) genannten Treibstofflager.

Der Inhalt einer Kugelkappe von der Höhe h bzw, dem sphärischen
Radius r ist nun auf der Einheitskugel

$$J(r) = 2\,\pi \cdot l \cdot h = 2\,\pi\,(l - \cos r)\,.$$

$J(r)$ ist also ebenso wie die Lagerungsdichte

$$D_n = \frac{n \cdot J(r)}{4\,\pi} = \frac{n}{2}\,(l - \cos r) \tag{1}$$

eine monoton wachsende Funktion von r. Die Lösung der Aufgabe **(1 a)**
liefert uns deshalb ein der Kugel eingelagertes Kappensystem von
maximaler, die Lösung von **(2 a)** ein bedeckendes Kappensystem von
minimaler Lagerungsdichte. Die durch (1) definierte Lagerungsdichte D_n
für ein Kappensystem hat eine anschauliche geometrische Bedeutung:
$100\,D_n$ gibt den Prozentsatz der Kugelfläche an, der von den Kappen
bedeckt wird. Für das Lagerungsproblem ist $D_n < 1$, beim Bedeckungsproblem haben wir dagegen $D_n > 1$.

Bevor wir an die Lösung der Aufgaben **(1 a)** und **(2 a)** für bestimmte
natürliche Zahlen n gehen, wollen wir zwei einfachere Aufgaben formulieren, deren Behandlung für die Lösung der ursprünglich gestellten
nützlich sein wird.

Aufgabe (1 b):

*Auf der Einheitskugel seien n kongruente, sich nicht überschneidende Kugel-
kappen gelagert. Für die Lagerungsdichte (1) dieses Systems soll eine von
n abhängige obere Schranke s (n) angegeben werden.*

Aufgabe (2 b):

*Die Einheitskugel sei von n kongruenten Kugelkappen ganz bedeckt. Für
die Lagerungsdichte des Systems soll eine untere Schranke S(r) angegeben
werden.*

Wir werden diese Schrankenfunktionen $s(n)$ und $S(n)$ so bestimmen,
daß sie wenigstens für gewisse natürliche Zahlen n *gleich* der Lagerungsdichte eines wohlbestimmten Kappensystems sind. Dann ist mit der
Bestimmung der Schrankenfunktionen wenigstens *für diese Zahlen n*
auch die ursprünglich gestellte Aufgabe gelöst.

Aber auch die Lösung der Aufgaben **(1 b)** und **(2 b)** wollen wir noch
eine Weile zurückstellen und zuerst als eine Art Vorübung die ent-

sprechenden Lagerungsprobleme *für die ebene Geometrie* lösen. Diese Abschweifung ist freilich mehr als nur eine Vorübung. Wir werden sehen, daß die für sich interessanten Lagerungsprobleme in der Ebene auf Fragestellungen führen, die noch ungelöst (S. 26) sind.

Fragen wir uns also, wie man in der Ebene ein System sich nicht überdeckender Einheitskreise möglichst dicht lagern und wie man umgekehrt ein Teilgebiet der Ebene durch möglichst wenig Einheitskreise vollständig zudecken kann. Den Begriff der Lagerungsdichte werden wir dazu für die Ebene durch einen Grenzwert neu definieren müssen. Die Hereinnahme eines geeigneten Grenzprozesses ist deshalb in der ebenen Geometrie unvermeidlich, da die volle Ebene nicht durch endlich viele Kreise zugedeckt werden kann.

Es sei $\{\mathfrak{k}_i\}$ ein System von abzählbar vielen Einheitskreisen in der Ebene $\mathfrak{E}$. $\mathfrak{K}(R)$ sei ein Kreis vom Radius R um einen fest gewählten Punkt O unserer Ebene, $n(R)$ die Anzahl der Kreise von $\{\mathfrak{k}_i\}$, die mit $\mathfrak{K}(R)$ einen inneren Punkt gemeinsam haben.

$$\sum_R J_i = \pi \sum_R 1 = \pi \cdot n(R)$$

ist dann die Summe der Flächeninhalte dieser Kreise[1]). Der Grenzwert

$$\lim_{R\to\infty} \frac{\sum\limits_R J_i}{\pi R^2} = \lim_{R\to\infty} \frac{n(R)}{R^2} = \lim_{R\to\infty} \delta_R \tag{2}$$

heißt dann die Lagerungsdichte des Systems $\{\mathfrak{k}_i\}$.

Wir beachten zuerst, daß diese Definition der Lagerungsdichte unabhängig ist von der speziellen Wahl des Mittelpunktes O für den Kreis $\mathfrak{K}(R)$. Sei nämlich O^+ ein zweiter Mittelpunkt (in der Entfernung d von O) für den Kreis $\mathfrak{K}^+(R)$ um O^+ mit dem Radius R. Wenn jetzt Σ^+ die Summierung über alle die Kreise von $\{\mathfrak{k}_i\}$ bedeutet, die mit $\mathfrak{K}^+(R)$ einen inneren Punkt gemeinsam haben, so gilt doch

$$\sum_{R-d} J_i \leq \sum_R{}^+ J_i \leq \sum_{R+d} J_i \,,$$

und daraus folgt

$$\left(1 - \frac{\delta}{R}\right)^2 \frac{\sum\limits_{R-d} J_i}{\pi(R-d)^2} \leq \frac{\sum\limits_R{}^+ J_i}{\pi R^2} \leq \left(1 + \frac{d}{R}\right)^2 \frac{\sum\limits_{R+d} J_i}{\pi(R+d)^2}\,,$$

also

$$\lim_{R\to\infty} \frac{\sum\limits_R{}^+ J_i}{\pi R^2} = \lim_{R\to\infty} \frac{\sum\limits_R J_i}{\pi R^2}\,.$$

---

[1]) Die Summation über R bedeutet hier und im folgenden, daß über alle die Kreise unseres Systems summiert werden soll, die mit $\mathfrak{K}(R)$ einen inneren Punkt gemeinsam haben.

Jetzt können wir die den Aufgaben **(1b)** und **(2b)** entsprechenden Probleme der ebenen Geometrie formulieren:

Aufgabe (1c):

Es sei $\{\mathfrak{k}_i\}$ *eine Folge von Einheitskreisen in einer Ebene* $\mathfrak{E}$, *die keine inneren Punkte gemeinsam haben. Die Lagerungsdichte dieses Systems ist nach oben abzuschätzen.*

Aufgabe (2c):

Es sei $\{\mathfrak{k}_i^+\}$ *eine Folge von Einheitskreisen in einer Ebene* $\mathfrak{E}$ *mit der Eigenschaft, daß jeder Kreis* $\mathfrak{K}(R)$ *um einen Punkt* $O \in \mathfrak{E}$ *von endlich vielen Kreisen des Systems* $\{\mathfrak{k}_i^+\}$ *ganz bedeckt wird. Die Lagerungsdichte von* $\{\mathfrak{k}_i^+\}$ *ist nach unten abzuschätzen.*

Es ist sehr einfach, diese Aufgaben zu lösen, wenn man eine *gitterartige* Anordnung der Mittelpunkte voraussetzt [A 3]. Wir wollen aber auf solche speziellen Voraussetzungen verzichten und beginnen die Lösung mit der Ableitung einiger auch für die Lösung weiterer Probleme wichtiger Hilfssätze.

2. Hilfssätze

Unter einem ebenen *Polygonnetz* verstehen wir eine Menge von in einer Ebene gelegenen geschlossenen einfachen Polygonen, die folgende Eigenschaften hat:

1. Je zwei Polygone haben keinen inneren Punkt gemeinsam.
2. Je zwei Polygone können Eckpunkte oder Kanten gemeinsam haben. Wenn sie Kanten gemeinsam haben, so haben sie stets eine oder mehrere *ganze* Kanten gemeinsam.
3. Alle freien Kanten[1]) bilden ein einziges geschlossenes einfaches Polygon.

Diese letzte Bedingung schließt die Möglichkeit aus, ein solches in einer Ebene gelegenes System von Polygonen als Netz anzusprechen, dessen Vereinigungsmenge einen mehrfach zusammenhängenden Bereich bildet. Nimmt man dagegen in einem solchen Fall die inneren Begrenzungspolygone zu dem System hinzu, so hat man ein Netz in unserem Sinne. Wir bezeichnen nun die Zahl der Polygone eines Netzes mit F, die ihrer Kanten (Seiten) mit K und die Zahl der Ecken mit E. Die Zahl

$$C(\mathfrak{N}) = E - K + F$$

heißt dann die *Euler*sche Charakteristik des Netzes $\mathfrak{N}$. Wir beweisen nun

---

[1]) „Freie" Kanten eines Netzes sind solche, die nur zu *einem* Polygon des Netzes gehören.

Satz 1:

Die Eulersche Charakteristik eines ebenen Netzes ist gleich 1:

$$C(\mathfrak{N}) = E - K + F = 1 \,. \tag{3}$$

Zum Beweis bemerken wir zuerst, daß sich die Charakteristik nicht ändert, wenn man in einem Polygon eine (innere) Diagonale zieht. Die Zahl der Ecken bleibt dadurch unverändert, während F und K je um 1 größer werden. Durch das Ziehen solcher Diagonalen kann man schließlich alle Polygone des Netzes triangulieren ([A 1] S. 66), und es genügt deshalb, den Satz für ein Dreiecksnetz zu beweisen.

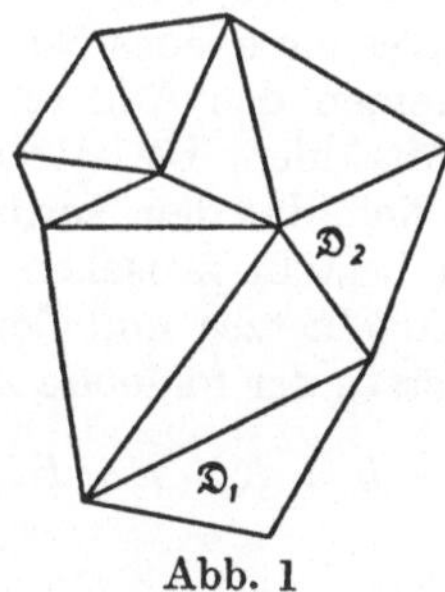

Abb. 1

Es sei also $\mathfrak{N}_n$ ein aus n Dreiecken gebildetes Netz (Abb. 1). Die Dreiecke von $\mathfrak{N}_n$, die freie Kanten enthalten, wollen wir Randdreiecke des Netzes nennen (z. B. $\mathfrak{D}_1$ und $\mathfrak{D}_2$ in Abb. 1). Wenn unter den Randdreiecken des Netzes eins mit zwei freien Kanten vorkommt (z. B. $\mathfrak{D}_1$ in Abb. 1), so erhält man durch Abtrennung dieses Dreiecks ein System von $n-1$ Dreiecken, das ebenfalls alle in der Definition des Netzes geforderten Bedingungen erfüllt. Es hat die gleiche Charakteristik wie $\mathfrak{N}_n$: $C(\mathfrak{N}_{n-1}) = C(\mathfrak{N}_n)$. Denn E und F hat sich um 1, K aber um zwei vermindert. Kommen im Netz nur Dreiecke mit *einer* freien Kante vor[1]), so kann auch hier ein Dreieck entfernt werden, ohne daß der Zusammenhang des verbleibenden Systems von Dreiecken gestört wird. Dabei ändert sich K und F um 1, E überhaupt nicht.

Auf diese Weise kann man das Netz abbauen, bis es nur aus einem Dreieck besteht. Und da die Charakteristik eines Dreiecks gleich $3 - 3 + 1 = 1$ ist, ist damit unser Satz bewiesen. Er ist offenbar auch dann richtig, wenn die Strecken der Polygone ersetzt werden durch stetige (sich nicht überschneidende) Kurvenstücke.

---

[1]) Das ist z. B. der Fall bei dem Netz $\mathfrak{N}_{n-1}$ in Abb. 1, das aus $\mathfrak{N}_n$ durch Abtrennung von $\mathfrak{D}_1$ entsteht.

Auf der Kugel kann man ebenfalls (etwa aus Großkreisbögen) Polygonnetze bilden. Hier gibt es aber auch solche Systeme von Polygonen, die die ganze Kugel bedecken. Wir wollen diese für die Kugelgeometrie wichtigen Systeme als Netze auf der Kugel bezeichnen. Ihre genaue Definition erhält man durch eine Variation der Definition für die ebenen Netze. An die Stelle der ebenen Polygone treten natürlich solche auf der Kugel, und 3. ist durch die Vorschrift zu ersetzen: Es gibt keine freien Kanten.

Denken wir uns nun durch stereographische Projektion (siehe dazu z. B. [A 4]) ein solches Kugelnetz auf die Ebene abgebildet. Das Projektionszentrum sei ein innerer Punkt eines Kugelpolygons. Dann erhält man als ebenes Bild des Kugelnetzes ein ebenes Netz. Es ist nur zu beachten, daß wir bei den ebenen Netzen das Äußere des Polygons der freien Kanten *nicht* als Polygon mitzählen. Es ist aber das Bild eines Kugelpolygons: des Polygons nämlich, das den Nordpol der stereographischen Projektion enthält. Danach besteht zwischen den Ecken, Kanten und Flächen (e, k und f) des Kugelnetzes und den entsprechenden Zahlen (E, K und F) des ebenen Netzes der folgende Zusammenhang:

$$e = E, \quad k = K, \quad f = F + 1.$$

Aus (3) folgt danach

Satz 2:

Die Eulersche Charakteristik eines Kugelnetzes ist gleich 2:

$$e - k + f = 2. \tag{4}$$

Eine große Zahl von geometrischen Extremalproblemen kann man mit Hilfe der *Jensen*schen Ungleichung für konvexe Funktionen lösen. Eine in einem Intervall $[a;b]$ der x-Achse erklärte Funktion $f(x)$ heißt *konvex*, wenn für irgend zwei Punkte x_1 und x_2 des Intervalles stets

$$2 f\left(\frac{x_1 + x_2}{2}\right) \leqq f(x_1) + f(x_2) \tag{5}$$

ist. Sie heißt *konkav*, wenn umgekehrt für irgend zwei Punkte x_1, x_2

$$2 f\left(\frac{x_1 + x_2}{2}\right) \geqq f(x_1) + f(x_2) \tag{5'}$$

ist. Für solche Funktionen gilt nun

Satz 3 (Jensensche Ungleichung):

Ist $f(x)$ in $[a;b]$ konvex, so gilt für beliebige Punkte $x_\nu \in [a;b]$ *($\nu = 1, 2, 3, \ldots, n$):*

$$f(x_1) + f(x_2) + \ldots + f(x_n) \geqq n\, f\left(\frac{x_1 + x_2 + \ldots + x_n}{n}\right). \qquad (6)$$

Für konkave Funktionen $f(x)$ gilt dagegen

$$f(x_1) + f(x_2) + \ldots + f(x_n) \leqq n\, f\left(\frac{x_1 + x_2 + \ldots + x_n}{n}\right). \qquad (6')$$

Es genügt, (6) zu beweisen. Der Beweis für konkave Funktionen verläuft analog. Wir zeigen zuerst, daß der Satz für $n = 2^m$ $(m > 1,\ \text{ganz})$ richtig ist, dann, daß aus der Richtigkeit für n die für $n - 1$ folgt. Damit ist dann die Gültigkeit von (6) für alle natürlichen Zahlen N gesichert. In der Tat: Liegt etwa N zwischen 2^{m-1} und 2^m, so folgt ja aus der Gültigkeit von (6) für 2^m die für $2^m - 1$, daraus die für $2^m - 2$ und schließlich auch die für N.

Für $n = 4$ haben wir zunächst durch wiederholte Anwendung von (5):

$$\frac{1}{4}\left(f(x_1) + f(x_2) + f(x_3) + f(x_4)\right) \geqq \frac{1}{4}\left(2\,f\,\frac{x_1 + x_2}{2} + 2\,f\left(\frac{x_3 + x_4}{2}\right)\right)$$

$$\geqq f\left(\frac{\dfrac{x_1 + x_2}{2} + \dfrac{x_3 + x_4}{2}}{2}\right) = f\left(\frac{x_1 + x_2 + x_3 + x_4}{4}\right).$$

Durch einen normalen Induktionsschluß folgert man ebenso die Gültigkeit von (6) für $n = 2^m$, $m > 2$. Es bleibt dann nur noch zu zeigen, daß aus der Richtigkeit für n auch die für $n - 1$ folgt. Es seien also x_1, x_2, $\ldots$, x_{n-1} beliebige Stellen unseres Intervalles $[a;\,b]$. Es soll die Gültigkeit von (6) für diese Stellen bewiesen werden unter der Voraussetzung, daß die Ungleichung für n beliebige Punkte des Intervalles richtig ist. Wir fügen den $n - 1$ Punkten einen weiteren hinzu:

$$x_n = \frac{x_1 + x_2 + \ldots + x_{n-1}}{n - 1}, \qquad (7)$$

der ebenfalls im Intervall $[a;\,b]$ liegt. Nach unserer Induktionsannahme ist (6) für n Punkte richtig. Wir schreiben diese Ungleichung in der Form

$$(x_1) + f(x_2) + \ldots + f(x_{n-1}) \geqq n\, f\left(\frac{x_1 + x_2 + \ldots + x_n}{n}\right) - (f\,x_n). \qquad (8)$$

Multipliziert man nun (7) mit $n - 1$, so wird klar, daß für x_n auch die Darstellung

$$x_n = \frac{x_1 + x_2 + \ldots + x_n}{n} \qquad (7')$$

11

richtig ist. Nach (7') und (7) wird aber aus (8):

$$f(x_1) + f(x_2) + \ldots + f(x_{n-1}), \; \geqq n\,f(x_n) - f(x_n) =$$

$$= (n-1)\,f\left(\frac{x_1 + x_2 + \ldots + x_{n-1}}{n-1}\right).$$

Diese Ungleichung wollten wir beweisen.

Als eine erst später zu benutzende Anwendung der *Jensen*schen Ungleichung beweisen wir

Satz 4:

Unter allen einem Kreis vom Radius r einbeschriebenen n-Ecken hat das reguläre den größten Inhalt.

Bezeichnen wir (Abb. 2) mit $2\,\alpha_\nu$ die Zentriwinkel der durch die Radien $MA_1, MA_2, \ldots$ gebildeten gleichschenkligen Teildreiecke des einbeschriebenen Vielecks $A_1 A_2 A_3 \ldots A_n$. Dann ist der Inhalt des ganzen Vielecks

$$F = r^2 \sum_{\nu=1}^{n} \sin \alpha_\nu \cos \alpha_\nu = \frac{r^2}{2} \sum_{\nu=1}^{n} \sin 2\,\alpha_\nu .$$

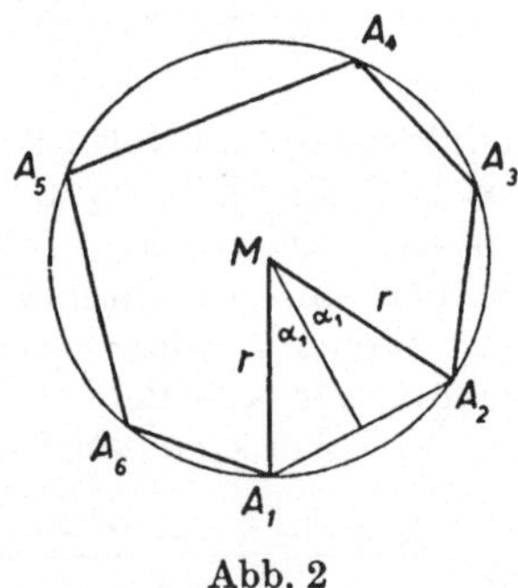

Abb. 2

Nun ist im Intervall $[0;\pi]$ $\sin x$ eine konkave Funktion. Nach einer bekannten Formel des Additionstheorems ist nämlich

$$\sin x_1 + \sin x_2 = 2 \sin \frac{x_1 + x_2}{2} \cos \frac{x_1 - x_2}{2} \leqq 2 \sin \frac{x_1 + x_2}{2} .$$

Deshalb gilt nach dem *Jensen*schen Satz (6')

$$F \leqq \frac{r^2}{2}\,n \sin \frac{2\,\alpha_1 + \ldots + 2\,\alpha_n}{n} = \frac{n\,r^2}{2} \sin \frac{2\,\pi}{n} .$$

Auf der rechten Seite dieser Ungleichung steht aber der Inhalt des dem Kreise einbeschriebenen regulären n-Ecks.

Wir haben in diesem Fall den konkaven Charakter von sin x mit Hilfe des Additionstheorems bewiesen. In vielen Fällen ist es angebracht, das folgende Kriterium zu benutzen:

Eine im Intervall [a; b] zweimal stetig differenzierbare Funktion f(x) ist konvex (konkav), wenn die zweite Ableitung f"(x) im ganzen Intervall positiv (negativ) ist.

Da dieses wichtige Kriterium in vielen Lehrbüchern der Analysis nicht bewiesen wird, wollen wir den Beweis hier nicht übergehen. Nach dem *Taylor*schen Satz ist

$$f(\xi) = f(x) + f'(x)(\xi - x) + \frac{1}{2} f''(x + \vartheta(\xi - x))(\xi - x)^2 \qquad (9)$$

für $x \in [a; b]$, $\xi \in [a; b]$. Sei nun $f''(x) > 0$ im ganzen Intervall. Dann folgt aus (9):

$$f(\xi) > f(x) + f'(x)(\xi - x).$$

Für $\xi = x_1$ bzw. $\xi = x_2$ und $x_1 + x_2 = 2x$ wird daraus

$$f(x_\nu) > f(x) + f'(x)(x_\nu - x) \qquad (\nu = 1,2),$$

also

$$f(x_1) + f(x_2) > 2 f(x) + f'(x)(x_1 + x_2 - 2x) = 2 f(x).$$

Entsprechend erhält man (5'), wenn $f''(x)$ in $[a; b]$ negativ ist.

3. Lagerungsprobleme in der Ebene

Es sei nun $\{\mathfrak{k}_i\}$ eine Folge sich nicht überdeckender Einheitskreise in einer Ebene. Für die Abschätzung der Lagerungsdichte eines solchen Systems (Aufgabe (1c)) können wir ohne Einschränkung der Allgemeinheit annehmen, daß das System „gesättigt" ist. Das heißt: Es soll nicht möglich sein, in der Ebene weitere Einheitskreise zu lagern, ohne daß Überdeckungen auftreten.

Wir verbinden nun die Mittelpunkte der Kreise durch Strecken zu einem Dreiecksnetz, dessen Ecken nur die Kreismittelpunkte sind. Dieses Netz kann so eingerichtet werden, daß in keinem seiner Dreiecke ein Winkel auftritt, der größer als 120° ist. Beginnen wir das „Knüpfen" des Netzes durch Verbindung eines beliebigen Mittelpunktes M_1 mit dem nächsten (oder: einem der nächsten) Mittelpunkt M_2. Wir betrachten jetzt die Kreise, die mit dem durch die Lote auf $M_1 M_2$ in M_1 und M_2 bestimmten Parallelstreifen (Abb. 3) innere Punkte gemeinsam haben. Solche Kreise muß es geben, sonst wäre das System nicht gesättigt.

Unter diesen Kreisen erhält der die Nummer 3, dessen Mittelpunkt von der Geraden den kleinsten Abstand hat. Falls es mehrere davon gibt, wird einer willkürlich herausgegriffen. Liegt sein Mittelpunkt im Parallelstreifen, so ist das Dreieck $M_1 M_2 M_3$ spitzwinklig. Liegt M_3 aber außerhalb und wird $\mathfrak{k}_3$ etwa durch das Lot auf M_1 getroffen (Abb. 3), so gilt für den Winkel ε zwischen $M_1 M_3$ und dem Lot:

$$\sin \varepsilon < \frac{M_3 A_3}{M_1 M_3} < \frac{1}{2} \, .$$

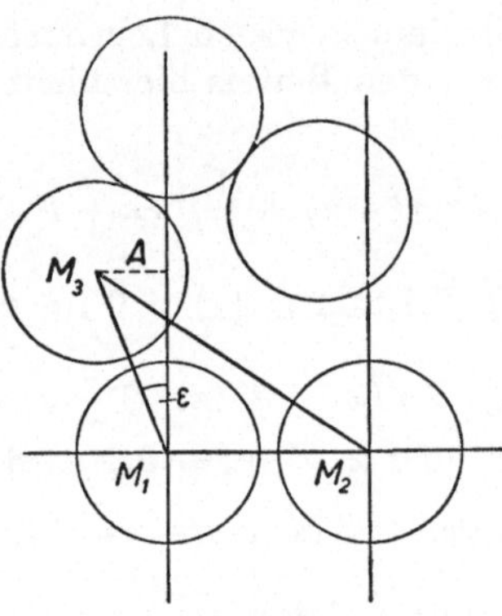

Abb. 3

Der Winkel $M_3 M_1 M_2$ ist also kleiner als $120°$. Das Netz kann nun durch Anlagerung weiterer Dreiecke so aufgebaut werden, daß in keinem der Dreiecke ein Winkel auftritt, der größer als $120°$ ist. Jedes Dreieck des Netzes hat dann einen Winkel α, für den $60° \leqq \alpha < 120°$ gilt. Da die Seiten dieser Dreiecke mindestens die Länge 2 haben, gewinnen wir für den Flächeninhalt $J(\mathfrak{D})$ jedes dieser Dreiecke:

$$J(\mathfrak{D}) \geqq \frac{1}{2} \cdot 2 \cdot 2 \cdot \sin \alpha \geqq \sqrt{3} \, . \tag{10}$$

Das Gleichheitszeichen steht in (10) nur für solche Dreiecke $M_\lambda M_\mu M_\nu$, deren Kreise $\mathfrak{k}_\lambda, \mathfrak{k}_\mu, \mathfrak{k}_\nu$ sich gegenseitig berühren. Für späteren Gebrauch notieren wir noch eine (recht grobe!) Abschätzung des Dreiecksinhalts nach oben. Aus der Tatsache, daß das System gesättigt ist, folgt, daß Grundlinie und Höhe der Dreiecke kleiner als 4 sein müssen. Deshalb ist

$$J(\mathfrak{D}) < 8 \, . \tag{10'}$$

Das Dreiecksnetz der Mittelpunkte sei nun gezeichnet für alle die Kreise, die mit einem Kreis $\mathfrak{K}(R)$ mit dem Radius R um den Mittelpunkt O

14

innere Punkte gemeinsam haben. Dann gilt für den in der Definition (2) der Lagerungsdichte auftretenden Quotienten δ_R:

$$\delta_R = \frac{E\,\pi}{\pi\,R^2} \leqq \frac{E\,\pi}{F\cdot\sqrt{3}} \cdot \frac{J(\mathfrak{N})}{\pi\,R^2}\,. \tag{11}$$

Dabei ist E die Zahl der Ecken unseres Netzes, F die der Flächen und $J(\mathfrak{N})$ der Inhalt des ganzen Netzes, für den ja nach (10) und (10′)

$$F\cdot\sqrt{3} \leqq J(\mathfrak{N}) < 8\,F \tag{10″}$$

gilt. Wir beachten weiter, daß der zweite Bruch auf der rechten Seite von (11) mit wachsendem R gegen 1 konvergiert. Aus der Definition des Netzes folgt doch, daß seine Ecken vom Mittelpunkt 0 von $\mathfrak{K}(R)$ um weniger als $R+1$ entfernt sind. Da das System $\{\mathfrak{k}_i\}$ gesättigt ist, ist jedenfalls

$$\pi\,(R-3)^2 < J(\mathfrak{N}) < \pi\,(R+1)^2\,, \tag{10‴}$$

und damit

$$\lim_{R\to\infty} \frac{J(N)}{\pi\,R^2} = 1\,. \tag{12}$$

Wir wollen jetzt mit Hilfe von Satz 1 die Flächenzahl F in (11) durch E ausdrücken. Zählt man dazu die Kanten unseres Netzes in jedem der Dreiecke ab, so erfaßt man die freien Kanten einfach, alle andern doppelt. Deshalb ist

$$3\,F = 2\,K - K'\,,$$

wobei K' die Zahl der freien Kanten bedeutet. Nach (3) folgt daraus

$$F = 2\,E - K' - 2\,, \tag{13}$$

und damit wird aus (11):

$$\delta_R \leqq \frac{\pi\,E}{(2\,E - K' - 2)\,\sqrt{3}} \cdot \frac{J(\mathfrak{N})}{\pi\,R^2}\,. \tag{14}$$

Wir werden aus (14) die gewünschte Abschätzung für die Lagerungsdichte sofort gewinnen, wenn wir die Grenzwertbeziehung

$$\lim_{R\to\infty} \frac{K'}{E} = 0 \tag{15}$$

bewiesen haben. Dazu beachten wir, daß K' nicht nur die Zahl der Kanten, sondern auch die der Ecken des Randpolygons ist. Der Flächeninhalt der diesen Eckpunkten zugehörigen Kreise muß nun kleiner sein als der Inhalt des Ringes mit den Radien $R+2$ und $R-4$, in den die Kreise eingelagert sind. Deshalb ist

$$K'\,\pi < \pi\,(R+2)^2 - \pi\,(R-4)^2 = \pi\,(12\,R+16)\,. \tag{16}$$

Weiter ist nach (13) $2\,E > F$, und deshalb folgt aus (16) unter Berücksichtigung von (10'') und (10'''):

$$\frac{K'}{E} < \frac{\pi\,(12\,R + 16)\cdot 2}{F} < \frac{64\,\pi\,(3\,R + 4)}{J\,(\mathfrak{R})} < \frac{64\,(3\,R + 4)}{(R - 3)^2}\,.$$

Daraus folgt aber sofort (15), und nach (14), (15) und (12) gewinnen wir

$$d = \lim_{R\to\infty} \delta_R \le \lim_{E\to\infty} \frac{\pi}{\left(2 - \dfrac{K'}{E} - \dfrac{2}{E}\right)\sqrt{3}} \cdot 1 = \frac{\pi}{2\sqrt{3}}\,.$$

Damit ist bewiesen:

Satz 5:

Die Lagerungsdichte eines Systems $\{\mathfrak{k}_i\}$ sich nicht überschneidender Einheitskreise in der Ebene ist höchstens gleich $\dfrac{\pi}{2\sqrt{3}}$:

$$d = \lim_{R\to\infty} \frac{\pi\,E}{\pi\,R^2} \le \frac{\pi}{2\sqrt{3}} = 0{,}9069\ldots \tag{17}$$

Man überzeugt sich leicht, daß diese Schranke erreicht wird für ein System von Kreisen, bei dem das Netz aus lauter gleichseitigen Dreiecken von der Seitenlänge 2 besteht (Abb. 4).

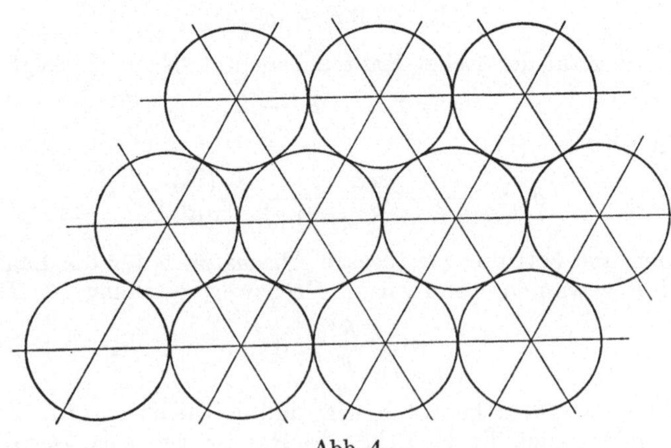

Abb. 4

Zur Lösung der Aufgabe **(2c)** (S. 8) bauen wir wieder ein Dreiecksnetz aus den Mittelpunkten des Systems von Einheitskreisen auf. Es sollen dabei alle die Mittelpunkte der Kreise aus $\{\mathfrak{k}_i^+\}$ erfaßt werden, die

mit einem Kreis $\Re\,(R)$ um 0 mindestens einen inneren Punkt gemeinsam
haben. Das geschieht so: M_1 und M_2 seien die Mittelpunkte zweier
solcher Kreise $\mathfrak{k}_1^+$ und $\mathfrak{k}_2^+$, deren Durchschnitt nicht leer ist. Der eine
Eckpunkt A des gemeinsamen Zweiecks muß dann von einem weiteren
Kreis $\mathfrak{k}_3^+$ bedeckt werden. Sein Mittelpunkt wird mit M_3 bezeichnet.
Wird A durch mehrere Kreise bedeckt, so wird einer davon willkürlich
herausgegriffen. Dem Dreieck $M_1\,M_2\,M_3$ werden nun nach dem gleichen
Verfahren immer weitere Dreiecke angelagert, so daß schließlich alle in
Frage kommenden Mittelpunkte erfaßt werden[1]).

Durch dieses Verfahren erhalten wir ein Dreiecksnetz, bei dem *jedes
Dreieck einen Umkreisradius hat, der höchstens gleich 1 ist*. Der Inhalt
jedes dieser Dreiecke ist also nach Satz 4 höchstens gleich dem Inhalt
des dem Einheitskreis einbeschriebenen gleichseitigen Dreiecks:

$$J\,(\mathfrak{D}) \leqq \frac{3}{4}\sqrt{3}\,.$$

Für den Inhalt des ganzen Netzes gilt also

$$J\,(\mathfrak{N}) \leqq F \cdot \frac{3}{4}\sqrt{3}\,.$$

Die Zahl F der Flächen des Netzes ist aber nach (13) kleiner als $2\,E$,
und damit haben wir für die Lagerungsdichte unter Beachtung von (12):

$$D = \lim_{R\to\infty}\frac{\pi\,E}{\pi\,R^2} = \lim_{R\to\infty}\frac{\pi\,E}{J\,(\mathfrak{N})}\cdot\frac{J\,(\mathfrak{N})}{\pi\,R^2} \geqq \lim_{E\to\infty}\frac{\pi\,E\cdot 4}{3\,\sqrt{3}\cdot 2\cdot E}\cdot 1\,.$$

Fassen wir zusammen:

Satz 6:

*Es sei $\{\mathfrak{k}_i^+\}$ eine Folge von Einheitskreisen in einer Ebene $\mathfrak{E}$ mit der Eigen-
schaft, daß jeder Kreis $\Re\,(R)$ um einen Punkt $O \in \mathfrak{E}$ von endlich vielen
Kreisen des Systems $\{\mathfrak{k}_i^+\}$ ganz bedeckt wird. Dann gilt für die Lagerungsdichte dieses Systems*

$$D = \lim_{R\to\infty}\frac{\pi\,E}{\pi\,R^2} \geqq \frac{2\,\pi}{3\,\sqrt{3}} = 1{,}209\ldots \tag{18}$$

---

[1]) Es ist möglich, daß nach Anlagerung der Dreiecke noch Mittelpunkte von
Kreisen übrigbleiben, die *im Innern* der Dreiecke liegen. Durch Verbindungs-
strecken zu den schon vorhandenen Dreiecksseiten werden diese Mittelpunkte
dann nachträglich dem Netz angeschlossen.

Auch hier wird der Extremalwert erreicht bei einer Lagerung, die für das Netz der Mittelpunkte lauter gleichseitige Dreiecke liefert (Abb. 5).

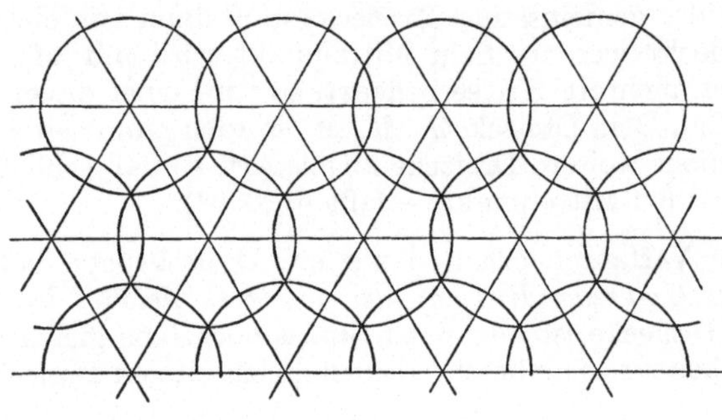

Abb. 5

4. Lagerungsprobleme auf der Kugel

Zur Lösung der Aufgaben (1b) und (2b) betrachten wir ähnlich wie bei den ebenen Problemen ein aus den Kappenmittelpunkten aufgebautes Dreiecksnetz. Bei dem Bedeckungsproblem (Aufgabe (2b)) kann dieses Netz so eingerichtet werden, daß der sphärische Umkreisradius jedes Dreiecks höchstens gleich dem Kappenradius r des Systems ist. Der Aufbau dieses Netzes erfolgt durch ein Verfahren, das dem des entsprechenden ebenen Problems (S. 13) ganz analog ist.

Der Flächeninhalt eines solchen Netzdreiecks ist dann höchstens gleich dem eines einem Kugelkreis vom Radius r einbeschriebenen gleichseitigen Dreiecks. Den Beweis dieser Extremaleigenschaft der Netzdreiecke könnte man mit Hilfe der Jensenschen Ungleichung führen. Wir wollen statt dessen den Satz über den Lexelleschen Kreis benutzen:

Satz 7:

Der geometrische Ort für die Spitzen aller flächengleichen sphärischen Dreiecke, die mit einem gegebenen Dreieck ABC eine Seite AB gemeinsam haben, ist der durch C und die Gegenpunkte A' und B' von A und B gehende Kugelkreis.

Zum Beweis dieses Satzes fällen wir (Abb. 6) von A, B und C auf den durch die Mittelpunkte D und E von AC und BC gehenden Großkreis (die „Mittenlinie" $\mathfrak{m}$) die Lote, die $\mathfrak{m}$ in G und H treffen mögen. Dann sind die folgenden Dreiecke kongruent:

$$\triangle\, CDF \equiv \triangle\, AGD\,, \quad \triangle\, CEF \equiv \triangle\, BEH\,,$$

da sie je in einer Seite und zwei Winkeln übereinstimmen. Das Dreieck ABC ist also dem (bei G und H rechtwinkligen) Viereck $ABHG$ flächengleich[1]). Sei nun C_1 ein weiterer Kugelpunkt in der durch $\mathfrak{m}$ bestimmten Halbkugel, die C enthält, dessen Lot C_1F_1 auf $\mathfrak{m}$ gleich $CF = AG = HB = d$ ist. Dann lehrt eine einfache Kongruenzbetrachtung, daß $\mathfrak{m}$

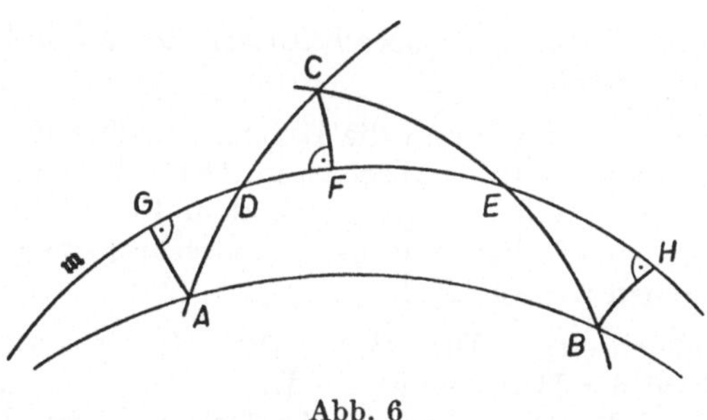

Abb. 6

auch für das Dreieck ABC_1 Mittenlinie ist. $\triangle ABC_1$ ist also auch dem Viereck $ABHG$ und dem Dreieck ABC flächengleich. Der geometrische Ort für alle Punkte, die von einem Kugelgroßkreis gleich weit entfernt sind, ist aber ein Kugelkreis $\mathfrak{a}$, die „Abstandslinie"[2]).

Alle Dreiecke ABC^+, deren Spitze C^+ auf $\mathfrak{a}$ liegt, sind also flächengleich, und man erkennt sofort, daß umgekehrt solche Dreiecke ABC^{++}, für die C^{++} *nicht* auf $\mathfrak{a}$ liegt, einen kleineren oder größeren Inhalt haben als $\triangle ABC$. Wir haben jetzt nur noch die Lage der Abstandslinie festzulegen. Natürlich haben die zu A und B diametralen Punkte A' und B' denselben Abstand d vom Großkreis $\mathfrak{m}$ wie A und B. Da A' und B' auf der durch $\mathfrak{m}$ bestimmten Halbkugel liegen, die C enthält, muß die Abstandslinie $\mathfrak{a}$ auch durch A' und B' gehen. Das war aber zu beweisen.

Sei nun ABC ein einem Kreis $\mathfrak{A}$ einbeschriebenes gleichschenkliges Dreieck, dessen Spitze C ist. Der durch C gehende Lexellesche Kreis muß dann aus Symmetriegründen $\mathfrak{A}$ berühren, und zwar *von außen*. Das bedeutet aber, daß unter allen dem Kreis $\mathfrak{A}$ einbeschriebenen Dreiecken mit der Basis AB das gleichschenklige den größten Flächeninhalt hat. Ist ABC nicht gleich*seitig*, so kann man sofort unter den $\mathfrak{A}$ einbeschrie-

---

[1]) Man überzeugt sich leicht, daß diese und die folgenden Aussagen auch für stumpfwinklige Dreiecke ABC gelten.

[2]) Bezeichnet man den gegebenen Großkreis als Äquator der Kugel, so ist die Abstandslinie ein in der nördlichen oder südlichen Halbkugel gelegener Breitenkreis (kein Großkreis!).

benen Dreiecken ein größeres finden, indem man AC zur Basis wählt. Unter allen $\mathfrak{A}$ einbeschriebenen Dreiecken muß es aber aus Stetigkeitsgründen ein größtes geben. Diese Eigenschaft kommt danach dem gleichseitigen Dreieck zu. Wir haben also:

Satz 8:
Unter allen einem Kugelkreis einbeschriebenen Dreiecken hat das gleichseitige den größten Inhalt.

Mit diesem Satz können wir nun die Lagerungsdichte für das gegebene Kappensystem (Aufgabe (2b)) abschätzen. Der Inhalt der Dreiecke des Netzes ist nach Satz 8 höchstens gleich dem Flächeninhalt F_m eines dem Kreis vom sphärischen Radius r einbeschriebenen gleichseitigen Dreiecks. Berechnen wir also F_m!

Sei LMN ein gleichseitiges Dreieck mit dem Umkreisradius r und dem Winkel 2α. U sei der Mittelpunkt des Umkreises, O der Fußpunkt des Lotes von U auf LM. Dann hat das Dreieck LUO bei U den Winkel $\frac{\pi}{3}$, bei 0 den Winkel $\frac{\pi}{2}$, und es ist

$$\operatorname{ctg}\alpha = \cos r \cdot \operatorname{tg}\frac{\pi}{3},$$

also

$$F_m = 6\,\alpha - \pi = 6\,\operatorname{arc\,ctg}\,(\sqrt{3}\,\cos r) - \pi\,. \tag{19}$$

Es seien nun wieder e, k und f die Zahlen für die Ecken, Kanten und Flächen unseres Kugelnetzes. Da es die ganze Kugel bedeckt, haben wir den Flächeninhalt dieses Netzes

$$4\,\pi = F\,(\mathfrak{N}) \leqq f \cdot F_m\,. \tag{20}$$

Da das Netz aus lauter Dreiecken besteht, ist $3f = 2k$, und aus (4) folgt danach

$$f = 2\,e - 4\,. \tag{21}$$

Setzt man (19) und (21) in (20) ein, so folgt

$$6\,\operatorname{arc\,ctg}\,(\sqrt{3}\,\cos r) - \pi \geqq \frac{4\,\pi}{2\,e-4}$$

oder

$$\cos r \leqq \frac{1}{\sqrt{3}}\,\operatorname{ctg}\frac{e\,\pi}{3\,(2\,e-4)}\,. \tag{22}$$

Wir ersetzen nun wieder die Eckenzahl e durch die (gleiche) Zahl n der Kugelkappen unseres Systems und erhalten nach (22) für die durch (1) definierte Lagerungsdichte:

Satz 9:

Für die Lagerungsdichte D eines Systems von n die Einheitskugel bedecken-
den kongruenten Kugelkappen gilt

$$D \geqq \frac{n}{2}\left(1 - \frac{1}{\sqrt{3}} \operatorname{ctg} \omega_n\right), \quad \omega_n = \frac{n\pi}{6\,(n-2)}. \tag{23}$$

Das Gleichheitszeichen steht in (22) und (23) genau dann, wenn alle
Dreiecke des Netzes gleichseitig sind. Das ist aber nur möglich, wenn
die n Mittelpunkte die n Ecken eines der Kugel einbeschriebenen regulären Dreieckspolyeders sind. Solche (regulären) Lagerungen gibt es
also (nach den bekannten Sätzen über reguläre Polyeder, siehe z. B.
[A 1] oder [B 3]) für die Zahlen $n = 3$, 4, 6 und 12. In diesen und nur
in diesen Fällen kann die Schranke (23) durch eine geeignete Lagerung
erreicht werden. Wir wollen die für diese Fälle sich ergebenden Werte
für den kleinsten Kappenradius und die entsprechende Lagerungsdichte
in einer Tabelle notieren:

n	3	4	6	12
$\cos r$	0	$\dfrac{1}{3}$	$\dfrac{1}{3}\sqrt{3}$	$\dfrac{1}{3}\sqrt{3 + \dfrac{6}{5}\sqrt{5}}$
r	$90°$	$70° \, 52'$	$54° \, 46'$	$37° \, 43'$
D	1,5	1,33 ...	1,268 ...	1,254 ...

Damit ist auch die Aufgabe **(2)** für die Fälle $n = 3$, 4, 6 und 12 gelöst:
Die Orte für die Treibstofflager sind die Ecken von regulären Dreiecks-
polyedern der entsprechenden Eckenzahl.

Satz 9 wurde zuerst von *Fejes Toth* im Jahre 1943 [A 2] (mit anderen
Methoden) bewiesen.

Um die Aufgabe **(1a)** (S. 5) zu lösen, könnte man versuchen, das beim
Beweis von Satz 5 benutzte Verfahren auf die Kugel zu übertragen. Wir
wollen indessen möglichst verschiedenartige Lösungsmethoden darstellen, und deshalb soll diesmal der Jensensche Satz benutzt werden.
Gegeben sei also ein System von n kongruenten, sich nicht überdeckenden Kugelkappen vom sphärischen Radius r auf der Einheitskugel. Wir
setzen voraus, daß das System gesättigt sei, daß also keine weiteren
Kappen vom Radius r ohne Überdeckungen eingelagert werden können.
Dann bilden die in den Mittelpunkten M_ν ($\nu = 1, 2, 3, \ldots, n$) der

Kappen an die Kugel gelegten Tangentialebenen ein Polyeder, dessen
Zentralprojektion auf die Kugel dort ein Netz $\mathfrak{N}$ erzeugt. Verbindet
man die Mittelpunkte der Kappen durch Großkreisbögen, die die Seiten
des Netzes $\mathfrak{N}$ senkrecht durchsetzen, so erhält man ein zweites Netz
$\mathfrak{N}'$, das aus lauter Dreiecken besteht (Abb. 7 zeigt das entsprechende
Bild in der Ebene).

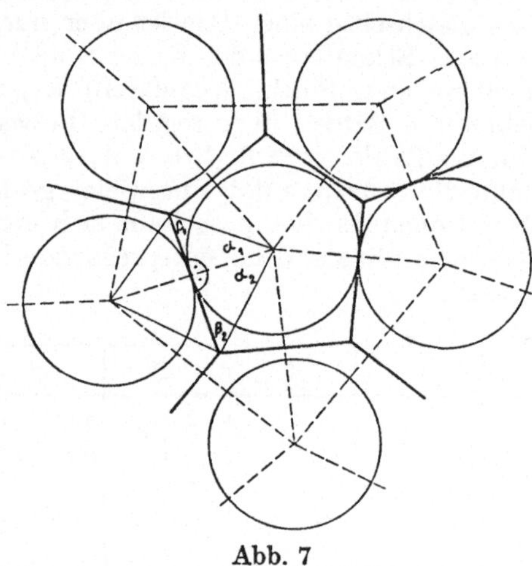

Abb. 7

Es seien wie üblich e, k und f die Anzahlen der Ecken, Kanten und
Flächen des ersten Netzes $\mathfrak{N}$, e', k' und f' die entsprechenden Zahlen
für $\mathfrak{N}'$. Dann ist offenbar $k = k'$, $e = f'$, $f = e'$. Da $\mathfrak{N}$ 'ein Dreiecksnetz ist, haben wir weiter

$$2\,k' = 2\,k = 3\,f' = 3\,e\,. \tag{24}$$

Die Polygone von $\mathfrak{N}$ können nun durch Verbindung der n Mittelpunkte
mit den Ecken der Polygone in gleichschenklige sphärische Dreiecke
zerlegt werden. Diese Dreiecke werden durch die Kanten von $\mathfrak{N}'$ so in
rechtwinklige Teildreiecke zerlegt, daß an jeder der k Kanten von $\mathfrak{N}$ 4
rechtwinklige Dreiecke liegen (Abb. 7). Es seien α_ν die bei den Mittelpunkten, β_ν die bei den Polygonecken gelegenen Winkel der rechtwinkligen Dreiecke, b_ν die β_ν gegenüberliegenden Katheten. Dann ist
der Flächeninhalt des rechtwinkligen Dreiecks mit der Nummer ν:

$$\triangle\,(\alpha_\nu) = \alpha_\nu + \beta_\nu - \frac{\pi}{2}\,.$$

Wegen

$$\sin\left(\frac{\pi}{2} - \beta_\nu\right) = \cos b_\nu \cdot \sin \alpha_\nu$$

wird daraus

$$\triangle (\alpha_\nu) = \alpha_\nu - \arcsin (\cos b_\nu \sin \alpha_\nu) . \tag{25}$$

Da $b_\nu \geq r$ ist, haben wir für alle ν:

$$\triangle (\alpha_\nu) \geq \alpha_\nu - \arcsin (\cos r \sin \alpha_\nu) .$$

Nun bedecken doch die $4\,k$ Dreiecke gerade die ganze Kugel. Deshalb gilt weiter

$$4\,\pi \geq \sum_{\nu=1}^{4\,k} (\alpha_\nu - \arcsin (\cos r \sin \alpha_\nu)) = \sum_{\nu=1}^{4\,k} f(\alpha_\nu) . \tag{26}$$

Die hier auftretende Funktion

$$f(\alpha) = \alpha - \arcsin (\cos r \sin \alpha)$$

stellt nach (25) den Flächeninhalt eines rechtwinkligen sphärischen Dreiecks mit dem einen Winkel α und der Ankathete r dar. Durch Benutzung des Kriteriums von S. 13 stellt man nun sofort fest, daß $f(\alpha)$ für $0 \leq \alpha \leq \frac{\pi}{2}$ eine konvexe Funktion ist. $f''(\alpha)$ ist nämlich positiv, wie man sofort nachrechnet[1]). Durch Anwendung des Jensenschen Satzes (Satz 3) folgt nun aus (26)

$$4\,\pi \geq 4\,k\,f\left(\frac{\pi\,n}{2\,k}\right) = 4\,k\left[\frac{\pi\,n}{2\,k} - \arcsin\left(\cos r \sin \frac{\pi\,n}{2\,k}\right)\right], \tag{27}$$

da ja

$$\alpha_1 + \alpha_2 + \ldots + \alpha_{4k} = 2\,\pi \cdot n$$

ist. Nach (24) und (4) ist aber

$$k = 3\,(f - 2) = 3\,(n - 2) ,$$

und damit haben wir nach (27)

$$4\,\pi \geq 12\,(n - 2)\left[\frac{\pi\,n}{6\,(n-2)} - \arcsin\left(\cos r \cdot \sin \frac{\pi\,n}{6\,(n-2)}\right)\right]$$

oder

$$\frac{\pi}{6} \leq \arcsin\left(\cos r \cdot \sin \frac{\pi\,n}{6\,(n-2)}\right),$$

---

[1]) Man kann die Konvexität von $f(\alpha)$ auch unmittelbar aus der geometrischen Bedeutung dieser Funktion ableiten. Die Einzelheiten dieses Schlusses seien dem Leser überlassen.

also

$$\cos r \geqq \frac{1}{2 \sin \omega_n}, \quad \omega_n = \frac{\pi n}{6 (n - 2)}. \tag{28}$$

Setzt man diese Abschätzung in die Definition der Lagerungsdichte ein, so hat man sofort

Satz 10:

Für die Lagerungsdichte

$$d_n = \frac{n}{2} (1 - \cos r)$$

eines Systems von n kongruenten, sich nicht überdeckenden Kugelkappen vom sphärischen Radius r gilt

$$d_n \leqq \frac{n}{2} \left(1 - \frac{1}{2 \sin \omega_n}\right), \quad \omega_n = \frac{\pi n}{6 (n - 2)}. \tag{29}$$

Das Gleichheitszeichen ist auch hier nur möglich in genau dem Fall, daß alle Dreiecke des Netzes $\mathfrak{N}'$ gleichseitig sind. Ist Ω_n der halbe Winkel und $2 r$ die Seite eines solchen Kugeldreiecks, so haben wir

$$\sin \Omega_n = \frac{\sin r}{\sin 2 r} = \frac{1}{2 \cos r}, \tag{30}$$

also

$$\cos r = \frac{1}{2 \sin \Omega_n}.$$

Dieser Winkel Ω_n ist aber gerade gleich dem Winkel ω_n von (28). Denn der Inhalt unseres gleichseitigen Dreiecks ist doch $J (\triangle) = 6 \Omega_n - \pi$. Wenn $f' = 2 (n - 2)$ solcher Dreiecke die ganze Kugel bedecken, haben wir

$$2 (n - 2) (6 \Omega_n - \pi) = 4 \pi, \quad \Omega_n = \omega_n.$$

Der umgekehrte Schluß sei dem Leser überlassen. Damit haben wir für den in (23) und (29) auftretenden Winkel ω_n eine geometrische Deutung gegeben für den Fall, daß n die Eckenzahl eines regulären Dreieckspolyeders ist.

Wir notieren noch, daß im Falle der *Ungleichheit* in (28) und (29)

$$\omega_n = \frac{\pi n}{6 (n - 2)} > \Omega_n \tag{31}$$

ist. In der Tat: In diesem Fall haben wir doch

$$\sin \omega_n > \frac{1}{2 \cos r} = \sin \Omega_n \,,$$

also $\omega_n > \Omega_n$.

Wir stellen wieder die Ergebnisse für die Fälle $n = 3, 4, 6$ und 12 in einer Tabelle zusammen:

n	3	4	6	12
$\cos r$	$\dfrac{1}{2}$	$\dfrac{1}{3}\sqrt{3}$	$\dfrac{1}{2}\sqrt{2}$	0,852
r	$60°$	$54°\,56'$	$45°$	$31°\,43'$
d	0,75	0,845	0,878	0,896

Damit ist auch die Aufgabe (1) für einige Zahlen n gelöst. Für die Fälle $n = 3, 4, 6$ und 12 sind ebenso wie bei der Aufgabe (2) die Ecken eines der Kugel einbeschriebenen regulären Dreieckspolyeders das die Aufgabe lösende Punktsystem. Wir werden im nächsten Kapitel sehen, daß für andere Zahlen n die Lösungen der beiden Aufgaben keineswegs immer zusammenfallen.

Für manche Fragestellungen ist eine andere Fassung des Satzes 10 wichtig:

Satz 10 a:

Unter n $(n > 3)$ Punkten der Einheitskugel gibt es stets ein Punktepaar mit einem Abstand

$$\delta_n \leqq \sqrt{4 - \frac{1}{\sin^2 \omega_n}}\,. \tag{32}$$

Mit dem Abstand δ_n von zwei Kugelpunkten P und Q ist hier die Länge der Strecke PQ gemeint. Der δ_n entsprechende sphärische Abstand ist

$$\delta_n{}^* = 2 \arcsin \frac{\delta_n}{2}\,.$$

Die Abschätzung (32) kann leicht aus (28) abgeleitet werden. Aus (28) folgt nämlich

$$\sin^2 \omega_n \geqq \frac{1}{4 \cos^2 r}\,,$$

also

$$\delta_n{}^* = 2\,r \leqq \arccos\left(\frac{\operatorname{ctg}^2 \omega_n - 1}{2}\right).$$

Daraus berechnet man die in (32) angegebene Schranke. Es wird

$$1 - 2 \sin^2 \frac{\delta_n{}^*}{2} = \cos \delta_n{}^* \geqq \frac{\operatorname{ctg}^2 \omega_n - 1}{2},$$

also

$$- 4 \sin^2 \frac{\delta_n{}^*}{2} \geqq \frac{1}{\sin^2 \omega_n} - 4$$

oder

$$\delta_n = 2 \sin \frac{\delta_n{}^*}{2} \leqq \sqrt{4 - \frac{1}{\sin^2 \omega_n}}.$$

5. Weitere Probleme

Wir wollen zum Abschluß dieses Kapitels noch auf einige ungelöste Fragen eingehen, die mit den bisher behandelten eng verwandt sind.

Eine Lagerung von sich nicht überdeckenden Kreisen in der Ebene[1] heißt *fest*, wenn jeder Kreis von mindestens drei anderen Kreisen so berührt wird, daß die Berührungspunkte auf keinem der Kreise einen Halbkreis frei lassen. Die in Abb. 4 dargestellte Lagerung ist gewiß fest: Jeder Kreis wird durch 6 andere gehalten. Eine Verschiebung der Kreise ist aber (ohne Überschneidung) schon dann unmöglich, wenn jeder Kreis von nur drei anderen in der vorgeschriebenen Weise berührt wird.

Ein naheliegenden Beispiel für eine Lagerung von Kreisen in der Ebene, bei der jeder Kreis von drei anderen berührt wird, zeigt Abb. 8. Die von einem Mittelpunkt zu den Mittelpunkten der Nachbarkreise gehenden Strecken bilden ein „Dreibein", dessen Schenkel Winkel von 120° einschließen. Die Gesamtheit aller Dreibeine bildet ein Netz von Sechsecken. Aus dieser Bemerkung gewinnt man sofort die Lagerungsdichte des Systems. In jedem Sechseck (z. B. $P_1 P_2 P_3 P_4 P_5 P_6$ in Abb. 8) liegen sechs Kreissektoren mit dem Winkel 120°, also zwei Vollkreise.

Daraus folgt für die Lagerungsdichte[2] des Systems:

$$d_1 = \frac{2\,\pi \cdot 1}{6 \cdot \frac{4}{4}\,\sqrt{3}} = \frac{\pi}{3\,\sqrt{3}} \sim 0{,}6046. \tag{33}$$

Dieses System $\mathfrak{S}_1$ hat nun keineswegs die kleinste Lagerungsdichte unter

---

[1] Die entsprechende Definition ist natürlich auch auf der Kugel für ein System sich nicht überdeckender Kugelklappen möglich.

[2] Daß die durch (2) definierte Lagerungsdichte in dieser Weise aus der Bedeckung der einzelnen Sechseck-Zelle berechnet werden kann, ergibt sich durch eine Abschätzung, wie sie ähnlich auf S. 15 durchgeführt wurde.

allen festen Systemen. Man erhält sofort ein System $\mathfrak{S}_2$ mit kleinerer Dichte, wenn man jeden Kreis von $\mathfrak{S}_1$ ersetzt durch drei unter sich kongruente Kreise, die den ersten Kreis in seinen Berührungspunkten berühren ($\mathfrak{K}$ in Abb. 8). Wenn man außerdem noch fordert, daß sich

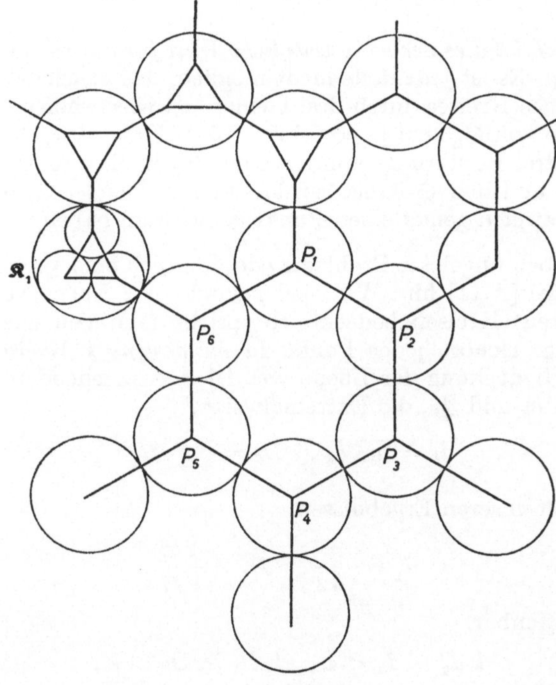

Abb. 8

auch je zwei der drei kleineren Kreise berühren sollen, so ist damit das neue System $\mathfrak{S}_2$ der kleineren Kreise eindeutig festgelegt. Es ist auch „fest" gelegt im Sinne unserer Definition, da jeder Kreis $\mathfrak{K}_2 \in \mathfrak{S}_2$ von drei anderen berührt wird, nämlich von zweien, die mit $\mathfrak{K}_2$ dem gleichen Kreis des Systems $\mathfrak{S}_1$ angehören, und einem aus dem Nachbarkreis. In Abb. 8 ist das aus Dreiecken und Zwölfecken gebildete Netz der Mittelpunkte von $\mathfrak{S}_2$ in einem Teil der Figur eingezeichnet. Die Dreibeine dieses Systems schließen Winkel von 60° und (zwei mal) 150° ein. Den Radius ϱ der Kreise von $\mathfrak{S}_2$ berechnet man aus dem Radius $r = 1$ der großen Kreise so:

$$\frac{1}{2}\sqrt{3} = \sin 60° = \frac{\varrho}{r - \varrho}, \quad \varrho = r\,(2\sqrt{3} - 3) \sim 0{,}464 \cdot r . \tag{34}$$

Da also drei Kreise von $\mathfrak{S}_2$ nur den Bruchteil $\dfrac{3\pi\varrho^2}{\pi}$ eines Kreises $\mathfrak{K}_1 \in \mathfrak{S}_1$ bedecken, bekommen wir für die Lagerungsdichte von $\mathfrak{S}_2$ nach (33) und (34):

$$d_2 = 3\,\varrho^2\,d_1 = (7\sqrt{3} - 12)\,\pi \sim 0{,}393 \;.$$

Wahrscheinlich ist dies der kleinstmögliche Wert für die Dichte einer festen Kreislagerung. Es ist jedenfalls nicht möglich, das gleiche Spiel mit der Ersetzung eines Kreises durch drei kleinere zu wiederholen. Die Winkel der Dreibeine von $\mathfrak{S}_2$ sind ja 60°, 150°, 150°. Es ist deshalb nicht möglich, in den drei Berührungspunkten eines $\mathfrak{S}_2$-Kreises je einen von drei kongruenten und den $\mathfrak{S}$-Kreis berührenden so anzulegen, daß die drei Kreise zu je zweien genau einen Punkt gemeinsam haben.

Auf andere noch ungelöste Probleme wies kürzlich eine Veröffentlichung von *A. Heppes* [A 11] hin. Wird jeder Punkt der Ebene von *höchstens* k (kongruenten) Kreisen bedeckt, so spricht man von einer k-fachen Kreislagerung. Gehört jeder Punkt zu *mindestens* k Kreisen, so liegt eine k-fache Bedeckung der Ebene vor. Die entsprechenden Lagerungsdichten seien δ_k und $\varDelta_k$, die Extremalwerte

$$d_k = \overline{\lim}\,\delta_k\,, \quad D_k = \underline{\lim}\,\varDelta_k\,.$$

Dann ist nach unseren Ergebnissen

$$d_1 = \frac{\pi}{\sqrt{12}}\,, \quad D_1 = \frac{2\,\pi}{\sqrt{27}}\;.$$

Weiter gilt offenbar

$$k\,d_1 \leqq d_k < k\,, \quad k\,D_1 \geqq D_k > k\,. \tag{35}$$

Man erhält z. B. eine k-fache Kreislagerung von der Dichte $k\,d_1$, indem man in der einfachen Extremallagerung jeden Kreis durch k übereinander gelegte Exemplare ersetzt. Es ist aber leicht einzusehen, daß es k-fache Kreislagerungen gibt, für die die Dichte größer als $k\,d_1$ wird. Dafür gibt *A. Heppes* in seiner Arbeit ein einfaches Beispiel. Danach kann also in der ersten Ungleichung in (35) nicht das Gleichheitszeichen stehen.

Es bleibt die Frage offen:

Wie groß sind die Zahlen

$$d_k = \overline{\lim}\,\delta_k\,, \quad D_k = \underline{\lim}\,\varDelta_k$$

für k > 1?

III. Irreguläre Lagerungen und Bedeckungen

1. Der Existenzsatz

Wir wollen uns jetzt mit der Lösung der Aufgaben **(1a)** und **(2a)** (S. 5) für solche Zahlen n befassen, die nicht als Eckenzahlen für reguläre Dreieckspolyeder in Frage kommen. Die entsprechenden Lagerungen und Bedeckungen auf der Einheitskugel durch kongruente Kugelkappen bezeichnen wir als irregulär.

Eine einfache Konvergenzbetrachtung lehrt, daß die beiden gestellten Extremalprobleme für jede Zahl n (mindestens) eine Lösung haben müssen. Für das Lagerungsproblem ist nämlich der Kappenradius durch (II 28) nach oben beschränkt. Es gibt also eine obere Grenze r_n für die (sphärischen) Radien von n kongruenten Kugelkappen, die auf der Einheitskugel ohne Überschneidung gelagert werden können. $r_{n\nu}$ sei eine gegen r_n konvergierende Teilfolge aus der Menge der zu allen möglichen Konfigurationen von n Punkten der Einheitskugel gehörenden Kappenradien. Dann gibt es eine Teilfolge $r'_{n\nu}$ von $r_{n\nu}$, für die sämtliche n Mittelpunktsfolgen $M'_{N\nu}$ ($N = 1, 2, \ldots, n$) konvergieren, etwa gegen $M_1, M_2, \ldots, M_n$. Man erkennt nun leicht, daß die um diese Punkte M_N ($N = 1, 2, \ldots, n$) gezeichneten Kugelkappen vom Radius r_n keine inneren Punkte gemeinsam haben können. Aus Stetigkeitsgründen müßten sonst auch die Kappensysteme mit den Mittelpunkten $M'_{N\nu}$ (und den entsprechenden Radien $r'_{N\nu}$) von einer gewissen Nummer ν an solche Überschneidungen aufweisen.

Damit ist die Existenz eines Kappensystems mit extremalem Radius für die Zahl n nachgewiesen. Beim Bedeckungsproblem kann die Existenz einer Lösung auf ähnliche Weise begründet werden.

Es gilt nun, für einzelne Zahlen n die extremalen Punktverteilungen auf der Kugel herauszufinden und die entsprechenden Radien r_n zu bestimmen. Da die Aufgabe für die Zahlen $n = 3, 4, 6$ und 12 schon gelöst ist, interessieren uns zunächst die Zahlen 5, 7, 8, 9, 10, 11.

Wir beginnen mit dem Lagerungsproblem und erledigen zuerst den Fall $n = 5$. Für den zur Nummer n gehörenden extremalen Kappenradius r_n gilt offenbar

$$r_{n-1} \geqq r_n \geqq r_{n+1} , \tag{1}$$

und deshalb haben wir nach der Tabelle auf S. 25: $54°\,46' \geqq r_5 \geqq 45°$. Wir wollen jetzt zeigen, daß $r_5 = r_6 = 45°$ ist.

Verbindet man drei von den fünf Mittelpunkten einer Lagerung von fünf sich nicht überschneidenden Kappen vom (sphärischen) Radius r durch Großkreise, so erhält man ein sphärisches Dreieck, auf das der Cosinussatz der sphärischen Trigonometrie angewandt werden kann:

$$\cos c - \cos a \cos b = \sin a \sin b \cos \gamma \,. \tag{2}$$

Nehmen wir nun an, r sei größer als $45°$. Dann wären die Seiten a, b und c des Dreiecks größer als $90°$, da ja die Kappen vom Radius r sich nicht überschneiden sollen. Also wäre die linke und damit auch die rechte Seite von (2) negativ. Da $\sin a$ und $\sin b$ positiv sind, wäre $\cos \gamma$ negativ, γ also stumpf. Dann müßten aber alle Winkel in allen Dreiecken, die man aus den 5 Mittelpunkten M_ν ($\nu = 1, 2, 3, 4, 5$) bilden kann, stumpf sein. Das ist aber unmöglich: Verbindet man etwa M_1 mit den 4 anderen Mittelpunkten, so hätte man bei M_1 4 stumpfe Winkel. Deshalb ist die Annahme $r > 45°$ falsch. Wir haben also $r_5 \leqq 45°$ und nach (1) $r_5 = 45°$.

Damit haben wir ein erstaunliches Ergebnis gewonnen: Es gibt für $n = 5$ keinen größeren Kappenradius als für $n = 6$. Man erhält danach eine extremale Lagerung für $n = 5$, indem man von den 6 Ecken eines der Kugel einbeschriebenen Oktaeders irgend 5 durch Kappen vom Radius $r_6 = r_5$ besetzt.

2. Der Graph für das Lagerungsproblem

Es sei nun ein System von n ($n \geqq 7$) Punkten auf der Einheitskugel gegeben mit dem sphärischen Minimalabstand $2\,r$. Um zu prüfen, unter welchen Umständen ein solches Punktsystem eine Lösung unserer Aufgabe darstellt, führen wir den Begriff des *Graphen* ein.

Der Graph ist ein System von Punkten und Strecken (Großkreisbögen) auf der Kugel. Zu ihm gehören:

1. Die n Punkte unseres Systems M_ν ($\nu = 1, 2, 3, \ldots, n$),

2. alle Strecken $M_\nu M_\mu$, für die die (sphärische) Länge $M_\nu M_\mu = 2\,r$ ist.

Bemerken wir zuerst, daß die Strecken eines Graphen sich nicht in inneren Punkten schneiden können. Hätten nämlich die Strecken $M_\nu M_{\nu+1}$ und $M_\mu M_{\mu+1}$ einen Punkt S gemeinsam, so müßte gelten:

$$4\,r \leqq M_\nu M_{\mu+1} + M_\mu M_{\nu+1} < M_\nu S + S M_{\mu+1} +$$
$$+ M_\mu S + S M_{\nu+1} = M_\nu M_{\nu+1} + M_\mu M_{\mu+1} = 4\,r \,.$$

Das ist aber ein Widerspruch.

Stoßen in einem Punkt M, λ Strecken des Graphen zusammen, so wollen wir sagen, der Punkt sei vom Grade λ. Isolierte Punkte haben danach den Grad 0.

Enthält ein Graph Punkte vom Grade 1 oder 2, so kann man durch Verschiebung einzelner Punkte auf der Kugel einen neuen Graphen gewinnen, der (für das gleiche r) *weniger* Strecken enthält. Es sei etwa (Abb. 9) M_1 ein Punkt vom Grade 1, der mit *einem* Punkt M_{v_1} durch

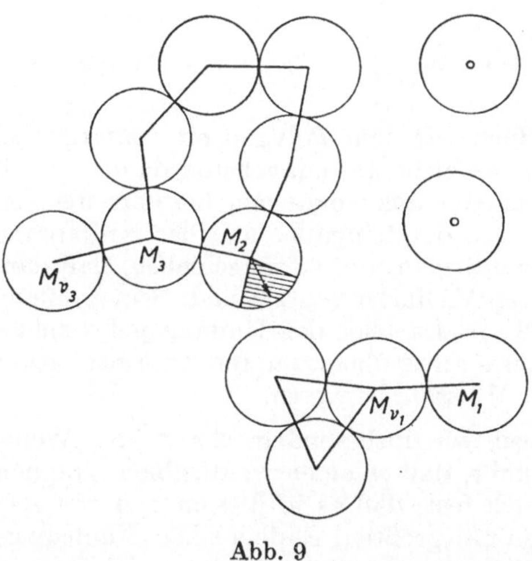

Abb. 9

eine Strecke des Graphen verbunden ist. Dann kann man M_1 mit der zu diesem Punkt gehörenden Kappe in der zu $M_1 M_{v_1}$ entgegengesetzten Richtung ein kleines Stück verschieben, ohne daß die Kappe sich mit einer anderen Kappe des Systems überschneidet. Dasselbe ist offenbar auch bei Punkten vom Grade 2 (M_2 in Abb. 9) möglich: In diesem Fall wird die zulässige Verschiebungsrichtung bestimmt durch den Winkel, den die Senkrechten in M_2 auf beiden Strecken des Graphen einschließen. Eine kleine Verschiebung von M_2 (mit Kappe!) in diesen Winkelraum kann vorgenommen werden, ohne daß das „Unglück" einer Überschneidung mit anderen Kappen eintritt. Beim Punkt M_3 (vom Grade 3) in Abb. 9 ist eine solche Verschiebung nicht möglich, weil die Kappe mit dem Mittelpunkt M_{v_3} eine Verschiebung in die von den beiden anderen Kappen zugelassene Verschiebungsrichtung unmöglich macht.

Wenn dieser Prozeß des Verschiebens so lange fortgesetzt werden kann, bis *alle* Punkte isoliert sind, so haben wir damit aus dem ursprünglichen

Punktsystem $\mathfrak{S}$ ein neues System $\mathfrak{S}'$ von ebenfalls n Punkten gewonnen, bei dem aber die Minimaldistanz von irgend zwei Punkten *größer als* $2\,r$ ist. Das heißt aber, daß das zuerst gegebene System $\mathfrak{S}$ keine Figuration mit maximaler Lagerungsdichte ist.

Wir nennen nun ein zusammenhängendes Streckensystem eines Graphen, in dem keine Verschiebungen mehr möglich sind, einen *irreduziblen* Graphen. Zur Lösung unserer gestellten Extremalaufgabe haben wir also nach Punktsystemen mit solchen irreduziblen Graphen zu fragen. Diesen Untersuchungen schicken wir einen[1])

Hilfssatz

voraus: *Enthält ein irreduzibler Graph ein Polygon mit μ Ecken, so ist $2\,\mu\,r < 360°$.*

Zum Beweis ordnen wir dem Polygon ein umfanggleiches sphärisches Dreieck zu. Das geschieht am einfachsten dadurch, daß wir uns unser Polygon als Stangenvieleck vorstellen, bei dem die Seiten kreisbogenförmige Stangen von der Länge $2\,r$ und der Krümmung 1 sind. Dieses Stangenvieleck kann man nun so verschieben, daß daraus ein Dreieck wird, dessen Seiten Vielfache von $2\,r$ sind. Sein Umfang ist wie der des Vielecks gleich $2\,r\,\mu$. Da aber der Umfang jedes sphärisches Dreiecks kleiner als der eines nicht überstumpfen Zweiecks, also kleiner als $360°$ ist, ist damit der Hilfssatz bewiesen.

Für $\mu = 5$ haben wir insbesondere $2\,r < 72°$. Wenn nun für eine Nummer n feststeht, daß es einen irreduziblen Graphen mit $2\,r > 72°$ gibt, so steht auch fest, daß es in diesem und erst recht in dem irreduziblen Graphen mit größtem Radius r kein Fünfeck geben kann.

3. Ein Punktsystem für $n = 7$

Um unsere Extremalaufgabe für $n = 7$ zu lösen, wollen wir zuerst eine spezielle Figuration von 7 Punkten auf der Einheitskugel angeben, für die $2\,r > 77°$ ist. Es wird sich später herausstellen, daß diese Figuration schon die Lösung unserer Aufgabe darstellt. Es ist daher zweckmäßig, die Existenz einer speziellen Lösung mit $2\,r > 77°$ zunächst herauszustellen. Denn damit gewinnen wir eine wichtige Einsicht: Nach der eben aus dem Hilfssatz gezogenen Folgerung kann es auch im Graphen einer extremalen Figuration (für die ja dann $2\,r \geqq 77° > 72°$ ist!) keine Polygone mit mehr als 4 Ecken geben.

Zur Beschreibung des 7-Punkte-Graphen gehen wir von einem der Einheitskugel einbeschriebenen regulären Tetraeder aus. Die Projektion des

---

[1]) Wir messen im folgenden die Winkel *und damit auch die Flächeninhalte sphärischer Polygone im Gradmaß.*

Tetraeders vom Mittelpunkt der Kugel aus liefert uns eine Aufteilung der Einheitskugel in 4 kongruente gleichseitige sphärische Dreiecke. Den Mittelpunkt eines dieser 4 Dreiecke bezeichnen wir als Südpol der Einheitskugel.

Ersetzen wir jetzt das Tetraeder durch eine andere Figur: Wir gehen wieder von einem gleichseitigen Dreieck ABC aus, dessen Mittelpunkt im Südpol liegen soll. Seine Seite $2\,r$ soll aber kleiner sein als die Seite $2\,r_4$ des Tetraeders. Setzen wir jeder der drei Dreiecksseiten ein kongruentes gleichseitiges Dreieck an: ABE, BCF und CAD. Dann fallen die drei Punkte D, E und F diesmal nicht in den Nordpol N der Kugel, sie haben aber die gleiche geographische Breite. Wählt man die Grundseite $2\,r$ genügend klein, so werden die Strecken DN, EN und FN größer als $2\,r$ sein. Da beim Tetraeder die Strecken $DN = EN = FN = 0$ waren, muß es zwischen $2\,r = 0$ und $2\,r = 2\,r_4$ einen Wert r geben, für den die Strecken DN, EN und FN gerade die Länge $2\,r$ haben. Die auf diese Weise erhaltenen 7 Punkte A, B, C, D, E, F und N bilden das spezielle Punktsystem $\mathfrak{S}_7$, mit dem wir uns jetzt beschäftigen wollen. Abb. 10 zeigt $\mathfrak{S}_7$ in stereographischer Projektion[1]).

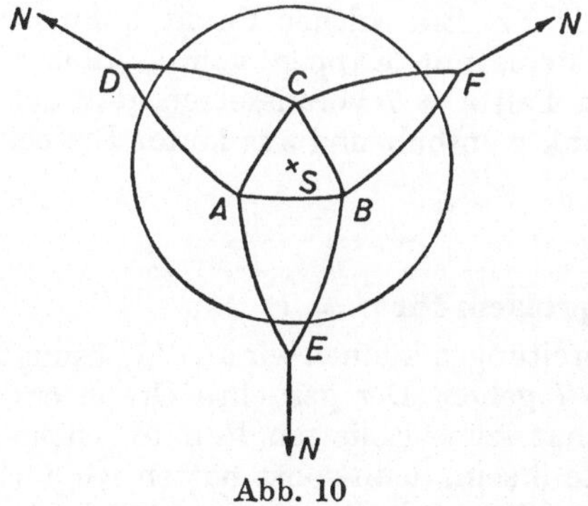

Abb. 10

Die 7 Punkte haben wir so durch Strecken verbunden, daß die ganze Kugel in 4 gleichseitige Dreiecke und 3 Rauten aufgeteilt wird. Da auch in einer sphärischen Raute die gegenüberliegenden Winkel gleich sind, haben wir:

$$\sphericalangle\, DNE = \sphericalangle\, ENF = \sphericalangle\, FND = \sphericalangle\, EAD = \sphericalangle\, FBE = \sphericalangle\, DCF = 120°.$$

Bezeichnen wir die Winkel der 4 gleichseitigen Dreiecke mit α, so gilt für die Winkelsumme bei A, B oder C: $3\,\alpha + 120° = 360°$, also $\alpha = 80°$.

---

[1]) Siehe dazu auch Kap. X, Abschnitt 1.

Daraus berechnen wir $2\,r$: Im halben gleichseitigen Dreieck mit der Seite $2\,r$ und dem Winkel $\alpha = 80°$ ist nach den Regeln der sphärischen Trigonometrie:

$$\sin\frac{\alpha}{2} = \frac{\sin r}{\sin 2\,r} = \frac{1}{2\cos r}\,, \quad 2\,r \sim 77°\,52'\,10''\,.$$

Für den (noch unbekannten) extremalen Kappenradius für $n = 7$ gilt deshalb

$$2\,r_7 \geqq 2\,r \sim 77°\,52'\,10''\,.$$

Nach dem Hilfssatz von S. 32 gibt es danach im extremalen Graphen keine andern Polygone als Drei- und Vierecke. Wir wollen jetzt noch hinzufügen, daß es im Innern der Drei- und Vierecke auch keine isolierten Punkte des Graphen geben kann. Um das einzusehen, brauchen wir nur zu beachten, daß jeder Punkt im Innern eines gleichseitigen sphärischen Dreiecks oder Vierecks (mit einer Seite $2\,r < 90°$) von den Ecken einen Abstand hat, der kleiner als $2\,r$ ist. Beim Dreieck ist dieser Satz trivial. Bei einer Raute $KLMN$ mit $KL = 2\,r < 90°$ sind die Kreise mit dem Radius $2\,r$ um K und M *keine Großkreise;* sie *über*decken also die ganze Raute, und jeder Punkt im Innern der Raute hat von den Ecken einen Abstand kleiner als $2\,r$. Ein solcher Punkt kann nicht zum Graphen eines Lagerungssystems mit Kappen vom Radius r gehören. Danach dürfen wir für den Fall $n = 7$ voraussetzen, daß der extremale Graph keine isolierten Punkte enthält und aus lauter Dreiecken und Vierecken gebildet wird.

4. Das Lagerungsproblem für $n = 7$

Nach diesen Vorbereitungen können wir an die Lösung unseres Extremalproblems für $n = 7$ gehen. Der gesuchte Graph enthält nur Dreiecke und Vierecke; er hat keine isolierten Punkte. Nicht alle seine Punkte können vom Grade 3 sein, denn sonst hätten wir für die Kantenzahl k die Relation $3 \cdot 7 = 21 = 2\,k$. Das ist unmöglich, da k ganz sein muß. Es muß also mindestens einen unter den 7 Punkten geben, der von höherem Grade ist. Punkte vom Grade 5 können aber in einem extremalen 7-Punkte-Graphen nicht auftreten. Unter 5 von einem Punkt ausgehenden Strecken würden ja mindestens zwei einen Winkel einschließen, der kleiner als $72°$ ist. Der Winkel des gleichseitigen Dreiecks war aber bei unserem im vorigen Abschnitt gegebenen Beispiel schon $80°$ groß. Das gleichseitige Dreieck in einem extremalen Graphen muß also einen Winkel haben, der *mindestens* gleich $80°$ ist. Ein gleichschenkliges Dreieck mit den Schenkeln $2\,r$ und einem Winkel an der Spitze, der höchstens gleich $72°$ ist, hätte also eine Basis, die *kleiner als* 2 *r* ist. Damit hätten wir zwei Punkte im Graphen, die sich stören. Also scheiden Punkte vom Grade 5 (und erst recht solche von höherem Grad) aus.

Es sei nun *A* ein Punkt eines extremalen Graphen vom Grade 4. Die 4 von *A* ausgehenden Strecken des Graphen mögen zu den Punkten *B*, *C*, *D* und *E* führen (Abb. 11a).

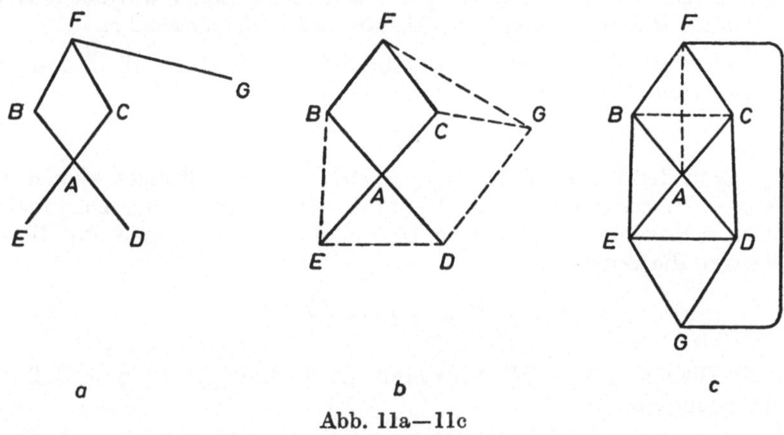

Abb. 11a—11c

Der Graph enthält noch zwei weitere Punkte *F* und *G*. Da sie mindestens vom Grade 3 sind, sind *F* und *G* mit mindestens zwei der Punkte *B*, *C*, *D* und *E* verbunden. Diese Punkte können aber nicht gegenüberliegen. Verbindet man nämlich etwa *F* mit *B* und *D*, so würde (da Überschneidungen unmöglich sind) *C* (oder *E*) ein Punkt vom Grade 1 sein. Solche Punkte gibt es aber in einem irreduziblen Graphen nicht. Sei also *F* mit *B* und *C* verbunden (Abb. 11a). Von *F* (als einem Punkt von mindestens drittem Grad) führt dann eine weitere Strecke zu dem 7. Punkt *G*. *G* muß dann mit mindestens zwei der 4 Punkte *B*, *C*, *D* und *E* verbunden sein, die nicht gegenüberliegen. Es kämen also in Frage: *C* und *D*, *D* und *E*, *E* und *B*.

Untersuchen wir den 1. Fall! Da *B*, *E* und *D* Punkte mindestens vom Grade 3 sein müssen, wären dann auch noch die Strecken *BE* und *ED* in den Graphen einzuzeichnen (Abb. 11b). Auf diese Weise erhalten wir aber einen Graphen mit einem Fünfeck (*BEDGF*), das nicht durch zum Graphen gehörende Diagonalen zerlegt wird. Da die Strecken des extremalen Graphen sicher nicht größer als 90° sind, haben die *im Innern* des Fünfecks verlaufenden Diagonalen *FE*, *BD* usw. eine Länge, die größer ist als 2 *r*. Da ein Fünfeck im Graphen nicht auftreten kann, scheidet dieser Fall aus. Das gleiche gilt für das Punktepaar E und B. G muß danach mit den Punkten D und E verbunden sein (Abb. 11 c). Da nur Dreiecke und Vierecke auftreten dürfen, müssen wir auch die Strecken BE und CD einzeichnen.

Dieser Graph hat noch einen Freiheitsgrad: Der Winkel BAC ist noch nicht festgelegt. Es ist allerdings klar, daß er nicht kleiner als der der gleichseitigen Dreiecke des Graphen sein kann. Sonst würden sich ja die Punkte B und C stören: Ihr Abstand wäre kleiner als $2 r$.

Bezeichnen wir den (noch unbestimmten) Winkel BAC mit β, den der gleichseitigen Dreiecke mit α_7. Dann gilt

$$\alpha_7 \leqq \beta \leqq 360° - 3\,\alpha_7 , \tag{3}$$

da ja auch der Winkel $EAD = \beta_1 = 360° - 2\,\alpha_7 - \beta$ nicht kleiner als α_7 sein darf. Zerlegt man nun die Raute $ACFB$ durch ihre Diagonalen in vier rechtwinklige sphärische Dreiecke, so gewinnt man aus diesen Dreiecken die Beziehung

$$\operatorname{tg} \frac{d}{2} = \operatorname{tg} 2\,r \cdot \cos \frac{\beta}{2}$$

für die Diagonale $d = AF$. Eine einfache Rechnung lehrt nun, daß die 2. Ableitung von

$$d = f(\beta) = 2 \arctan \operatorname{tg} \left(\operatorname{tg} 2\,r \cdot \cos \frac{\beta}{2}\right)$$

negativ, die Funktion $f(\beta)$ also (nach dem Kriterium von S. 13) konkav ist. Ebenso ist $d_1 = AG = f(\beta_1)$ eine konkave Funktion von β_1. Aber auch

$$d_1 = f_1(\beta) = f(360° - 2\,\alpha_7 - \beta)$$

ist eine konkave Funktion von β, wie man durch das immer wieder benutzte Kriterium erkennt. Da die Summe zweier konkaver Funktionen wieder konkav ist[1]), ist auch $FG = d + d_1 = d_2$ eine konkave Funktion von β. Da eine in einem Intervall $[a; b]$ konkave Funktion ihr Minimum nicht im Innern des Intervalls annimmt, wird auch $FG = d_2(\beta)$ nicht zum Minimum für einen Wert β aus dem Innern des Intervalles (3).

Nehmen wir nun an, es sei uns ein extremaler Graph für $n = 7$ gegeben mit einem Winkel β aus dem Innern von (3). Die Strecken dieses Graphen mit Ausnahme der Strecke FG denken wir uns durch ein System von Stangen auf der Einheitskugel realisiert. Durch eine geringe Änderung des Winkels $\beta = \sphericalangle BAC$ kann man dieses Stangensystem jetzt so verändern, daß $d_2 = FA + AG$ kleiner, die *komplementäre* (bisher zum

---

[1]) Das folgt aus der Definition (II 5′).

Graphen gehörige) Strecke FG also größer wird. Das ist möglich, weil, wie gerade festgestellt wurde, $d_2(\beta)$ im Innern von (3) kein Minimum hat.

Durch diese Verschiebung wird der Graph zerstört, denn die Strecke FG ist ja jetzt größer als $2r$. Jetzt kann man aber *unter Beibehaltung des Winkels* β ein neues Streckensystem aufbauen mit einer größeren Seite $2r$. Aus Stetigkeitsgründen muß es einen Wert $r_1 > r$ geben, für den die komplementäre Strecke FB gerade gleich $2r_1$ wird. Dann hat man aber wieder einen vorschriftsmäßigen Graphen mit einer Seite $2r_1 > 2r$ gewonnen. Das heißt aber: Der ursprünglich gegebene Graph war nicht extremal.

Daraus folgt, daß wir nur dann einen extremalen Graphen für $n = 7$ erhalten, wenn wir in einer der beiden Rauten den Winkel β (bzw. β_1) gleich α_7 setzen. Diese Raute setzt sich dann aus zwei gleichseitigen Dreiecken zusammen, und es muß deshalb die eine Diagonale (BC bzw. ED) der Raute noch eingezeichnet werden, um den Graphen vollständig zu machen: Diese Diagonale verbindet ja die Punkte, die genau die Entfernung $2r$ haben.

Wenn wir in Abb. 11c noch die Diagonale BC eintragen, gewinnen wir damit gerade die schematische Darstellung des schon in Abb. 10 in stereographischer Projektion dargestellten Graphen. In der Tat: An das gleichseitige Dreieck ABC lagern sich in beiden Fällen drei kongruente gleichseitige Dreiecke ABE, BCF und CAD an. Der in Abb. 10 mit N bezeichnete Punkt heißt in Abb. 11c G, sonst stimmt die Bezeichnung überein. Damit ist gezeigt, daß der im Abschnitt III 3 eingeführte Graph unser Extremalproblem löst.

Wir haben jetzt die Aufgabe (1a) und damit auch die Aufgabe (1) von S. 1 für eine Reihe von Zahlen n gelöst und wollen das Ergebnis zusammenfassen:

Satz 11:

Die Aufgabe, n Punkte auf der Einheitskugel so anzuordnen, daß der Abstand von irgend zwei der Punkte möglichst groß ist, wird für die Zahlen n = 4, 6 und 12 gelöst durch die Ecken der regulären einbeschriebenen Dreieckspolyeder (Tetraeder, Oktaeder, Ikosaeder). Für 5 Punkte erhält man das Maximum des Minimalabstandes, wenn man sie in 5 der 6 Ecken eines Oktaeders legt. Für n = 7 besteht der extremale Graph aus vier gleichseitigen Dreiecken (mit dem Winkel $\alpha_7 = 80°$) und drei Rauten (Abb. 10).

Die von *Schütte* und *van der Waerden* [III 1] gefundene Lösung für $n = 7$ können wir in der Sprache der mathematischen Geographie so beschreiben:

Man lege ein gleichseitiges Dreieck mit dem Winkel $\alpha_7 = 80°$ so auf die Kugel, daß sein Schwerpunkt in den Südpol fällt und setze auf jedes der *drei Dreiecksseiten ein weiteres kongruentes Dreieck auf. Die 6 Ecken dieser 4 Dreiecke bilden dann zusammen mit dem Nordpol eine 7-Punkte-Konfiguration, die die Aufgaben (1) und (1 a) für $n = 7$ löst.*

Für größere Zahlen n wird das Auffinden des extremalen Graphen immer schwieriger. Bei *Schütte* und *van der Waerden* sind die Lösungs-figuren noch für $n = 8$ und $n = 9$ angegeben. Für andere Zahlen be-stehen Vermutungen über die Lösung ([III 1] und [II 7]).

Wir werden später (S. 48) die bisher bekannten Ergebnisse in einer Tabelle zusammenstellen. Vorher wenden wir uns den Aufgaben (2) und (2 a) zu.

5. Der Graph für das Bedeckungsproblem

Das Bedeckungsproblem (Aufgabe (2 b) und (1 b) von S. 6) ist bis-her nur für die Nummern n gelöst, die als Eckenzahlen für reguläre Dreieckspolyeder in Frage kommen (Folgerung von Satz 9). Um einen Lösungsansatz für beliebige Zahlen n zu finden, gehen wir von einer beliebigen Bedeckung der Einheitskugel durch n kongruente Kugel-kappen (vom sphärischen Radius r) aus. Wenn jeder Kugelpunkt durch mindestens einen *inneren* Punkt des Kappensystems bedeckt wird, ist es offenbar möglich, das Kappensystem durch ein anderes mit gleichen Mittelpunkten, aber etwas kleinerem sphärischem Radius r' $(r' < r)$ zu ersetzen, das ebenfalls noch eine vollständige Bedeckung der Kugel leistet. Das ursprünglich gegebene System war dann keins von minimaler Lagerungsdichte. Wenn wir also eine Bedeckung der Kugel durch n Kappen von möglichst kleinem sphärischem Radius suchen, können wir uns auf solche Fälle beschränken, bei denen gewisse Punkte der Kugel nur durch (3 oder mehr) Randkreise der Kappen bedeckt werden. Solche Schnittpunkte werden wir im folgenden kurz „S-Punkte" nennen. Für die Mittelpunkte der Kappen führen wir die abkürzende Bezeichnung „M-Punkte" ein[1]).

Wir verbinden nun (Abb. 12) die S-Punkte einer Kugelbedeckung mit den zugehörigen M-Punkten durch (sphärische) Strecken von der Länge r. Auf diese Weise wird jedem S-Punkt ein „Dreibein" (bei S_1 in Abb. 12) oder ein „Vierbein" (S_2), „Fünfbein" usw. zugeordnet. Die Gesamtheit aller solcher Strecken von der Länge r nennen wir einen der Kugel-bedeckung zugeordneten Graphen[2]). Liegen bei einer Bedeckung mehrere Dreibeine (m-Beine) vor, so kann es sein, daß sie sich zu Polygonen

---

[1]) In Abb. 12 und den weiteren Abbildungen dieses Kapitels markieren wir die S-Punkte durch kleine Leerkreise, die M-Punkte durch Vollkreise.

[2]) Diese Definition des Graphen unterscheidet sich von der, die *Schütte* in seiner Arbeit [III 2] zu diesem Problem eingeführt hat.

zusammenfügen. Ihre Eckenzahl ist immer gerade, da ja M- und S-Punkte im Polygon abwechseln (Abb. 12).

Auch hier können wir den Versuch machen, den Graphen durch geeignete Verschiebung von Kappen zu reduzieren und womöglich ganz abzubauen. Wenn das gelingt, ist die gegebene und die durch Verschiebung daraus gewonnene Bedeckung sicher keine extremale. Unsere Aufgabe wird auch hier sein, solche Bedeckungen herauszufinden, die einen irreduziblen Graphen haben.

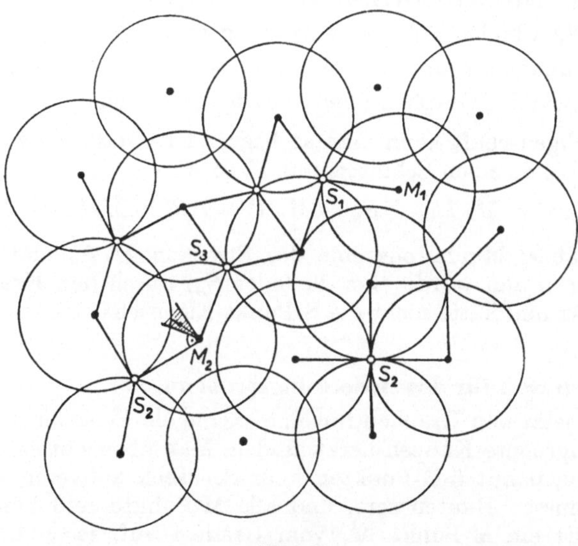

Abb. 12

Dreibeine, bei denen sich nicht an allen drei M-Punkten ein weiteres Dreibein (m-Bein) anschließt, können durch Verschiebung beseitigt werden. Verschiebt man z. B. die Kappe mit dem Mittelpunkt M_1 in Abb. 12 in Richtung auf den S-Punkt S_1, so erhalten wir bei S_1 ein kleines dreifach bedecktes Kugeldreieck. Bei genügend kleiner Verschiebung wird an keiner anderen Stelle die Bedeckung der Kugel zerstört. Auf diese Weise erhalten wir eine neue Bedeckung mit der gleichen Lagerungsdichte, bei der der Graph kleiner geworden ist: Das Dreibein bei S_1 muß ja gelöscht werden, da S_1 für die neue Bedeckung kein S-Punkt mehr ist. Eine solche den Graphen abbauende Verschiebung ist auch dann möglich, wenn in einem Graphen ein Mittelpunkt vom Grade 2 vorkommt, z. B. M_2 in Abb. 12. Die beiden S-Punkte, mit denen M_2 durch den Graphen verbunden ist, sind in der Abb. 12 mit S_2 und S_3

bezeichnet. Verschiebt man nun die Kappe mit dem Mittelpunkt M_2 in das Innere des durch die Senkrechten auf M_2S_2 und M_2S_3 in M_2 gebildeten Winkels, so wird (bei genügend kleiner Verschiebung) die vollständige Bedeckung der Kugel nicht gestört, die Punkte S_2 und S_3 verlieren aber den Charakter von S-Punkten. Das gibt wieder Anlaß zum Abbau des Graphen.

Aus alle dem ergibt sich, daß ein *irreduzibler* (also nicht abbaufähiger) Graph folgende Eigenschaften hat:

1. Er wird gebildet aus Strecken von der Länge r.

2. Die Strecken bilden Polygonnetze von gerader Eckenzahl.

3. Die Eckpunkte des Graphen sind mindestens vom Grade 3.

4. Die Strecken des Graphen überschneiden sich nicht.

Die letzte Eigenschaft kann man so begründen: Hätten zwei Strecken $M_\nu S_\nu$ und $M_\mu S_\mu$ einen Schnittpunkt T, so wäre

$$M_\nu S_\mu + M_\mu S_\nu < M_\nu T + T S_\mu + M_\mu T + T S_\nu = M_\nu S_\nu + M_\mu S_\mu = 2\,r.$$

Das heißt aber: Mindestens eine der Strecken $M_\nu S_\mu$ und $M_\mu S_\nu$ ist kleiner als r. Dann würde aber S_ν (oder S_μ) durch den Kreis um M_μ (M_ν) bedeckt und hätte nicht die S-Punkt-Eigenschaft.

6. Der Fall $n = 5$ für das Bedeckungsproblem

Wir wollen jetzt den Graphen für eine extremale Bedeckung der Kugel durch 5 kongruente Kappen herausfinden. Man übersieht sofort, daß in einem Graphen mit 5 M-Punkten kein Sechseck auftreten kann. Alle Polygone müssen Rauten sein, und alle M-Punkte sind vom Grade 3 oder 4. Tritt ein M-Punkt M_1 vom Grade 4 auf, so sind schon alle 5 M-Punkte in den 4 in M_1 zusammenstoßenden Rauten untergebracht (Abb. 13 in schematischer Zeichnung).

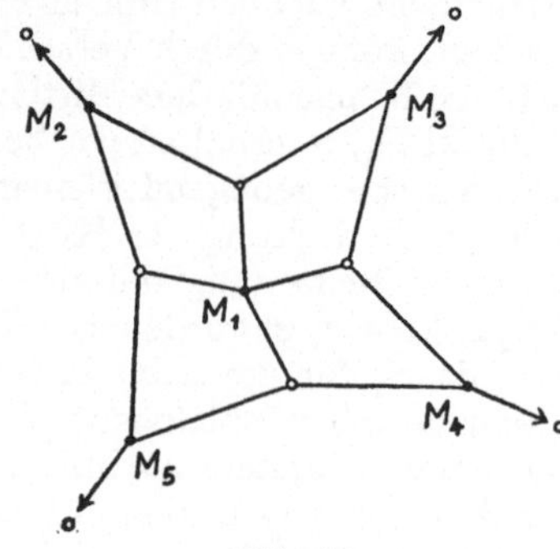

Abb. 13

Von den 4 Gegenecken M_2, M_3, M_4, M_5 des ersten M-Punktes M_1 können dann nur noch Strecken zu einem S-Punkt führen, den wir uns etwa im Nordpol der Kugel liegend denken können. Man erhält dabei eine Aufteilung der Kugel in 8 Rauten.

Es braucht aber im Graphen nicht unbedingt ein M-Punkt vom Grade 4 aufzutreten. Gehen wir von einem M-Punkt M_1 aus, in dem drei Rauten zusammenstoßen (Abb. 14): $M_1 S_1 M_2 S_2$, $M_1 S_1 M_4 S_3$ und $M_1 S_3 M_3 S_2$.

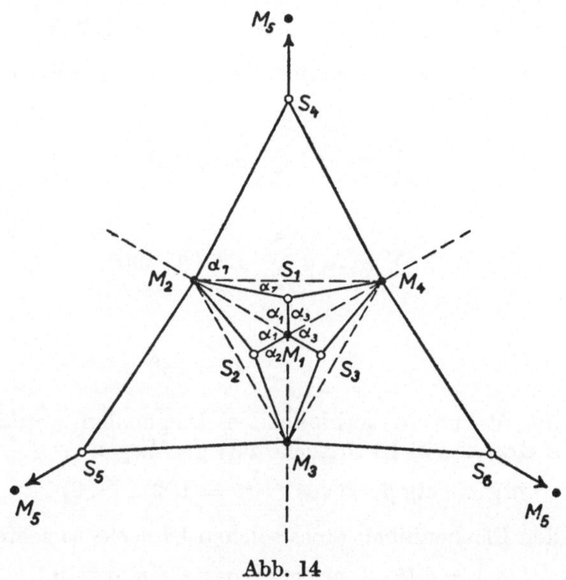

Abb. 14

An diesen „Stern" können wir drei weitere Rauten (mit den S-Punkten S_4, S_5 und S_6) anlagern, ohne neue M-Punkte zu verbrauchen. Da uns nur noch ein M-Punkt zur Verfügung steht, müssen von S_4, S_5 und S_6 die Strecken zu dem 5. M-Punkt führen, den wir wieder in den Nordpol verlegt denken.

Wir wollen zuerst den symmetrischen Graphen des in Abb. 14 dargestellten Typs berechnen. Es sei also

$$\sphericalangle S_1 M_1 S_2 = \sphericalangle S_1 M_1 S_3 = \ldots = \sphericalangle S_4 M_5 S_5 = \sphericalangle S_5 M_5 S_6 = 120°.$$

Dann sind die 6 in M_1 und M_5 zusammenstoßenden Rauten kongruent, und ihre Diagonalen $M_1 M_2 = M_2 M_5 = \ldots$ sind 90° groß. Die drei in M_1 zusammenstoßenden Rauten werden durch ihre Diagonalen in je

4 kongruente rechtwinklige Dreiecke mit der Hypotenuse r, einem Winkel von 60° und einer (diesem Winkel anliegenden) Kathete von 45° zerlegt. Daraus errechnet man sofort

$$\operatorname{tang} r = \frac{1}{\cos 60°} = 2, \quad r \sim 63° 26'. \tag{4}$$

Im allgemeinen (nicht symmetrischen) Fall haben wir je drei in M_1 und M_5 zusammenstoßende Rauten mit den Winkeln $2\,\alpha_\nu$ ($\nu = 1, 2, 3$; $\nu = 4, 5, 6$). Weiter sei

$$\sphericalangle\, S_\nu\, M_{\nu+1}\, S_{3+\nu} = 2\,\alpha_{6+\nu}\ , \quad \nu = 1, 2, 3\ .$$

Schließlich bezeichnen wir die andern Winkel dieser 9 Rauten mit $2\,\beta^\nu$ ($\nu = 1, 2, \ldots, 9$). Dann gilt

$$2 \sum_{\nu=1}^{3} \alpha_\nu = 2 \sum_{\nu=4}^{6} \alpha_\nu = 360° \tag{5}$$

und

$$2 \sum_{\nu=1}^{6} \alpha_\nu + 4 \sum_{\nu=7}^{9} \alpha_\nu = 3 \cdot 360°,$$

also

$$2 \sum_{\nu=7}^{9} \alpha_\nu = 180°. \tag{6}$$

Durch die die M-Punkte verbindenden Diagonalen werden nun die 9 Rauten des Graphen in 18 Dreiecke zerlegt. Wegen

$$\operatorname{ctg} \alpha_\nu \cdot \operatorname{ctg} \beta_\nu = \cos r \quad (\nu = 1, 2, \ldots, 9)\ .$$

können wir den Flächeninhalt eines solchen Dreiecks so schreiben:

$$f\,(\alpha_\nu) = 4\,(\alpha_\nu + \operatorname{arc\ ctg}\,(\cos r \cdot \operatorname{tg} \alpha_\nu)) - \pi\ .$$

Daraus folgt

$$4\pi = -\,18\,\pi + 4 \sum_{\nu=1}^{9} (\alpha_\nu + \operatorname{arc\ ctg}\,(\cos r \cdot \operatorname{tg} \alpha_\nu))\ . \tag{7}$$

Nun ist die zweite Ableitung von $f\,(\alpha_\nu)$ negativ für $\alpha_\nu < 90°$, $r < 90°$:

$$f''\,(\alpha_\nu) = \frac{4 \cos r\,(\cos^2 r - 1) \sin 2\,\alpha_\nu}{(\cos^2 \alpha_\nu + \sin^2 \alpha_\nu \cos^2 r)^2} < 0\ .$$

Daher ist die Funktion $f\,(\alpha_\nu)$ konkav, und wir können den Jensenschen Satz (Satz 3) auf die Summen von 1 bis 3, von 4 bis 6 und von 7 bis 9 in (7) einzeln anwenden. Nach (5) und (6) folgt dann aus (7):

$$22\,\pi \leqq 10\,\pi + 24 \operatorname{arc\ ctg}\left(\cos r \cdot \operatorname{tg} \frac{\pi}{3}\right) + 12 \operatorname{arc\ ctg}\left(\cos r \cdot \operatorname{tg} \frac{\pi}{6}\right),$$

also

$$2\left(\frac{\pi}{2} - \text{arc ctg}\,(\cos r \cdot \sqrt{3})\right) \leqq \text{arc ctg}\left(\cos r \cdot \frac{1}{3}\sqrt{3}\right). \tag{8}$$

Durch die Substitutionen

$$\text{tg}\,\varphi = \cos r \cdot \sqrt{3}, \quad \text{ctg}\,\psi = \cos r \cdot \frac{1}{3}\sqrt{3}, \quad \text{tg}\,\psi = u \tag{9}$$

wird aus (8):

$$2\,\varphi \leqq \psi\,,$$

$$\text{tg}\,2\,\varphi = \frac{2\,\text{tg}\,\varphi}{1 - \text{tg}^2\,\varphi} = \frac{2 \cdot 3}{u\left(1 - \dfrac{9}{u^2}\right)} \leqq \text{tg}\,\psi = u\,.$$

Wir haben also

$$u = \text{tg}\,\psi \geqq \sqrt{15}$$

und nach (9)

$$r \geqq \text{arc cos}\,\frac{1}{5}\sqrt{5} = \text{arc tg}\,2\,.$$

Das heißt aber: Für jeden Graphen des in Abb. 14 dargestellten Typs ist r nicht kleiner als im symmetrischen Fall, für den ja nach (4) tang $r = 2$ gilt.

Die Graphen des in Abb. 13 dargestellten Typs (mit einem M-Punkt vom Grade 4) liefern auch keinen kleineren Wert für r. Man rechnet rasch aus, daß im symmetrischen Fall

$$\cos r = \text{ctg}\,45° \,\text{ctg}\,67{,}5°$$

ist, r also $\sim 65°\,32'$. Die Anwendung des Jensenschen Satzes führt auch bei den Graphen dieses Typs zu der Feststellung, daß in keinem Fall ein Kappenradius möglich ist, der kleiner ist als der des symmetrischen Typs. Danach liefert der in Abb. 15 in stereographischer Projektion dargestellte symmetrische Graph des Typs *ohne* M-Punkte vom Grade 4 den bestmöglichen Wert[1]) für r bei 5 M-Punkten:

$$r = R_5 = \text{arc cos}\,\frac{1}{5}\sqrt{5} = \text{arc tg}\,2 \sim 63°\,26'\,.$$

In der geographischen Terminologie kann man diesen Graphen einfach so beschreiben: Es liegt je ein Punkt im Nord- und Südpol der Einheitskugel, die drei andern sind auf dem Äquator symmetrisch verteilt. Im

---

[1]) Mit R_n wollen wir den Extremalwert von r für die *Bedeckung* durch n Kappen bezeichnen. Die Bezeichnung r_n haben wir für das Lagerungsproblem verbraucht.

Fall $n = 6$ haben wir die entsprechende Lösung: In diesem Fall ist ja die extremale Figuration durch die Ecken eines einbeschriebenen Oktaeders gegeben, und man kann diesen Körper natürlich auch so legen, daß je ein Punkt in den Nord- und Südpol fällt und die übrigen auf dem Äquator liegen.

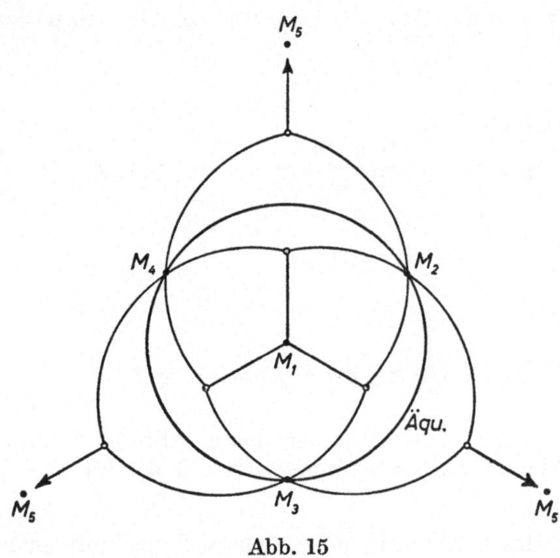

Abb. 15

Es liegt deshalb die Vermutung nahe, daß auch bei mehr als 6 Punkten die extremale Figuration in einer entsprechenden Verteilung bestehen könnte. Auf jeden Fall ist es nicht verkehrt, für beliebiges n den Graphen dieses Typs zu berechnen.

Die $(n-2)$ im Nord- bzw. Südpol zusammenstoßenden Rauten werden durch ihre Diagonalen in je 4 kongruente rechtwinklige Dreiecke zerlegt, die einen (im Nord- bzw. Südpol gelegenen) Winkel von $\left(\dfrac{180}{n-2}\right)^\circ$ und eine (diesem Winkel anliegende) Kathete von $45°$ enthalten. Aus diesem Dreieck berechnet man für $n = 7$ die Seite r:

$$r = \varrho_7 = \text{arc ctg}\,(\cos 36°) \sim 51° \, 2' \, .$$

Im Fall $n = 8$ wird

$$\varrho_8 = \text{arc ctg}\,(\cos 30°) \sim 49° \, 7' \, . \tag{10}$$

Es wird zu prüfen sein, ob diese Werte ϱ_7 und ϱ_8 gleich den gesuchten Extremalwerten R_7 und R_8 sind.

7. Der Fall $n = 7$ für das Bedeckungsproblem

Um die für das Bedeckungsproblem im Falle $n = 7$ in Frage kommenden Graphen zu übersehen, wollen wir ein einfacheres Streckensystem einführen, das wir als „M-Figur" bezeichnen wollen. Es entspricht dem beim Lagerungsproblem benutzten Graphen[1]). Zieht man in einem aus Rauten aufgebauten Graphen die die M-Punkte verbindenden Diagonalen in jeder Raute, so entsteht nach Löschung des Graphen ein die Mittelpunkte verbindendes Dreiecksnetz, eben die M-Figur. Die Strecken der M-Figur sind in Abb. 14 gestrichelt eingezeichnet.

Ist umgekehrt eine M-Figur gegeben, so kann man den Graphen wenigstens in seiner topologischen Struktur daraus erkennen: Man zeichnet in jedes Dreieck einen S-Punkt ein und verbindet ihn mit den Ecken des Dreiecks (Abb. 16). Nach Löschung der M-Figur hat man auf diese Weise den Graphen gewonnen. Dabei ist freilich die Möglichkeit ein-

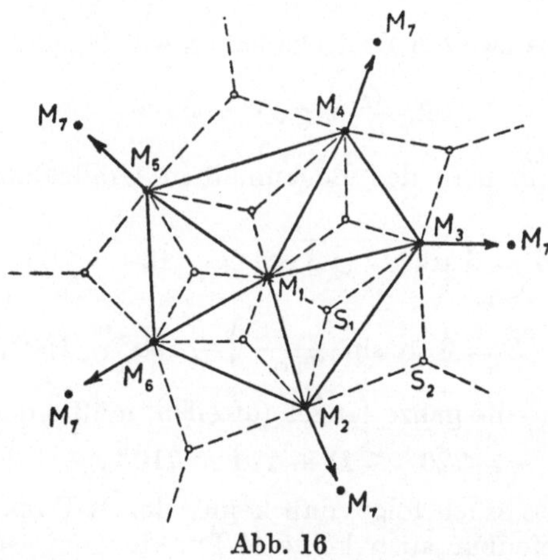

Abb. 16

zurechnen, daß S-Punkte vom Grade 4 auftreten[2]); in diesem Falle

---

[1]) Bei *Schütte* [III 2] wird diese Figur als Graph bezeichnet.

[2]) Man kann freilich leicht zeigen, daß im Falle $n = 7$ keine S-Punkte vom Grade 4 auftreten können. Vier etwa durch den Südpol gehende Kappenkreise vom Radius $R_7 \leqq \varrho_7 \sim 51° 2'$ würden eine Kappe vom Radius 77° um den Nordpol unbedeckt lassen. Nun gilt folgender Satz, dessen Beweis wir dem Leser überlassen: *Wird eine Kappe vom sphärischen Radius ϱ durch drei kongruente Kappen vom Radius r bedeckt, so ist*

$$\varrho \leqq 2 \operatorname{arc tg} \left(\frac{1}{2} \operatorname{tg} r \right).$$

Daraus folgt, daß die unbedeckte Kappe um den Nordpol nicht durch die drei verbleibenden Kappen vom Radius R_7 bedeckt werden kann.

würden einzelne Rauten in doppelt durchlaufene Strecken entarten und S-Punkte zusammenfallen, z. B. etwa S_1 und S_2 in Abb. 16.

Aus dem Eulerschen Polyedersatz (Satz 2) und der Relation $3f = 2k$ findet man für $n = 7$ sofort die Zahl f: Die M-Figur besteht aus 10 Dreiecken. Wir behaupten, daß keiner der M-Punkte vom Grade 3 sein kann. Wäre es nämlich so[1]), so könnte man drei der 10 Dreiecke zu *einem* Dreieck zusammenfügen. Da die Seiten dieses Dreiecks Diagonalen des Graphen sind, ist ihre Länge kleiner als $2\,r$. Der Inhalt dieses Dreiecks ist daher höchstens gleich dem Inhalt D eines gleichseitigen Dreiecks mit der Seite $2\,r$. Der Inhalt der 7 übrigen Dreiecke aber ist höchstens gleich dem Inhalt $\varDelta$ eines dem Kreise mit dem Radius r einbeschriebenen gleichseitigen Dreiecks. Für den Winkel α_1 des ersten Dreiecks gilt

$$\cos r \cdot \sin \frac{\alpha_1}{2} = \cos 60°,$$

für den Winkel des zweiten Dreiecks haben wir dagegen

$$\operatorname{ctg} \frac{\alpha_2}{2} \cdot \operatorname{ctg} 60° = \cos r\,.$$

Daraus folgt, wenn man das Bogenmaß in Gradzahlen übersetzt für $r \leqq \varrho_7 < 52°$:

$$\varDelta = 6 \text{ arc ctg } (\sqrt{3} \cos r) - 180° < 80°$$

und

$$D = 6 \text{ arc sin} \left(\frac{1}{2 \cos r}\right) - 180° < 150°.$$

Da die 10 Dreiecke die ganze Kugel aufteilen, müßte demnach sein

$$720° \leqq D + 7\,\varDelta < 710°\,.$$

Aus diesem Widerspruch folgt, daß keiner der M-Punkte vom Grade 3 sein kann. Da offenbar auch keine M-Punkte vom Grade 6 auftreten können, haben wir, wenn m_ν die Zahl der M-Punkte vom Grade ν bedeutet:

$$4\,m_4 + 5\,m_5 = 2\,k = 30\,,$$
$$m_4 + m_5 = n = 7\,,$$

also $m_5 = 2$, $m_4 = 5$. Eine M-Figur mit diesen Zahlen führt aber auf den in Abb. 16 dargestellten Typ. Im Symmetriefall gewinnt man daraus nun den Graphen, dessen Seite ϱ_7 wir bereits berechnet haben. Hier sind zwei der M-Punkte Nord- und Südpol der Kugel, die übrigen fünf sind auf dem Äquator mit gleichen Längenunterschieden verteilt. Durch Anwendung des Jensenschen Satzes (Satz 3) zeigt man wieder wie im

---

[1]) Wir folgen hier *Schütte* [III 2].

Fall $n = 5$, daß keine unsymmetrische Anordnung von M-Punkten zu einem Graphen dieses Typs zu einem kleineren Wert für r führt.

Damit ist gezeigt, daß $R_7 = \varrho_7 = \text{arc ctg (cos } 36°)$ der kleinste Wert ist für r in einem Graphen, der *lauter Rauten* enthält. Wir überlassen dem Leser den Nachweis, daß im Fall $n = 7$ der extremale Graph kein Sechseck enthalten kann, und fassen unsere Ergebnisse zusammen:

Satz 12:

Man erhält eine Bedeckung der Einheitskugel durch 5, 6 oder 7 kongruente Kugelkappen von möglichst kleinem Radius R_n (n = 5, 6, 7), indem man zwei der Kappenmittelpunkte in den Nord- und Südpol der Kugel legt, die übrigen mit gleichen Längenunterschieden auf dem Äquator verteilt. Für den kleinstmöglichen Radius R_n der Kugelkappen gilt

$$R_n = \text{arc ctg} \left(\cos \frac{\pi}{n-2} \right).$$

8. Ausblick auf weitere Probleme

Wer denkt, daß das so weiter geht, ist im Irrtum. Für $n = 8$ gibt es [III 2] einen Graphen, dessen Radius r kleiner ist als der in Abschnitt III 6 berechnete Wert (10), der zu der äquatorialen Verteilung der Punkte gehört. Dieser in Abb. 17 schematisch dargestellte Graph

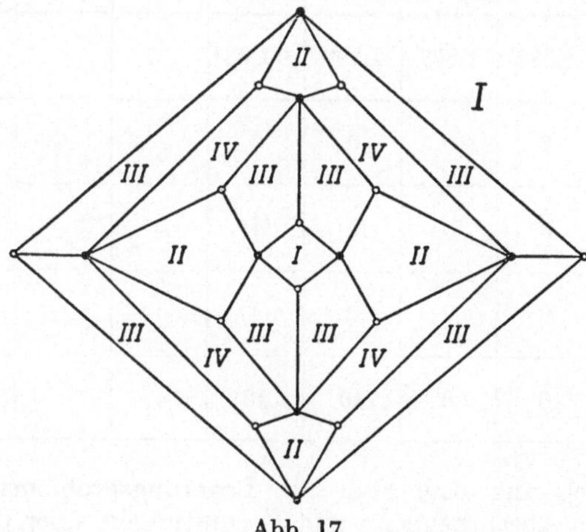

Abb. 17

ist nicht so leicht zu berechnen, selbst im Falle der Symmetrie. Man wird auf eine transzendente Gleichung geführt mit einer Lösung

$$r \sim 48° \, 9' < \varrho_8 \sim 49° \, 7'.$$

Durch eine ähnliche Überlegung wie im Falle $n = 7$ kann man unter Benutzung dieses Ergebnisses zeigen, daß es in der M-Figur für $n = 8$ keinen M-Punkt vom Grade 3 geben kann. Daraus kann man folgern, daß nur ein Graph von dem in Abb. 17 dargestellten Typ als Lösung für unser Extremalproblem im Falle $n = 8$ in Frage kommt [III 2].

Wir wollen die wichtigsten Ergebnisse der Kapitel II und III in einer zusammenfassenden Tabelle darstellen. Die beiden ersten Zeilen geben den extremalen Radius und die Lagerungsdichte *für das Lagerungsproblem* wieder, die folgenden Zeilen beziehen sich auf das Bedeckungsproblem. Wir haben nicht nur Radius und Lagerungsdichte (R_n und D_n) notiert, sondern auch die Anzahl der M- und S-Punkte vom Grade ν (m_ν bzw. s_ν).

	4	5	6	7	8	9	10	11	12
r_n	54° 56′	45°	45°	38° 56′	37° 26′	35° 16′			31° 43′
d_n	0,845	0,732	0,878	0,777	0,823	0,825			0,896
R_n	70° 32′	63° 26′	54° 44′	51° 2′	$\leq 48° 9′$				37° 43′
D_n	1,33 …	1,382	1,268	1,299	$\leq 1,331$				1,254
m_3	4	2	0	0	0				0
m_4	0	3	6	5	4				0
m_5	0	0	0	2	4				12
s_3	4	6	8	10	12				20

Für einige noch ungelöste Fälle des Lagerungsproblems ($n = 10, 11, 13, \ldots$) gibt es Abschätzungen und Vermutungen, über die *Fejes Toth* [II 7] berichtet. Vielleicht ist es möglich, in den noch ungelösten Fällen einen Schritt weiterzukommen, indem man Gesetzlichkeiten in der Struktur der Graphen untersucht. Beim Bedeckungsproblem haben wir auch die Zahlen m_ν und s_ν in die Tabelle aufgenommen. s_4 ist nicht notiert, da bei keinem der bisher herausgefundenen extremalen Graphen ein S-Punkt vom Grade 4 vorkam. Es ist aber bisher noch nicht bewiesen, daß es immer so sein muß. Es liegt nahe, zwischen den gesicherten Werten für $n = 8$ und $n = 12$ in den Zeilen für m_3, m_4, m_5 und s_3 so zu interpolieren:

	9	10	11
m_3	0	0	0
m_4	3	2	1
m_5	6	8	10
s_3	14	16	18

IV. Lagerung von kongruenten Kugeln

1. Die dichteste Gitterpackung

Bei der Behandlung von Lagerungsproblemen hat sich bisher stets herausgestellt, daß die extremalen Figurationen ein hohes Maß an Symmetrieeigenschaften aufweisen. Wenn man gewisse Symmetrieeigenschaften *voraussetzt*, wird das Auffinden der Lösung wesentlich leichter, aber natürlich können dann auch die gewonnenen Aussagen nicht so allgemein formuliert werden wie bei den „voraussetzungslosen" Verfahren, die wir in den Kapiteln II und III benutzten.

Um den Unterschied deutlich zu machen, wollen wir noch einmal auf das Problem der Lagerung von Einheitskreisen in der Ebene zurückkommen. Wenn man voraussetzt, daß die Mittelpunkte der Kreise in Form eines Parallelogrammgitters angeordnet sind, kann man sehr rasch erkennen, wie man die dichteste Lagerung erhält: Man muß als Parallelogramme Rauten wählen mit den Winkeln 60° und 120° (Abb. 4).

Es sei etwa ein solches Punktgitter gegeben durch die von einem Nullpunkt ausgehenden Ortsvektoren

$$\mathfrak{x} = m\,\mathfrak{u} + n\,\mathfrak{v}\,. \tag{1}$$

Dabei sind $\mathfrak{u}$ und $\mathfrak{v}$ (linear unabhängige) Vektoren, deren Länge mindestens gleich 2 ist, m und n beliebige ganze Zahlen. Man kann die Lagerungsdichte offenbar erhöhen, wenn $|\mathfrak{u}|$ oder $|\mathfrak{v}|$ größer als 2 ist. Deshalb kann $|\mathfrak{u}| = |\mathfrak{v}| = 2$ vorausgesetzt werden. Der Flächeninhalt des einzelnen Parallelogramms im Netz (1) ist dann $f(\alpha) = 4 \sin \alpha = 4 \sin(\mathfrak{u}, \mathfrak{v})$, und für die Lagerungsdichte $d(\alpha)$ erhalten wir[1] dann nach (II 2):

$$d(\alpha) = \lim_{R \to \infty} \frac{\pi\,n(R)}{\pi\,R^2} = \lim_{R \to \infty} \frac{\pi\,n(R)}{n(R)\,4 \sin \alpha} = \frac{\pi}{4 \sin \alpha}$$

Man erhält das Maximum für $d(\alpha)$ für ein Minimum von $\sin \alpha$. Das liegt aber bei $\alpha = 60°$. Ein kleinerer Winkel ist nämlich nicht zulässig, weil sich sonst die zu einem Paar gegenüberliegender Eckpunkte gehörenden Kreise schneiden würden. Daraus folgt $d \leqq \dfrac{\pi}{\sqrt{12}}$, wie in (II 17).

---

[1] Man darf unter dem limes-Zeichen πR^2 ersetzen durch $n(R) \cdot f(\alpha)$. Das zeigt man durch eine Überlegung, wie sie bereits auf S. 15 durchgeführt wurde.

Da das — bisher noch nicht gelöste — allgemeine Lagerungsproblem (3)
(S. 2) für kongruente Kugeln im Raum recht schwierig ist, wollen wir
in diesem Fall damit beginnen, die gitterförmigen Lagerungen von kongruenten Kugeln im Raum zu untersuchen. Wir gehen also aus von
einem Gitter (Abb. 18)

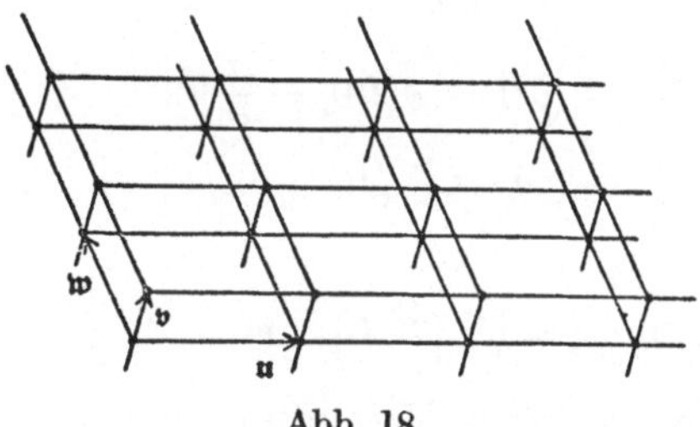

Abb. 18

$$\mathfrak{x} = l\,\mathfrak{u} + m\,\mathfrak{v} + n\,\mathfrak{w}\,. \tag{2}$$

Dabei sind $\mathfrak{u}$, $\mathfrak{v}$ und $\mathfrak{w}$ linear unabhängige Vektoren, deren Länge
mindestens gleich 2 ist. l, m und n sind ganze Zahlen. Die Punkte von
(2) seien Mittelpunkte eines Systems $\{\mathfrak{k}\}$ von Einheitskugeln. Da man
auch hier offenbar die Lagerungsdichte durch Zusammenschieben der
Kugeln erhöhen kann, wenn einer der Vektoren eine Länge hat, die
größer als 2 ist, können wir uns auf den Fall beschränken, daß die durch
die Gitterpunkte gebildeten Spate lauter Rauten zu Seitenflächen haben:
$$|\mathfrak{u}| = |\mathfrak{v}| = |\mathfrak{w}| = 2\,.$$

Wäre nun $\alpha \neq 60°$, $\neq 120°$, so könnte man nach unserer Einsicht über die
Lagerungsdichte der Einheitskreise die Kugellagerung verdichten, indem
man den Winkel α ändert. Das Entsprechende gilt für die ($\mathfrak{u}$, $\mathfrak{w}$)- und
die ($\mathfrak{v}$, $\mathfrak{w}$)-Ebene. Im Gitter extremaler Dichte müssen also die Winkel
aller Rauten des Gitters (2) gleich 60° oder 120° sein.

Durch eine Überlegung, wie sie ähnlich auf S. 15 schon angestellt wurde,
gewinnt man für die Lagerungsdichte $\delta(\mathfrak{k})$ unseres Kugelsystems

$$\delta(\mathfrak{k}) = \lim_{R \to \infty} \frac{N(R)\,\frac{4}{3}\,\pi}{\frac{4}{3}\,\pi\,R^3} = \lim_{R \to \infty} \frac{N(R)\,\frac{4}{3}\,\pi}{N(R)\cdot V} = \frac{4\,\pi}{3\,V}\,.$$

Dabei ist V das Volumen des durch die Vektoren $\mathfrak{u}$, $\mathfrak{v}$ und $\mathfrak{w}$ bestimmten
Spates, $N(R)$ die Anzahl der ganz in der Kugel vom Radius R gelegenen
Spate. Für das extremale Kugelsystem $\{\mathfrak{k}^*\}$ ist aber das Volumen
$V = V^* = 4\,\sqrt{2}$. Damit haben wir

Satz 13:

Es sei

$$\mathfrak{x} = l\,\mathfrak{u} + m\,\mathfrak{v} + n\,\mathfrak{w} \qquad (|\mathfrak{u}| = 2,\ |\mathfrak{v}| = 2,\ |\mathfrak{w}| = 2)$$

das Gitter der Mittelpunkte eines Systems $\{\mathfrak{x}\}$ von Einheitskugeln. Für die Lagerungsdichte eines solchen Kugelsystems gilt

$$\delta(\mathfrak{x}) \leqq \delta(\mathfrak{x}^{(1)}) = \frac{\pi}{6}\sqrt{2}\,. \tag{3}$$

Das Extremum wird erreicht für eine gitterförmige Anordnung (2) mit den Vektoren

$$\mathfrak{u} = (2, 0, 0), \quad \mathfrak{v} = \left(1, \sqrt{3}, 0\right), \quad \mathfrak{w} = \left(1, \frac{1}{3}\sqrt{3},\ \frac{2}{3}\sqrt{6}\right). \tag{4}$$

Es ist eine noch unbewiesene Vermutung, daß (3) auch für beliebige Lagerungen von Einheitskugeln gilt.

Jede Raute des extremalen Gitters zerfällt in zwei gleichseitige Dreiecke mit den Schwerpunkten S_ν und $S_\nu{}'$ (Abb. 19).

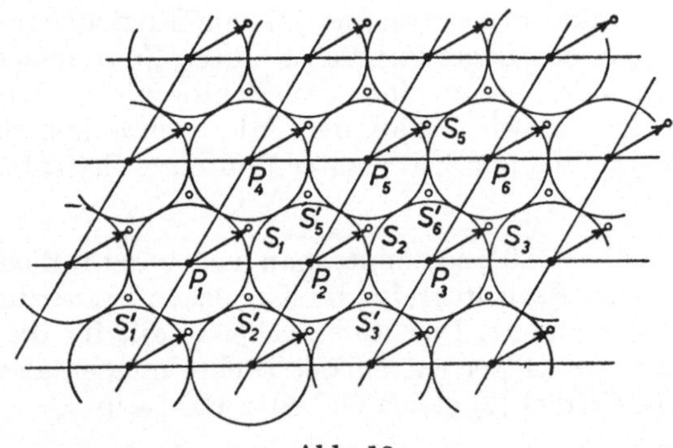

Abb. 19

Projiziert man in jedem Spat die dem Vektor $\mathfrak{w}$ parallele Kante auf die der $(\mathfrak{u}, \mathfrak{v})$-Ebene parallele Raute, so erhält man eine Strecke $P_\nu S_\nu$, die einen Eckpunkt der Raute mit dem Schwerpunkt verbindet. Alle diese Schwerpunkte S_ν werden aus P_ν durch die Verschiebung mit Hilfe des Vektors $\mathfrak{y} = \overrightarrow{P_1 S_1}$ gewonnen. Man kann sich also die extremale Kugellagerung so vorstellen, daß man zunächst in der $(\mathfrak{u}, \mathfrak{v})$-Ebene eine Schicht Kugeln auslegt (mit dem Winkel $\alpha = 60°$) und dann in die durch die Punkte S_ν bezeichneten Zwischenräume die zweite Schicht Kugeln einlagert. Die andern Dreiecksschwerpunkte $S_\nu{}'$ bleiben dagegen frei von Kugeln. Wendet man auf die Mittelpunkte der zweiten Schicht wieder den Vektor $\mathfrak{y}$ an, so gewinnt man damit die Mittelpunkte der nächsten Schicht, usf.

Man kann aber auch anders verfahren: Wendet man auf die Mittelpunkte P_ν nicht den Vektor $\mathfrak{y}$, sondern $-\mathfrak{y}$ an, so werden durch diese Verschiebung gerade die andern Schwerpunkte S_ν' (Abb. 19) erreicht. Man erhält eine Lagerung von der gleichen Dichte, wenn man in die durch S_ν' bezeichneten Zwischenräume die Kugeln einlagert, und es ist durchaus möglich, von Schicht zu Schicht von $\mathfrak{y}$ zu $-\mathfrak{y}$ in regelmäßiger oder auch in ganz ungeordneter Weise zu wechseln. In jedem Fall erhält man für die Lagerungsdichte $d = \dfrac{\pi}{6}\sqrt{2}$. Freilich wären solche Anordnungen nicht mehr als „gitterförmig" zu bezeichnen.

Für spätere Anwendungen beachten wir, daß man die Anordnung der Mittelpunkte im extremalen Gitter auch als „flächenzentriertes Würfelgitter" beschreiben kann. Dazu gehen wir von einem Würfelgitter

$$\mathfrak{x} = l\,\mathfrak{a} + m\,\mathfrak{b} + n\,\mathfrak{c} \tag{5}$$

aus. Die Vektoren $\mathfrak{a}$, $\mathfrak{b}$ und $\mathfrak{c}$ sollen paareweise aufeinander senkrecht stehen und die Länge $2\sqrt{2}$ haben. Fügt man den Gitterpunkten (5) noch die Mittelpunkte der Seitenflächen jedes Würfels hinzu, so erhält man ein extremales Gitter für die Lagerung von Einheitskugeln.

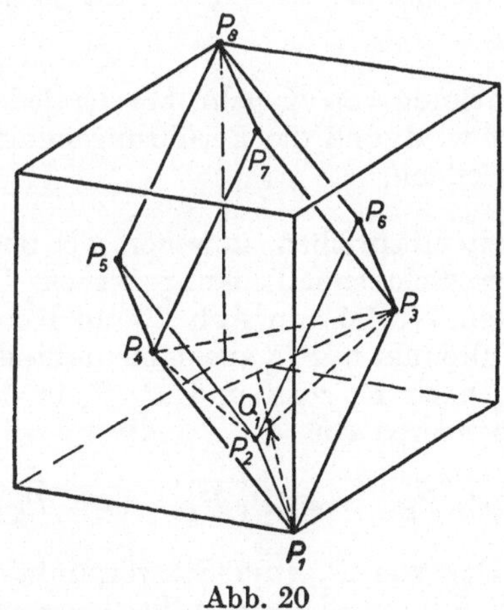

Abb. 20

Um das einzusehen, greifen wir uns einen Würfel des Gitters (5) heraus und zeichnen noch die Flächenmittelpunkte ein (Abb. 20). Verbindet man zwei gegenüberliegende Ecken P_1 und P_8 des Würfels mit den Mittelpunkten P_2, P_3 und P_4 bzw. P_5, P_6 und P_7 der anliegenden Seitenflächen und zieht außerdem die Strecken $P_2 P_6$, $P_3 P_6$, $P_4 P_5$ und $P_4 P_7$, so erhält man damit einen dem Würfel einbeschriebenen Spat, dessen Kanten alle die Länge 2 haben. Da auch $P_2 P_3$ gleich 2 ist, ist das ganze flächenzentrierte Würfelgitter zugleich das Gitter einer extremalen Kugellagerung. Aus dieser Tatsache gewinnt man noch einmal die Formel für die Lagerungsdichte. Man sieht nämlich sofort, daß die um die 6 Flächenmittelpunkte gelegenen Einheitskugeln zur Hälfte im Innern des Würfels liegen. Von den zu den 8 Ecken des Würfels gehörenden Kugeln liegt je ein Oktant im Innern. Das sind $\frac{6}{2} + 1 = 4$ Vollkugeln. Die Dichte wird also

$$\delta = \frac{4 \cdot \frac{4}{3}\,\pi}{(2\,\sqrt{2})^3} = \frac{\pi}{6}\,\sqrt{2}\,.$$

2. Die dünnste feste Packung

In Analogie zur Kreislagerung (S. 26) nennt man eine Kugelpackung *fest*, wenn jede Kugel von 4 anderen so berührt wird, daß die 4 Berührungspunkte nicht auf einer Halbkugel liegen. Die eben untersuchte extremale Packung ist gewiß fest: Hier wird ja jede Kugel von 12 anderen berührt.

Es gibt eine feste Packung von Kugeln, bei der jede Kugel von genau 4 anderen so berührt wird, daß die Berührungspunkte die Ecken eines regulären Tetraeders bilden.

Um dieses System zu beschreiben, kommen wir noch einmal auf das System $\{\mathfrak{k}^{(1)}\}$ mit der dichtesten Packung zurück. Denken wir uns in dem flächenzentrierten Würfel von Abb. 20 ein Koordinatensystem so festgelegt, daß der Nullpunkt mit P_1 zusammenfällt, die positive x-Achse in Richtung von P_1 nach P_2 zeigt und $P_1 P_4$ in der xy-Ebene liegt. Dann sind die Komponenten von

$$\mathfrak{u} = \overrightarrow{P_1 P_2}\,, \quad \mathfrak{v} = \overrightarrow{P_1 P_4}\,, \quad \mathfrak{w} = \overrightarrow{P_1 P_3}$$

durch (4) gegeben. Der von P_1 zum Schwerpunkt Q_1 des Tetraeders $P_1 P_2 P_3 P_4$ zeigende Vektor $\mathfrak{z}$ hat dann die Komponenten

$$\mathfrak{z} = \overrightarrow{P_1 Q_1} = \left(1;\ \frac{1}{3}\,\sqrt{3}\ ;\ \frac{1}{6}\,\sqrt{6}\right).$$

Durch die Verschiebung

$$\mathfrak{y} = \overrightarrow{P_1 Q_\nu} = \overrightarrow{P_1 P_\nu} + \mathfrak{z} = l\,\mathfrak{u} + m\,\mathfrak{v} + n\,\mathfrak{w} + \mathfrak{z} \qquad (l,\,m,\,n \text{ ganz})$$

wird ein neues Gitter von Punkten $\{Q_\nu\}$ definiert. Jeder Punkt Q_ν ist dann Schwerpunkt eines Tetraeders, das aus 4 Punkten von $\{P_\nu\}$ gebildet wird: Q_1 von $P_1\,P_2\,P_3\,P_4$, Q_2 von $P_2\,P_3\,P_4\,P_5$, usf. Umgekehrt ist jeder Punkt von $\{P_\nu\}$ Schwerpunkt eines regulären Tetraeders, dessen Ecken zum Gitter $\{Q_\nu\}$ gehören. Die Vereinigung der Gitter $\{P_\nu\}$ und $\{Q_\nu\}$ ist dann kein Gitter mehr im Sinne unserer Definition, wohl aber ein Punktsystem, das man zu Mittelpunkten einer festen Kugellagerung machen kann. Man braucht nur um jeden Punkt eine Kugel vom Radius

$$\varrho_1 = \frac{1}{2}\,|\mathfrak{z}| = \frac{1}{4}\,\sqrt{6}$$

zu legen. Dieses neue System nennen wir $\{\mathfrak{k}^{(2)}\}$.

Von den Kugeln um die Punkte des Systems $\{Q_\nu\}$ liegen gerade 4 ganz in dem Würfel mit der Kante $2\sqrt{2}$ (Abb. 20), nämlich die mit den Mittelpunkten Q_1, Q_2, Q_3 und Q_4. Die andern Kugeln um Mittelpunkte Q_ν $(\nu > 4)$ liegen ganz außerhalb des Würfels. Man muß, um das einzusehen, nur beachten, daß der Vektor $\mathfrak{z} = \overrightarrow{P_1 Q_1}$ in die Richtung der Hauptdiagonalen des Würfels zeigt. Da die Kugeln um die Punkte P_ν und die um die Punkte Q_ν natürlich die gleiche Dichte haben, müssen von den Kugeln um die Punkte P_ν auch gerade 4 im Würfel liegen. Die Dichte unserer Lagerung wird also

$$\delta_1 = \frac{8 \cdot \dfrac{4}{3}\,\pi\,\varrho_1{}^3}{(2\,\sqrt{2})^3} = \frac{\pi\,\sqrt{3}}{16} \sim 0{,}340\,.$$

Diese Lagerung ist nun keineswegs die dünnste unter den festen Kugellagerungen. Ähnlich wie in der Ebene (S. 28) kann man auch hier ein neues System finden, indem man jede Kugel des Systems $\{\mathfrak{k}^{(2)}\}$ vom Radius ϱ_1 ersetzt durch je 4 Kugeln von folgender Eigenschaft: Diese 4 Kugeln sollen den gleichen Radius (ϱ_2) haben und die Kugel von $\{\mathfrak{k}^{(1)}\}$ in ihren Berührungspunkten innen berühren. Außerdem soll ϱ_2 so gewählt sein, daß jede der 4 Kugeln von den drei andern berührt wird.

Da $2\,\alpha = 2\,\mathrm{arc\,sin}\,\sqrt{\dfrac{2}{3}}$ der Winkel zwischen irgend zwei vom Schwerpunkt des regulären Tetraeders zu seinen Ecken zeigenden Vektoren ist, haben wir für den Radius ϱ_2 der Kugeln des neuen Systems $\{\mathfrak{k}^{(2)}\}$:

$$\sin\alpha = \sqrt{\frac{2}{3}} = \frac{\varrho_2}{\varrho_1 - \varrho_2}\,,$$

also

$$\varrho_2 = \varrho_1 \frac{1}{\sqrt{\frac{3}{2}} + 1} \, .$$

Da jede Kugel von $\{\mathfrak{k}^{(1)}\}$ durch vier kleinere aus $\{\mathfrak{k}^{(2)}\}$ ersetzt wird, gilt für die Dichte δ_2 des neuen Systems:

$$\delta_2 = \frac{4 \cdot \frac{4}{3} \pi \, \varrho_2{}^3}{\frac{4}{3} \pi \, \varrho_1{}^3} \, \delta_1 = \frac{4}{\left(\sqrt{\frac{3}{2}} + 1\right)^3} \, \delta_1 \sim 0{,}123 \, .$$

Es wird vermutet, daß dies der kleinste Wert für die Dichte einer festen Kugelpackung ist [II 3]. Der Beweis steht dafür noch aus.

V. Das Lebesguesche Tafelproblem

1. Die Fragestellung

Viele Aussagen über das „Tafelproblem" (4) (S. 2) bleiben gültig, wenn man an Stelle von Punkthaufen (*endlichen* Punktmengen) beliebige beschränkte Punktmengen $\mathfrak{M}$ betrachtet. Ein ebenes Flächenstück (d. h.: ein abgeschlossener Bereich der Ebene) heißt dann eine Tafel, wenn mit ihr eine ebene Punktmenge vom Durchmesser 1 vollständig bedeckt werden kann. Als Durchmesser einer beliebigen beschränkten Punktmenge bezeichnet man dabei die obere Grenze des Abstandes von irgend zwei Punkten der Menge. Unsere Aufgabe fordert die Bestimmung einer Tafel von minimalem Flächeninhalt. In dieser Form ist das Problem zuerst von *Lebesgue* im Jahre 1914 formuliert worden ([V 3] S. 4). Man kann leicht zeigen, daß für den Flächeninhalt von Tafeln eine positive untere Grenze existiert (S. 65), aber es ist nicht ohne weiteres sicher, daß es eine (oder mehrere) Tafeln gibt, deren Inhalt gleich dieser unteren Grenze ist.

Zur Untersuchung solcher Existenzfragen ist es bequem, sich auf konvexe[1]) Tafeln zu beschränken. In diesem Sinne hat *Pál* [V 3] das Lebesguesche Problem spezialisiert:

(4a) *Es sei τ_0 die untere Grenze der Flächeninhalte $\tau\,(\mathfrak{T})$ aller konvexen Tafeln.*

    a) Es ist der Zahlwert τ_0 zu bestimmen.

    b) Es ist festzustellen, ob es unter den Tafeln $\mathfrak{T}$ solche gibt, deren Flächeninhalt gleich τ_0 ist.

    c) Wenn Tafeln mit minimalem Flächeninhalt existieren, sind alle Tafeln $\mathfrak{T}$ vom Flächenmaß τ_0 der Form nach zu bestimmen.

Da wir die Tafeln als abgeschlossene Menge definiert haben, können wir auch die Mengen $\mathfrak{M}$ als abgeschlossen voraussetzen. Wir werden im folgenden (V 1—V 5) mit dem Buchstaben $\mathfrak{M}$ stets eine abgeschlossene Menge vom Durchmesser 1 bezeichnen.

Unsere Aufgabe wollen wir so angreifen, daß wir zunächst Beispiele von Tafeln zusammenstellen und versuchen, solche mit möglichst kleinem Inhalt zu finden. Es ist leicht zu zeigen, daß das Quadrat von der Seiten-

---

[1]) Ein Bereich heißt konvex, wenn mit den Punkten P und Q auch die Strecke PQ zum Bereich gehört.

länge 1 eine für jede Menge $\mathfrak{M}$ geeignete Tafel ist. Um das zu begründen, führen wir den Begriff der *Stützgeraden* ein. So bezeichnen wir eine Gerade g, die mindestens einen Punkt aus $\mathfrak{M}$ und deren eine Halbebene keinen Punkt von $\mathfrak{M}$ enthält. Zu jeder Geraden g aus der Ebene von $\mathfrak{M}$ gibt es dann zwei parallele Stützgeraden g_1 und g_2. Sie haben einen Abstand d_1, der höchstens gleich 1 ist. Sind dann g_3 und g_4 die auf g_1 senkrechten Stützgeraden mit dem Abstand $d_2 \leqq 1$, so ist $\mathfrak{M}$ durch diese 4 Geraden in ein Rechteck mit den Seiten $d_1 \leqq 1$ und $d_2 \leqq 1$ eingeschlossen. Damit ist klar, daß das Quadrat mit der Seite 1 eine Tafel ist. Diese Tafel bezeichnen wir als $\mathfrak{T}_2$. Die Nummer 1 wollen wir für den Jungschen Kreis vom Radius $r = \frac{1}{3}\sqrt{3}$ aufheben. Sein Flächen-

inhalt $F = \frac{\pi}{3}$ ist etwas größer als 1 ($F = 1{,}047197\ldots$).

Es ist sofort einleuchtend, daß kein Kreis mit einem Radius $r < \frac{1}{3}\sqrt{3}$ die Tafeleigenschaft hat: Die Eckpunkte eines gleichseitigen Dreiecks von der Seitenlänge 1 bilden einen Punkthaufen vom Durchmesser 1, der abgeschlossene Dreiecksbereich eine konvexe Menge $\mathfrak{M}$. Er wird von seinem Umkreis $\left(r = \frac{1}{3}\sqrt{3}\right)$, aber von keinem kleineren Kreis bedeckt. Daß $\mathfrak{T}_1$ tatsächlich die Tafeleigenschaft hat, kann man leicht unmittelbar beweisen (siehe z. B. [V 4]!). Wir werden diese Eigenschaft von $\mathfrak{T}_1$ aus der Tafeleigenschaft des dem Jungschen Kreis einbeschriebenen regulären Sechsecks nebenher mit gewinnen.

2. Die Sechseck-Tafel

Um eine weitere Tafel $\mathfrak{T}_3$ zu gewinnen, schließen wir $\mathfrak{M}$ ein durch ein gleichwinkliges Sechseck mit den Seiten s_ν ($\nu = 1, 2, \ldots, 6$) nach folgender Vorschrift: Die Seiten s_1 und s_4 sollen auf parallelen Stützgeraden liegen, deren Abstand 1 ist. s_2 und s_3 gehören zu Stützgeraden, die mit s_1 bzw. s_4 Winkel von $120°$ einschließen. s_5 und s_6 schließlich sollen auf Parallelen zu s_2 bzw. s_3 im Abstande 1 liegen. s_5 und s_6 *können* also Stützgeraden sein, *müssen* es aber nicht (Abb. 21). Die Numerierung der Seiten soll einen positiven Umlaufssinn ergeben.

Durch Projektion der Seiten s_1 und s_2 auf eine die Seiten s_3 und s_6 senkrecht durchsetzende Geraden erhält man

$$(s_1 + s_2)\cos 30° = 1 .$$

Entsprechend wird

$$s_2 + s_3 = s_3 + s_4 = s_4 + s_5 = s_5 + s_6 = s_6 + s_1 = \frac{2}{\sqrt{3}} ,$$

und daraus folgt

$$s_2 = s_4 = s_6 \; (= s) \,, \quad s_1 = s_3 = s_5 \; (= \sigma) \,.$$

Falls $s_1 = s_2$, also $s = \sigma$ ist, ist das gleichwinklige Sechseck regulär. Wir wollen zeigen, daß in jedem Fall ein reguläres Sechseck (mit dem Abstand 1 für die Gegenseiten) zur Bedeckung von $\mathfrak{M}$ benutzt werden kann.

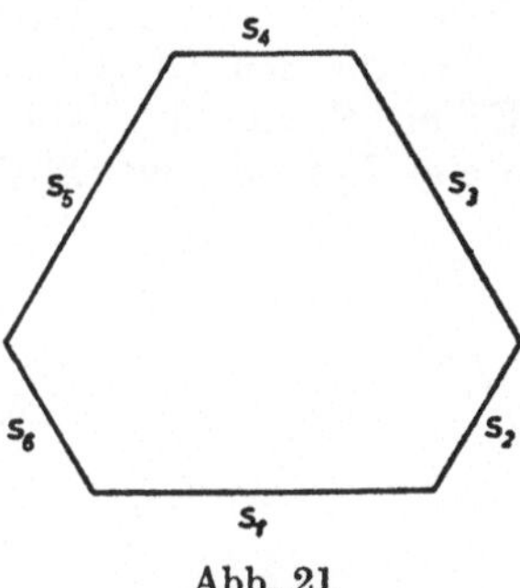

Abb. 21

Sei etwa $s_1 > s_2$. Dann führen wir in der Ebene von $\mathfrak{M}$ eine Richtungsbezeichnung ein. Der Trägergeraden von s_1 ordnen wir die Richtung $\varphi = 0$ zu, der Geraden von s_2 die Richtung $\varphi = 60°$. Zu jeder Richtung φ mit $0 \leq \varphi \leq 60°$ kann nun aus einer Stützgeraden und einer Parallelen im Abstande 1 gebildeter Parallelstreifen gefunden werden, der $\mathfrak{M}$ einschließt. Er gibt Anlaß zu der Konstruktion eines $\mathfrak{M}$ einschließenden gleichwinkligen Sechsecks nach dem beschriebenen Verfahren. Die Seiten dieses Sechsecks seien $s_n \, (\varphi)$, $n = 1, 2, \ldots, 6$. Dann ist

$$S \, (\varphi) = s_1 \, (\varphi) - s_2 \, (\varphi)$$

eine stetige Funktion von φ. Für $\varphi = 0$ haben wir nach Voraussetzung $S \, (0) = s_1 - s_2 > 0$. Dagegen ist

$$S \, (60°) = s_1 \, (60°) - s_2 \, (60°) = s_2 - s_3 = s_2 - s_1 < 0 \,.$$

Zwischen $\varphi = 0$ und $\varphi = 60°$ muß es deshalb aus Stetigkeitsgründen einen Wert φ geben, für den $S \, (\varphi)$ verschwindet. Dann ist $s_1(\varphi) = s_2 \, (\varphi)$, und das zugehörige gleichwinklige Sechseck ist regulär.

Damit ist gezeigt, daß das reguläre Sechseck mit dem Inkreis $\varrho = \dfrac{1}{2}$, also dem Umkreis $r = \dfrac{1}{3} \sqrt{3}$, eine Tafel ist. Wir bezeichnen sie mit $\mathfrak{T}_3$.

Natürlich hat auch der Umkreis von $\mathfrak{T}_3$ die Tafeleigenschaft. Das ist gerade der Jungsche Kreis, den wir mit $\mathfrak{T}_1$ bezeichnet haben.

Auf diese Weise haben wir drei Tafeln gefunden, deren Inhalt mit der Nummer n abnimmt:

$$\tau_1 = F(\mathfrak{T}_1) = 1{,}04797\ldots > \tau_2 = F(\mathfrak{T}_2) = 1 > \tau_3 = F(\mathfrak{T}) = \frac{1}{3}\sqrt{3} = 0{,}8660\,.$$

3. Die Tafeln von Pál und Sprague

Die Tafel $\mathfrak{T}_3$ kann leicht verbessert werden. Zeichnet man an den Inkreis von $\mathfrak{T}_3$ die Tangenten, die auf den Diagonalen senkrecht stehen, so erhält man an den 6 Ecken E von $\mathfrak{T}_3$ (Abb. 22) 6 gleichschenklige Dreiecke $\varDelta_\nu$. Es sei nun eine Punktmenge $\mathfrak{M}$ durch $\mathfrak{T}_3$ bedeckt. Dann

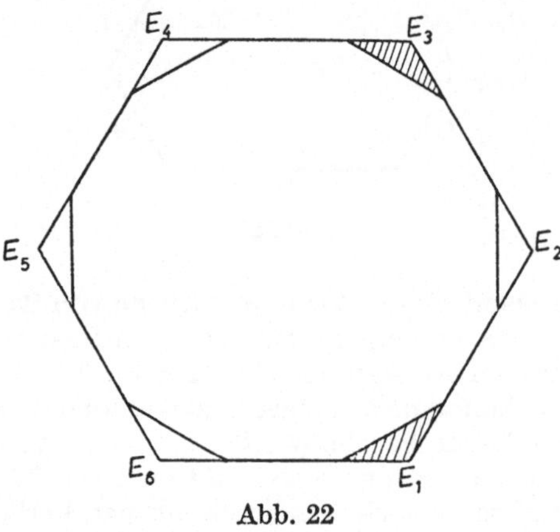

Abb. 22

können nicht alle Dreiecke $\varDelta_\nu$ mit Punkten von $\mathfrak{M}$ besetzt sein: Die inneren Punkte gegenüberliegender Dreiecke haben ja einen Abstand, der größer als 1 ist. Ist also $\varDelta_1$ besetzt[1]), so ist $\varDelta_4$ frei und umgekehrt. Ebenso können nicht $\varDelta_2$ und $\varDelta_5$ bzw. $\varDelta_3$ und $\varDelta_6$ gleichzeitig besetzt sein. Es gibt deshalb folgende 8 Möglichkeiten für die Besetzung von drei Ecken:

$$
\begin{array}{lll}
\varDelta_1, \varDelta_2, \varDelta_3 & \varDelta_4, \varDelta_5, \varDelta_6 & \\
\varDelta_2, \varDelta_3, \varDelta_4 & \varDelta_5, \varDelta_6, \varDelta_1 & \varDelta_1, \varDelta_3, \varDelta_5 \\
\varDelta_3, \varDelta_4, \varDelta_5 & \varDelta_6, \varDelta_1, \varDelta_2 & \varDelta_2, \varDelta_4, \varDelta_6
\end{array}
\tag{1}
$$

Die drei anderen Ecken sind jeweils frei. Man übersieht sofort, daß es unter den freien Ecken immer zwei gibt, deren Nummern die Differenz

---

[1]) Wir sagen, ein Dreieck $\varDelta_\nu$ sei „besetzt", wenn ein Punkt von $\mathfrak{M}$ im Innern des Dreiecks oder auf einem nicht zur Tangente gehörenden Randpunkt von $\varDelta_\nu$ liegt.

60

2 oder 4 haben. Deshalb verliert $\mathfrak{T}_3$ die Tafeleigenschaft nicht, wenn man zwei Ecken abschneidet, die nicht benachbart sind und nicht gegenüberliegen, etwa $\varDelta_1$ und $\varDelta_3$. Die verbleibende von *Pal* [V 3] angegebene Tafel $\mathfrak{T}_4$ $(=ABE_2CDE_4E_5E_6$ in Abb. 23) hat den Flächeninhalt

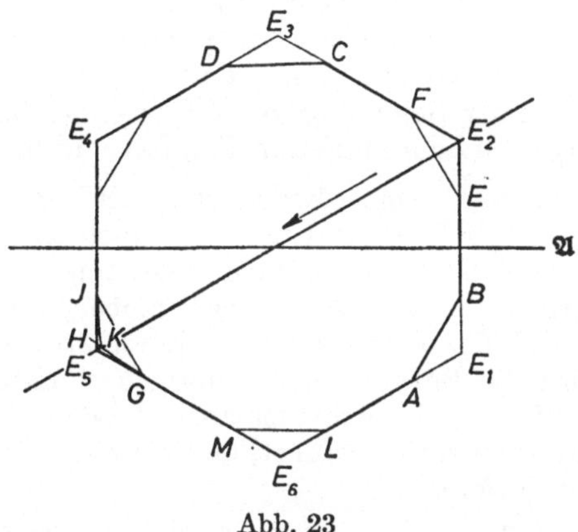

Abb. 23

$$\tau_4 = F(\mathfrak{T}_4) = 2 - \frac{2}{3}\sqrt{3} = 0{,}845299\ldots$$

R. Sprague [V 5] hat gezeigt, daß man auch diese Tafel noch verbessern kann. Das kann man so zeigen: Es sei $\mathfrak{M}$ eine von $\mathfrak{T}_4$ bedeckte Punktmenge vom Durchmesser 1. Von den bei E_2 und E_5 gelegenen gleichschenkligen Dreiecken $\varDelta_2 = E_2EF$ und $\varDelta_5 = JGE_5$ kann nur eins von beiden besetzt sein[1]). Setzen wir zunächst voraus, daß auf der Strecke CF ein Punkt $P \in \mathfrak{M}$ liegt. Wir zeichnen dann um C mit dem Radius 1 den Kreisbogen GH, der E_5E_6 in G berühren und E_4E_5 in H treffen soll. In dem von diesem Bogen abgeschnittenen Teil der Tafel kann dann kein Punkt von $\mathfrak{M}$ liegen, da alle diese Punkte ja von dem auf CF gelegenen Punkt von $\mathfrak{M}$ einen Abstand haben, der größer als 1 ist. Wir wollen zeigen, daß wir in jedem Fall mit der Resttafel auskommen, die durch Abschneiden von $\varDelta_5 = E_5GH$ (GH als Kreisbogen) von $\mathfrak{T}_4$ entsteht.

Nehmen wir also an, daß auf CF kein Punkt von $\mathfrak{M}$ liegt. Falls auf EF einer liegt, ist das ganze Dreieck $\varDelta_5$ unbesetzt, und wir kommen gewiß mit der verkleinerten Tafel $\mathfrak{T}_5 = \mathfrak{T}_4 - \varDelta$ aus. Falls auf EB oder AB ein Punkt von $\mathfrak{M}$ liegt, so kann man die Tafel um die Achse

---

[1]) F soll auf E_2, E_3, G auf E_5E_6 liegen.

E_2E_5 (Abb. 23) umklappen und erreicht auf diese Weise, daß CF bzw. DC auf einem Punkt von $\mathfrak{M}$ liegt. Im ersten Fall — das sahen wir schon — kommen wir gewiß mit der „Resttafel“ aus. Im 2. Fall verschieben wir die Tafel so lange in Richtung der Achse $\mathfrak{A}$ nach links, bis auf dem Polygon $CFEBAL$ ein Punkt von $\mathfrak{M}$ zu liegen kommt. Ist der Streckenzug $CFEB$ besetzt, so reicht die Resttafel zur Bedeckung. Führt aber die Verschiebung zu einer Besetzung von BAL, so klappen wir die Tafel um die Achse $\mathfrak{A}$ und erreichen so eine Besetzung von EFC. Dieses Umklappen ist bei einer Besetzung von CD erlaubt, da die gegenüberliegende Ecke ($\varDelta_6 = MLE_6$) in diesem Fall frei sein muß.

Nehmen wir jetzt an, daß bei einer Bedeckung einer Menge $\mathfrak{M}$ durch $\mathfrak{T}_4$ der ganze Streckenzug $ABEFCD$ (und natürlich auch das Dreieck $\varDelta_2$) frei von Punkten von $\mathfrak{M}$ ist. Dann braucht man nur die ganze Tafel in Richtung E_2E_5 (Pfeil in Abb. 23) zu verschieben, bis ein Punkt des Streckenzuges $ABEFCD$ einen Punkt von $\mathfrak{M}$ erreicht. Durch diese Verschiebung wird die Bedeckung der übrigen Punkte von $\mathfrak{M}$ durch die Tafel nicht aufgehoben. Damit ist auch dieser allgemeine Fall auf den bereits diskutierten zurückgeführt, und wir haben gezeigt, daß auch $\mathfrak{T}_5 = \mathfrak{T}_4 - \varDelta$ eine Tafel ist.

$\mathfrak{T}_5$ ist zur Achse E_2E_5 unsymmetrisch. Es liegt der Gedanke nahe, daß man auch durch den Kreis um B mit dem Radius $BI = 1$ (Abb. 23) vom Dreieck $\varDelta$ noch ein weiteres Stück abschneiden kann. Es sei K der auf E_2E_5 gelegene Schnittpunkt der Kreise um B und C mit dem Radius 1. Dann ist in der Tat $\mathfrak{T}_6 = ABE_2CDE_4IKGE_6$ eine Tafel, wie wir im nächsten Abschnitt zeigen wollen.

4. Kurven und Bereiche von konstanter Breite

Ein beschränkter Bereich heißt von beschränkter Breite b, wenn jedes Paar paralleler Stützgeraden den gleichen Abstand b hat. Der Rand eines solchen Bereiches heißt eine Kurve von konstanter Breite. Die Kreisscheibe vom Durchmesser b ist natürlich ein solcher Bereich. Weitere einfache Beispiele bilden gewisse Kreisbogendreiecke. Zeichnet man um jede Ecke eines $2n + 1$-Ecks die durch die Ecken der gegenüberliegenden Seite gehenden Kreisbogen, so entsteht ein Bereich von konstanter Breite d; dabei ist d gleich dem Radius der Kreisbogen (Abb. 24 für $2n - 1 = 5$).

Für unser Tafelproblem ist nun der folgende Satz von Bedeutung:

Satz 14:
Jeder Punkthaufen $\mathfrak{H}$ ist Teilmenge eines abgeschlossenen konvexen Bereichs von der konstanten Breite 1.

Zum Beweis legen wir um $\mathfrak{H}$ ein aus Stützgeraden dieser Menge gebildetes Polygon $\mathfrak{P}$, dessen Ecken Punkte des Haufens $\mathfrak{H}$ sind. Es sei $\mathfrak{H} = \{Q_1, Q_2, Q_3, \ldots, Q_m\}$ der Punkthaufen und $P_1 P_2 P_3 \ldots P_n$ das Polygon. $\{P_1, P_2, \ldots, P_n\}$ ist dabei eine Teilmenge von $\mathfrak{H}$. Der Abstand von mindestens einem Paar von Punkten $P_\nu P_\mu$ muß dann gleich 1 sein. Es sei dies der Fall für $P_1 P_i$.

Wir bezeichnen die durch die Gerade $P_1 P_i$ bestimmte Halbebene, die die Punkte $P_2, P_3, \ldots, P_{i-1}$ enthält, mit $\mathfrak{h}_1$; die andere Halbebene sei $\mathfrak{h}_2$ (Abb. 25).

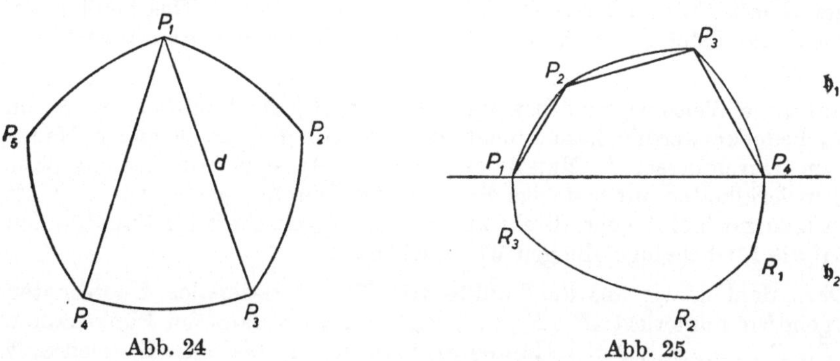

Abb. 24   Abb. 25

Um die Punkte $P_1, P_2, P_3, \ldots, P_i$ zeichnen wir nun Kreise $(\mathfrak{k}_1, \mathfrak{k}_2, \ldots, \mathfrak{k}_i)$ mit dem Radius 1. $\mathfrak{k}_j$ und $\mathfrak{k}_{j+1}$ schneiden sich in einem Punkt R_j der Halbebene $\mathfrak{h}_2$. Auf diese Weise entsteht in $\mathfrak{h}_2$ ein Kreisbogenpolygon $P_i R_1 R_2 \ldots R_{i+1} P_1$. Zeichnen wir nun auch um die Punkte R_j Kreise vom Radius 1, so entsteht auch in der Halbebene $\mathfrak{h}_1$ ein Kreisbogenpolygon: $P_1 P_2 P_3 \ldots P_i$ (Abb. 25).

Das ganze Kreisbogenpolygon $P_1 P_2 \ldots P_i R_1 \ldots R_{i-1} P_1$ ist dann offenbar eine Kurve von der konstanten Breite 1: Von einem Paar paralleler Stützgeraden im Abstande 1 geht dann immer eine durch einen Eckpunkt des Kreisbogenpolygons, die andere ist Tangente an den gegenüberliegenden Bogen. In dem durch das Kreisbogenpolygon bestimmten Bereich müssen alle Punkte unseres Haufens $\mathfrak{H}$ liegen, da auch die in $\mathfrak{h}_2$ gelegenen von allen Punkten P_j der Halbebene $\mathfrak{h}_1$ höchstens die Entfernung 1 haben dürfen.

Der so konstruierte konvexe Bereich von der Breite 1 heißt auch das zu $\mathfrak{H}$ gehörige Reuleauxsche Kreisbogenpolygon.

Dieser Satz 14 kann nun benutzt werden, um die Tafeleigenschaft von $\mathfrak{T}_6$ nachzuweisen. Es sei $\mathfrak{H}$ ein Punkthaufen mit dem Durchmesser 1,

$\Re$ ein ihm zugeordnetes Reuleauxsches Kreisbogenpolygon. Dann kann $\Re$ durch die Tafel $\mathfrak{T}_4$ bedeckt werden. Da zu jeder Richtung ein Paar paralleler Stützgeraden im Abstand 1 gehört, muß auf jeder der Strecken BE_2, E_2C, DE_4, E_4E_5, E_5E_6 und E_6A (Abb. 23) je ein Randpunkt von $\Re$ liegen. Von den Dreiecken $\varDelta_2$ und $\varDelta_5$ muß mindestens eins frei bleiben von Punkten. Ist $\varDelta_5$ frei, so reicht die kleinere Tafel $\mathfrak{T}_6$ gewiß zur Bedeckung von $\mathfrak{H}$ aus. Nehmen wir also an, daß nicht $\varDelta_5$, wohl aber $\varDelta_2 = EE_2F$ von Punkten von $\Re$ frei sei. Der auf E_2C gelegene Punkt von $\Re$ muß also FC, der zwischen B und E_2 gelegene auf BE liegen. Dann können aber außerhalb der Kreise um F mit $FI = 1$ und um E mit $EG = 1$ keine Punkte von $\Re$ mehr liegen. Das heißt aber: Auch die Tafel $\mathfrak{T}_6$ reicht zur Bedeckung von $\Re$ und damit auch von $\mathfrak{H}$ aus.

Auf diese Weise ist zunächst nur gezeigt, daß jeder Punkt*haufen* $\mathfrak{H}$ von $\mathfrak{T}_6$ bedeckt werden kann, nicht aber unbedingt jede beliebige Menge vom Durchmesser 1. Nun kann man die Aussage von Satz 14 ohne Schwierigkeiten auf beliebige Mengen vom Durchmesser 1 erweitern. Es ist aber noch einfacher, direkt aus der Tafeleigenschaft für Punkthaufen auf die für beliebige Mengen $\mathfrak{M}$ zu schließen.

Dazu denken wir uns die Punkte von $\mathfrak{M}$ mit rationalen Koordinaten irgendwie numeriert: P_1, P_2, ..., P_n, ... $\mathfrak{H}_n$ sei dann der Punkthaufen $\{P_1, P_2, \ldots, P_n\}$. Jeder Haufen $\mathfrak{H}_n$ wird von $\mathfrak{T}_6$ bedeckt. Es seien $\mathfrak{T}_6^{(n)}$ die zu unserer beweglich gedachten Tafel $\mathfrak{T}_6$ kongruenten Bereiche, die jeweils den Haufen $\mathfrak{H}_n$ mit gleicher Nummer bedecken. Aus der Folge $\mathfrak{T}_6^{(n)}$ kann man nun eine Teilfolge $\mathfrak{T}_6^{(n)'}$ auswählen, für die die (endlich vielen) Eckpunkte von $\mathfrak{T}_6^{(n)'}$ gegen Grenzpunkte konvergieren. Diese Grenzpunkte legen eine neue Lage $\mathfrak{T}_6^*$ unserer Tafel $\mathfrak{T}_6$ fest. Sie bedeckt offenbar alle Punkte P_n und damit auch $\mathfrak{M}$, da ja jeder Punkt von $\mathfrak{M}$ Häufungspunkt von Punkten der Menge $\{P_n\}$ ist.

Die (auch von *R. Sprague* gefundene) Tafel $\mathfrak{T}_6$ hat den Flächeninhalt

$$\tau_6 = F\,(\mathfrak{T}_6) = 0{,}844144\ldots\ldots$$

Um die Annäherung dieser unseres Wissens bisher beste Tafel[1] an die untere Grenze τ_0 zu übersehen, wollen wir versuchen, untere Schranken für den Inhalt aller Tafeln zu finden.

---

[1] Man sieht sofort, daß die Ecken E_2, E_4 und E_6 der Tafel $\mathfrak{T}_6$ (Abb. 23) nicht mehr abgeschnitten werden können, weil sie zur Bedeckung des gleichseitigen Dreiecks von der Seitenlänge 1 benötigt werden. Herr *R. Sprague* vermutet, daß man auch für die anderen Ecken der Tafel durch geeignete einfache Punkthaufen die Unentbehrlichkeit nachweisen kann.

Aber selbst wenn man von $\mathfrak{T}_6$ nichts mehr abschneiden kann, wäre es doch möglich, daß es noch eine andersartige Tafel von kleinerem Inhalt gäbe.

Jede Tafel, die alle Mengen vom Durchmesser 1 bedecken soll, **muß** einen Kreis dieses Durchmessers enthalten. Der Inhalt jeder Tafel ist also mindestens gleich $\frac{\pi}{6}$. Um diese Schranke zu verbessern, bedenken wir, daß jede Tafel auch gleichseitige Dreiecke mit der Seite 1 zudecken muß. Jede konvexe Tafel enthält also die konvexe Hülle einer Vereinigungsmenge von Kreis und Dreieck. *Pal* hat gezeigt [V 3], daß diese Menge minimalen Flächeninhalt hat, wenn der Mittelpunkt des Kreises im Schwerpunkt des Dreiecks liegt. Der Flächeninhalt dieser Figur $\mathfrak{F}$ ist also eine untere Schranke für den Flächeninhalt aller Tafeln. $\mathfrak{F}$ *selbst ist aber keine Tafel*. Man kann nämlich zeigen, daß $\mathfrak{F}$ das reguläre Fünfeck von der konstanten Breite 1 (Abb. 24) *nicht* bedeckt. Deshalb ist[1] $F(\mathfrak{F}) = 0,825711\ldots\ldots$ kleiner als die untere Grenze τ_0 der Inhalte aller Tafeln, und wir haben als bisheriges Ergebnis

$$0,825711\ldots\ldots < \tau_0 \leqq \tau_6 = F(\mathfrak{T}_6) = 0,844144\ldots\ldots$$

oder

$$\tau_0 = 0,834928 \pm 0,009217\ldots\ldots \tag{2}$$

Damit ist der in Aufgabe **(4a)** (S. 57) genannte Zahlwert zwar nicht bestimmt, aber doch wenigstens eingeschränkt. Die Frage b) in Aufgabe **(4a)** ist zu bejahen. Man kann mit Hilfe des Blaschkeschen Auswahlsatzes[2] zeigen, daß es tatsächlich mindestens eine minimale konvexe Tafel gibt. Wir wollen auf die nicht schwierige, aber doch etwas umständliche Beweisführung für diese reine Existenzaussage nicht eingehen[3]. Die Frage nach der effektiven Bestimmung einer oder mehrerer Minimaltafeln ist immer noch offen.

Satz 15:

Unter allen konvexen Tafeln, die jeden ebenen Bereich vom Durchmesser 1 bedecken, gibt es mindestens eine Tafel mit dem minimalen Flächeninhalt τ_0. Für diesen Zahlwert gilt

$$0,825711\ldots\ldots < \tau_0 \leqq \tau_6 .$$

Dabei ist τ_6 der Inhalt der Spragueschen Tafel $\mathfrak{T}_6$.

5. Anwendungen

Im Jahre 1933 stellte *G. Borsuk*[4] die Frage, ob es immer möglich sei, eine Punktmenge des n-dimensionalen Raumes vom Durchmesser 1 so

---

[1] Hier ist die Bejahung der Frage b) von Aufgabe **(4a)** (S. 57) vorweggenommen.
[2] Siehe dazu z. B. [V 10].
[3] Siehe dazu z. B. [V 3].
[4] Fund. Math. 20, S. 177—190, 1933.

in $n+1$ Teile zu zerlegen, daß der Durchmesser jeder Teilmenge kleiner als 1 sei.

Für die Ebene kann man nach unseren Ergebnissen über das Tafelproblem diese Frage sofort bejahen. Jede ebene Menge vom Durchmesser 1 kann ja durch die Sechsecktafel $\mathfrak{T}_3$ vollständig bedeckt werden. Wenn man diese Tafel in drei Teile zerlegen kann, deren Durchmesser kleiner als 1 ist, so ist eine entsprechende Zerlegung für jede Menge vom Durchmesser 1 möglich.

Um die Tafel $\mathfrak{T}_3$ in der erforderlichen Weise zu zerlegen, fällen wir vom Mittelpunkt dieser Tafel die Lote auf drei nicht benachbarte Seiten. Die Fußpunkte dieser Winkel von $120°$ einschließenden Lote seien P_1, P_2 und P_3. Durch diese Lote wird $\mathfrak{T}_3$ in drei Teiltafeln vom Durchmesser $P_\nu P_\mu = \frac{1}{2}\sqrt{3}$ zerlegt. Damit haben wir die Borsuksche Frage für den $\mathfrak{R}_2$ bejaht:

Satz 16:

Jede ebene Menge vom Durchmesser 1 kann in drei Teilmengen zerlegt werden, deren Durchmesser höchstens gleich $\frac{1}{2}\sqrt{3}$ ist.

Eine andere Anwendung unserer Schlüsse über das Bedeckungsproblem führt auf den

Satz 17:

Es sei $\mathfrak{R}$ eine Menge von offenen Kreisscheiben vom Radius 1, von denen je zwei einen Punkt gemeinsam haben. Dann gibt es ein gleichseitiges Dreieck PQR von der Seitenlänge 1 derart, daß jede Kreisscheibe mindestens einen der Punkte P, Q oder R enthält.

Diesen Satz können wir uns so veranschaulichen: Man denke sich die aus Papier ausgeschnittenen Kreisscheiben der Menge $\mathfrak{R}$ auf ein Reißbrett gelegt. Dann kann man in drei Punkten P, Q und R (die die Ecken eines gleichseitigen Dreiecks von der Seite 1 bilden durch eingestochene Nadeln die Scheiben in dem Sinne fixieren, daß jeder Kreis durch (mindestens) eine Nadel auf das Brett festgeheftet wird.

Zum Beweis dieses Satzes beachten wir, daß die Mittelpunkte der Kreise von $\mathfrak{R}$ einen Punkthaufen $\mathfrak{H}$ mit einem Durchmesser $d < 2$ bilden, da ja je zwei Kreise einen Punkt gemeinsam haben. $\mathfrak{H}$ kann durch eine Tafel vom Typ $\mathfrak{T}_3$ bedeckt werden, bei der der Abstand der gegenüberliegenden Sechsseckseiten gleich 2 ist. Bezeichnen wir die Ecken dieser Tafel mit A_ν ($\nu = 1, 2, \ldots, 6$) und die Mittelpunkte von A_1A_3, A_3A_5

und A_5A_1 mit P, Q und R. PQR ist dann ein gleichseitiges Dreieck von der Seitenlänge 1. Da jeder Punkt der Tafel von mindestens einem der drei Punkte P, Q und R einen Abstand hat, der höchstens gleich 1 ist, gilt das auch für die Mittelpunkte der durch die Tafel bedeckten Kreise. Das heißt aber, daß jeder Kreis von $\Re$ mindestens einen der drei Punkte bedeckt.

Man kann das hier behandelte Problem verallgemeinern und fragen, durch wieviel Punkte eine Menge $\Re'$ von Kreisscheiben festgelegt werden kann, wenn je zwei Kreise dieser Menge einen (inneren) Punkt gemeinsam haben, die Radien aber *verschieden* sein können. Man weiß, daß 5 Punkte ausreichen[1]), und *L. Fejes Toth* vermutet, daß man auch mit 4 Punkten auskommen kann.

6. Das Bedeckungsproblem im R_3

Jung hat schon im Jahre 1903 gezeigt, daß jeder dreidimensionale Punkthaufen vom Durchmesser 1 in einer Kugel vom Radius $r = \frac{1}{2} \sqrt{\frac{3}{2}}$ Platz hat [V 1]. Einen neuen elementaren Beweis gab *Kirsch* [V 7]. Dieses Ergebnis legt die Frage nahe nach einem *Bedeckungskörper (D-Körper) kleinsten Volumens für Punkthaufen des* $\Re_3$ *vom Durchmesser 1*. Die Jungsche Kugel ist ein solcher D-Körper $\mathfrak{D}_1$ mit dem Volumen $V(\mathfrak{D}_1) = \frac{\pi}{4} \sqrt{\frac{3}{2}} \sim 0,95\ldots$. Wir beweisen nun:

Satz 18:

Das reguläre Oktaeder mit der Kantenlänge $a = \sqrt{\frac{3}{2}}$ *ist ein D-Körper* $\mathfrak{D}_2$ *mit dem Volumen*

$$V(\mathfrak{D}_2) = \frac{1}{2} \sqrt{3} \sim 0,866\ldots$$

Zum Beweis[2]) dieses Satzes brauchen wir den Begriff der „Stützebene" eines Punkthaufens $\mathfrak{H}$. Darunter verstehen wir (in Analogie zur Stützgeraden, siehe S. 58) eine Ebene η, die mit $\mathfrak{H}$ mindestens einen Punkt gemeinsam hat, während der eine der beiden durch η bestimmten Halbräume frei von Punkten von $\mathfrak{H}$ ist.

Es sei nun $A_1A_2A_3A_4B_1B_2$ ein Oktaeder $\mathfrak{D}$, dessen Achsen A_1A_3, A_2A_4 und B_1B_2 mit der x-, y- und z-Achse eines Koordinatensystems zusammenfallen. Die Kantenlänge sei etwa gleich 1 gewählt. Wir benutzen

---

[1]) Siehe dazu *Hadwiger* in: Ungelöste Probleme Nr. 19, El. d. Math. XII, S. 109/110, 1957.

[2]) Dieser Satz ist bei *D. Gale* [V 6] ohne Beweis angegeben.

dieses Oktaeder nur, um eine bequeme Bezeichnung für gewisse Ebenen und Winkel zu haben. Nennen wir zuerst die durch die Punkte $A_\nu A_{\nu+1} B_1$ festgelegten Ebenen ε_ν ($\nu = 1, \ldots, 4, A_5 = A_1$). Die drei Ebenen ε_1, ε_3 und ε_4 bilden dann eine das Oktaeder enthaltende körperliche Ecke $\mathfrak{E}$ bei B_1.

Es gibt dann drei wohlbestimmte Stützebenen η_1, η_3 und η_4 von $\mathfrak{H}$, die zu ε_1, ε_3 und ε_4 parallel sind und in einem Punkt S eine körperliche Ecke $\mathfrak{E}_1$ bilden, die der Ecke $\mathfrak{E}$ parallel ist und $\mathfrak{H}$ enthält. Nehmen wir nun an, die durch S gehende und zu ε_2 parallele Ebene η_2 sei nicht Stützgerade von $\mathfrak{H}$ (Abb. 26). Dann gibt es zwei Möglichkeiten:

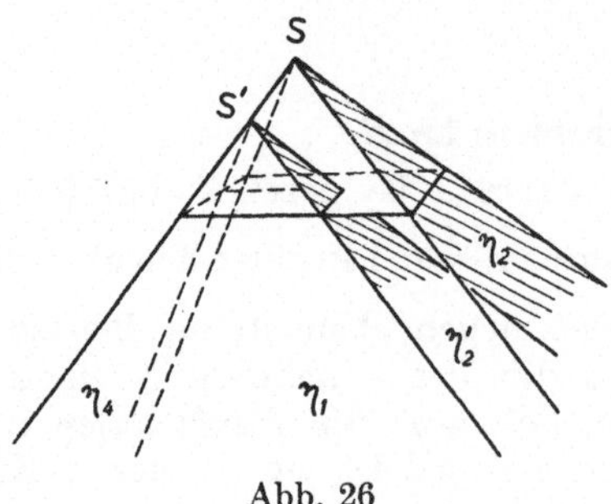

Abb. 26

1. Es liegen alle Punkte $H \in \mathfrak{H}$ innerhalb der vierseitigen Ecke $\mathfrak{E}_2$, die durch die Ebenen η_μ ($\mu = 1, 2, 3, 4$) bei S gebildet wird. Auf den durch die Ebenen η_1, η_3 und η_4 bestimmten Seiten von $\mathfrak{E}_2$ liegt dann mindestens je ein Punkt H, auf η_2 aber keiner.

2. Es gibt mindestens einen Punkt $H \in \mathfrak{H}$, der außerhalb von $\mathfrak{E}_2$ liegt.

Betrachten wir zuerst den ersten Fall. Es gibt bei dieser Lage von $\mathfrak{E}_2$ eine zu η_2 parallele Stützebene η_2' von $\mathfrak{H}$. Sie muß durch einen Punkt S' der durch η_1 und η_4 bestimmten Kante von $\mathfrak{E}_2$ gehen (Abb. 26).

Wir haben jetzt bei S' eine neue körperliche Ecke $\mathfrak{E}_3$, die zu der Ecke $\mathfrak{E}_2$ parallel orientiert ist. Sie wird gebildet von den Ebenen η_1, η_2', η_4 und einer zu η_3 parallelen Ebene η_3'. Von diesen 4 Ebenen sind diesmal η_1, η_2' und η_4 Stützebenen, während η_3' diese Eigenschaft nicht hat.

Wir machen nun einen Punkt im Innern von $\mathfrak{E}_3$ zum Nullpunkt eines Koordinatensystems. Dann können wir mit Hilfe der Hesseschen Normalform der Ebene den *orientierten* Abstand eines Punktes P von einer Ebene η einführen. Bei der Wahl des Nullpunktes wird der Abstand von den Ebenen η_1, η_2', η_3', η_4 negativ für alle Punkte, die im Innern von E_3 liegen. Es sei nun d das Maximum des orientierten Abstandes der Punkte $H_\nu \in \mathfrak{H}$ von η_2, d' das von η_3'. Dann ist in unserem Fall $d < 0$, aber $d' > 0$, da ja auf der außerhalb der Ecke $\mathfrak{E}_3$ gelegenen Ebene μ_3 mindestens ein Punkt $H_\nu \in \mathfrak{H}$ liegt.

Wir denken uns jetzt das Oktaeder $\mathfrak{O}$ ersetzt durch ein Oktaeder $\mathfrak{O}(\alpha) = A_1^\alpha A_2^\alpha A_3^\alpha A_4^\alpha B_1 B_2$, das aus $\mathfrak{O} = \mathfrak{O}(0)$ durch Drehung um den Winkel α um die Achse $B_1 B_2$ entsteht. Die entsprechenden Ebenen seien $\varepsilon_\mu(\alpha)$. Dem Maximalabstand d von η_2 entspricht hier ein von α abhängiger Abstand $d(\alpha)$. $d(\alpha)$ ist sicher eine stetige Funktion von α. Für $\alpha = \dfrac{\pi}{2}$ erhalten wir nun eine Drehung des Oktaeders um einen rechten Winkel, so daß dann

$$\varepsilon_\mu\left(\frac{\pi}{2}\right) = \varepsilon_{\mu+1}, \quad \varepsilon_5 = \varepsilon_1,$$

wird. Die diesem Oktaeder entsprechende körperliche Ecke $\mathfrak{E}_2\left(\dfrac{\pi}{2}\right)$ hat dann die Eigenschaft, daß $\eta_1\left(\dfrac{\pi}{2}\right)$, $\eta_3\left(\dfrac{\pi}{2}\right)$ und $\eta_4\left(\dfrac{\pi}{2}\right)$, also η_2', η_4 und η_1 Stützebenen von $\mathfrak{H}$ sind. Diese Eigenschaft hat aber gerade die vorhin mit $\mathfrak{E}_3$ bezeichnete Ecke bei S'. Wir haben also $\mathfrak{E}_2\left(\dfrac{\pi}{2}\right) = \mathfrak{E}_3$, und entsprechend $d\left(\dfrac{\pi}{2}\right) = d'$. Danach ist

$$d(0) = d < 0, \quad d\left(\frac{\pi}{2}\right) = d' > 0 \,.$$

Aus Stetigkeitsgründen muß es deshalb einen Winkel α geben, für den $d(\alpha) = 0$ ist. Dann haben wir eine körperliche Ecke $\mathfrak{E}_2(\alpha)$, die $\mathfrak{H}$ ganz und in jeder Seite mindestens einen Punkt von $\mathfrak{H}$ enthält[1]).

Wenn es einen Punkt $H_\nu \in \mathfrak{H}$ gibt, der außerhalb von $\mathfrak{E}_2$ liegt, kommt man durch einen ähnlichen Schluß zum Ziel. Man beginnt in diesem 2. Fall mit einer Parallelverschiebung von $\mathfrak{E}_2$ in eine Lage $\mathfrak{E}_3'$, bei der drei Seiten zu Stützebenen gehören, während der Maximalabstand d'' von der letzten Seite negativ wird. Die Einzelheiten dieser Überlegung seien dem Leser überlassen. Man schließt auch in diesem Fall auf die Existenz einer körperlichen Ecke $\mathfrak{E}_2'(\alpha)$, für die $d'(\alpha)$ verschwindet.

In jedem Fall existiert also eine vierseitige körperliche Ecke, die der vierseitigen Oktaederecke bei B_1 kongruent ist und auf jeder ihrer Seite mindestens einen Punkt von $\mathfrak{H}$ enthält. Nun hat aber $\mathfrak{H}$ den Durch-

---

[1]) Diese Bedingung ist für zwei Seiten der Ecke auch dann erfüllt, wenn auf der gemeinsamen Kante mindestens ein Punkt liegt.

messer 1. In jeder Richtung gibt es also zwei parallelen Ebene vom
Abstand 1, von denen mindestens eine Stützebene ist und zwischen
denen der ganze Punkthaufen $\mathfrak{H}$ liegen muß. Die Ecke $\mathfrak{E}_2\,(\alpha)$ (bzw.
$\mathfrak{E}_2'\,(\alpha)$) und die zu ihren Seiten parallelen Ebenen im Abstande 1 bestimmen dann ein Oktaeder, das $\mathfrak{H}$ enthält. Aus dem Abstand 1 der
gegenüberliegenden Seiten errechnet man sofort die Kantenlänge $a = \sqrt{\dfrac{3}{2}}$.
Damit ist der Satz 16 bewiesen.

Setzt man auf die 8 Flächen des Oktaeders je ein Tetraeder mit der
Kante $a = \sqrt{\dfrac{3}{2}}$ auf, so entsteht ein Tetraeder mit der Kante $a_1 = 2\,\sqrt{\dfrac{3}{2}}$,
das natürlich auch ein D-Körper ist. Damit ist ein Satz von *D. Gale*
[V 6] für den $\mathfrak{R}_3$ bewiesen: *D. Gale* hat gezeigt, daß im n-dimensionalen
Raum jeder Haufen vom Durchmesser 1 in ein Simplex von der Kante
$\left(\dfrac{n\,(n+1)}{2}\right)^{\frac{1}{2}}$ eingeschlossen werden kann. Nun ist aber ein Simplex kein
besonders guter D-Körper, da nach den Ergebnissen von *Gale* die Kanten-
länge und damit auch das Volumen mit n über alle Grenzen wächst.
Bei der Jungschen Kugel ist das übrigens nicht der Fall: Die Verall-
gemeinerung des Jungschen Satzes auf den n-dimensionalen Raum liefert
für den Radius (siehe z. B. [VI 11] S. 140)

$$r_n = \sqrt{\frac{n}{2n+2}}\,,\quad \lim_{n\to\infty} r_n = \frac{1}{2}\,\sqrt{2}\;.$$

Ähnlich wie bei der Sechsecktafel $\mathfrak{T}_3$ in der Ebene ist es möglich, den
D-Körper $\mathfrak{D}_2$ durch Abschneiden zu verkleinern. Um das einzusehen,
legen wir zu den $\mathfrak{D}_2$ in 4 Ecken treffenden Symmetrieebenen parallele
Ebenen im Abstand $\dfrac{1}{2}$, die von $\mathfrak{D}_2$ an jeder Ecke ein halbes Oktaeder
mit der Höhe $h = \dfrac{1}{2}\,(\sqrt{3} - 1)$ abschneiden. Wir bezeichnen diese vierseitigen Pyramiden mit $\mathfrak{P}_\nu$ $(\nu = 1,\,\ldots,\,6)$. Sie mögen in der Reihenfolge
ihrer Nummern zu A_1, A_2, A_3, A_4, B_1, B_2 gehören. Wenn bei der Bedeckung eines Punkthaufens $\mathfrak{H}$ durch $\mathfrak{D}_2$ ein Punkt von $\mathfrak{H}$ in einer der
Pyramiden $\mathfrak{P}_\nu$ liegt[1]), so muß die gegenüberliegende Pyramide unbesetzt
sein, da ja der Abstand der Grundseiten der gegenüberliegenden Pyramiden gerade gleich 1 ist. Von den 6 Pyramiden können also höchstens
drei besetzt sein.
Wenn man alle möglichen Kombinationen von freien und besetzten
Pyramiden aufschreibt, so erkennt man sofort, daß in jedem Fall drei

---

[1]) Die Punkte der Grundseiten der Pyramiden $\mathfrak{P}_\nu$ werden dabei nicht als zu $\mathfrak{P}_\nu$
  gehörig betrachtet.

70

Pyramiden unbesetzt bleiben, die zu den Ecken eines Seitendreiecks von $\mathfrak{D}_2$ gehören. Das bedeutet aber, daß es einen D-Körper $\mathfrak{D}_3$ gibt, der aus $\mathfrak{D}_2$ durch Abschneiden der Pyramiden $\mathfrak{P}_1$, $\mathfrak{P}_2$ und $\mathfrak{P}_5$ entsteht.

Da das Volumen jeder der abgeschnittenen Pyramiden gleich $\dfrac{1}{6}\,(3\,\sqrt{5}-5)$ ist, haben wir für $\mathfrak{D}_3$ das Volumen

$$V(\mathfrak{D}_3) = V(\mathfrak{D}_2) - 3 \cdot \frac{1}{6}\,\left(3\,\sqrt{3}-5\right) \sim 0{,}768\ldots \tag{3}$$

Satz 19:

Schneidet man vom D-Körper $\mathfrak{D}_2$ drei gerade (nicht gegenüberliegende) Eckpyramiden vom Volumen $\dfrac{1}{6}\,(3\,\sqrt{3}-5)$ ab, so entsteht wieder ein D-Körper $\mathfrak{D}_3$ mit dem Volumen (3).

Es ist sicher möglich, diesen D-Körper noch weiter zu verkleinern, indem man die Überlegungen von R. Sprague auf den $\mathfrak{R}_3$ überträgt. Die Frage nach dem D-Körper kleinsten Volumens im $\mathfrak{R}_3$ ist ebenso unbeantwortet wie die nach der kleinsten Tafel in der Ebene.

Man kann den D-Körper $\mathfrak{D}_2$ benutzen, um die Borsuksche Vermutung (S. 65) für den $\mathfrak{R}_3$ zu beweisen. *B. Grünbaum* [V 11] hat[1]) kürzlich unter Benutzung der Bedeckungseigenschaft von $\mathfrak{D}_2$ gezeigt, daß man jede Punktmenge vom Durchmesser 1 im $\mathfrak{R}_3$ in 4 Teilmengen zerlegen kann, von denen jede einen Durchmesser $d \leq 0{,}88$ hat. Es bleibt die Frage offen, ob man durch Benutzung eines D-Körpers von kleinerem Volumen dieses Ergebnis noch verbessern kann.

---

[1]) Siehe dazu und zu den weiteren Grundproblemen der Inhaltstheorie [II 1], [VI 2], [VI 11] und [VI 12].

VI. Zerlegungsgleichheit von Polyedern

1. Das ebene Problem

Um an die Probleme der Inhaltstheorie im R_3 (Aufgabe (5) S. 2) heranzuführen, ist es zweckmäßig, zunächst die entsprechenden Fragen in der Ebene zu behandeln.

Man kann dem Dreieck $\triangle$ das Funktional $F(\triangle) = \frac{1}{2} g h$ als „Inhalt" zuordnen (g: Grundlinie, h: Höhe). Dabei besteht die Möglichkeit, das Produkt $\frac{1}{2} g h$ entweder als Produkt der Maßzahlen oder auch im Sinne der Hilbertschen Streckenmultiplikation als ein Produkt von Strecken zu deuten[1]). Man kann leicht zeigen, daß dieses Produkt unabhängig ist von der speziellen Wahl der Grundseite. Einem geschlossenen ebenen einfachen Polygon $\mathfrak{P}$ kann man als Inhalt $F(\mathfrak{P})$ die Summe der Inhalte seiner Teildreiecke zuordnen, die bei irgendeiner Triangulierung des Polygons entstehen. $F(\mathfrak{P})$ ist dabei unabhängig von der speziellen Art der Triangulierung.

Das so definierte Funktional $F(\mathfrak{P})$ hat die folgenden Eigenschaften:

1. $F(\mathfrak{P}) = F(\mathfrak{Q})$, wenn $\mathfrak{P} \equiv \mathfrak{Q}$.

2. $F(\mathfrak{P} + \mathfrak{Q}) = F(\mathfrak{P}) + F(\mathfrak{Q})$, wenn $\mathfrak{P}$ und $\mathfrak{Q}$ keine inneren Punkte gemeinsam haben.

3. $F(\mathfrak{E}) = 1$ für das Einheitsquadrat $\mathfrak{E}$.

4. Aus $F(\mathfrak{P}) = F(\mathfrak{Q})$ folgt $P \overset{z}{=} \mathfrak{Q}$[2]).

Die letzte Eigenschaft ist deshalb besonders bemerkenswert, weil durch sie der „Inhalt" eine sehr anschauliche geometrische Bedeutung bekommt: Inhaltsgleiche Polygone können immer in *endlich viele paarweise kongruente* Dreiecke zerlegt werden.

Um diese wichtige Eigenschaft (4) unseres Funktionals zu beweisen, beachten wir die folgenden Gesetze der Zerlegungsgleichheit (siehe z. B. [VI 2] S. 134 ff.):

---

[1]) Siehe dazu und zu den weiteren Grundlagenproblemen der Inhaltstheorie [II 1], [VI 2] und [VI 12]!

[2]) Die Zerlegungsgleichheit wurde schon auf S. 2 definiert.

a) Aus $\mathfrak{P} \overset{z}{=} \mathfrak{Q}$ und $\mathfrak{Q} \overset{z}{=} \mathfrak{R}$ folgt $\mathfrak{P} \overset{z}{=} \mathfrak{R}$,

b) Aus $\mathfrak{P} = \mathfrak{P}_1 + \mathfrak{P}_2$, $\mathfrak{Q} = \mathfrak{Q}_1 + \mathfrak{Q}_2$, $\mathfrak{P}_1 \overset{z}{=} \mathfrak{Q}_1$, $\mathfrak{P}_2 \overset{z}{=} \mathfrak{Q}_2$ folgt $\mathfrak{P} \overset{z}{=} \mathfrak{Q}$.

Wir beweisen nun zuerst den folgenden Hilfssatz:

Parallelogramme mit gemeinsamer Grundlinie und Höhe sind zerlegungsgleich.

Der Beweis dieses Satzes ist besonders einfach, wenn bei den Parallelogrammen $ABCD$ und $ABEF$ der Punkt E zwischen C und D liegt. Dann ist nämlich

$$AEDB \equiv AEDB, \quad AEC \equiv BFD,$$

also $ABCD \overset{z}{=} ABEF$. Im andern Fall werden sich etwa BD und AE in G schneiden (Abb. 27). Nun trägt man BG auf BD und AG auf AE

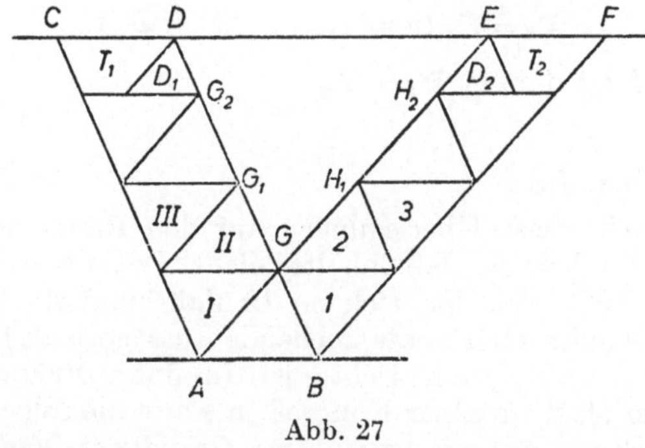

Abb. 27

ab und erhält auf diese Weise die Punkte $G_1, G_2, \ldots$ und $H_1, H_2, \ldots$ Nach dem 1. Stetigkeitsaxiom ([VI 2] bzw. [VI 11]) gibt es nun eine natürliche Zahl n von der Eigenschaft, daß G_n mit D zusammenfällt oder aber D zwischen G_n und G_{n+1} liegt. Dann zieht man die in Abb. 31 notierten Parallelen und liest an der Abbildung sofort die Kongruenz der einander entsprechenden Dreiecke und Trapeze ab:

$$\triangle \mathrm{I} \equiv \triangle 1, \quad \triangle \mathrm{II} \equiv \triangle 2, \ldots, \quad T_1 \equiv T_2, \quad D_1 \equiv D_2,$$
$$\triangle ABG \equiv \triangle ABG.$$

Damit ist die Zerlegungsgleichheit von $ABCD$ und $ABEF$ bewiesen.

Es ist zu beachten, daß wir an dieser Stelle ein Stetigkeitsaxiom benutzt haben. Man kann bekanntlich [VI 11] nach *Hilbert* eine Inhaltstheorie für Polygone aufbauen, die *keine* Stetigkeitsaxiome benutzt. Dann muß man sich freilich an dieser Stelle mit der schwächeren Aussage begnügen, daß Parallelogramme mit gemeinsamer Grundlinie und Höhe *ergänzungs-gleich*[1]) sind.

Da jedes Dreieck einem Parallelogramm mit halber Höhe zerlegungs-gleich ist, folgt daraus nach der Regel a): *Dreiecke mit gemeinsamer Grundlinie und Höhe sind zerlegungsgleich.* Nimmt man noch die Regel b) dazu, so erkennt man sofort, daß der im Schulunterricht geübte Prozeß des „Verwandelns" eines n-Ecks $\mathfrak{P}_n$ in ein $(n-1)$-Eck $\mathfrak{P}_{n-1}$ auf eine nicht nur inhaltsgleiche, sondern auch *zerlegungsgleiche* Figur führt: $\mathfrak{P}_n \overset{z}{=} \mathfrak{P}_{n-1}$. Auch die bekannte Verwandlung eines Dreiecks mit der Grundseite AB in ein Dreieck mit der Grundseite AB' führt auf eine zerlegungsgleiche Figur. Verwandelt man nun zwei inhaltsgleiche Polygone $\mathfrak{P}_1$ und $\mathfrak{P}_2$ in zwei Dreiecke $\mathfrak{D}_1$ und $\mathfrak{D}_2$ mit der Grundlinie 1 (und der Höhe $h = 2F(\mathfrak{P}_1) = 2F(\mathfrak{P}_2)$), so hat man die folgenden Relationen zwischen den Figuren:

$$\mathfrak{P}_\nu \overset{z}{=} \mathfrak{D}_\nu \;(\nu = 1, 2)\,, \quad \mathfrak{D}_1 \overset{z}{=} \mathfrak{D}_2\,.$$

Nach Regel a) folgt daraus $\mathfrak{P}_1 \overset{z}{=} \mathfrak{P}_2$.

2. Der Satz von Dehn

Bei dem Versuch, diese Überlegungen auf den Raum zu übertragen, findet man leicht heraus, daß inhaltsgleiche *Prismen* zerlegungsgleich sind ([VI 2] S. 190). Man hat sich im 19. Jahrhundert aber vergebens um die Frage bemüht, ob die entsprechende Aussage auch für Pyramiden (bzw. für allgemeine Polyeder) richtig ist. Im Jahre 1900 stellte deshalb *Hilbert* auf dem Mathematiker-Kongreß in Paris die folgende Aufgabe: *Es sollen zwei Pyramiden mit gemeinsamer Grundfläche und gleicher Höhe angegeben werden, die nicht zerlegungsgleich sind.*

Dieses Problem wurde wenige Monate später von *Max Dehn* gelöst. Er zeigte, daß es eine *notwendige* Bedingung für die Zerlegungsgleichheit von Polyedern gibt. Es ist dann nicht mehr schwer, ein Paar Pyramiden mit gemeinsamer Grundfläche und gleicher Höhe zu finden, für die die Dehnsche Bedingung *nicht* erfüllt ist.

Satz 20:

Es seien $\mathfrak{P}$ *und* $\mathfrak{Q}$ *zerlegungsgleiche Polyeder mit den Kantenwinkeln*[2])

---

[1]) Zwei Polygone $\mathfrak{P}$ und $\mathfrak{Q}$ heißen „ergänzungsgleich" ($\mathfrak{P} \overset{e}{=} \mathfrak{Q}$), wenn es endlich viele paarweise kongruente Dreiecke $\mathfrak{D}_\nu$ und $\mathfrak{D}_\nu'$ gibt, so daß

$$\mathfrak{P} + \Sigma \mathfrak{D}_\nu \overset{z}{=} \mathfrak{Q} + \Sigma \mathfrak{D}_\nu'$$

ist.

[2]) Sie seien im Bogenmaß gemessen.

$\alpha_1, \alpha_2, \ldots, \alpha_n$ *bzw.* $\beta_1, \beta_2, \ldots, \beta_m$. *Dann gibt es nicht negative ganze Zahlen* $\nu_1, \nu_2, \ldots, \nu_n$ *und* $\mu_1, \mu_2, \ldots, \mu_m$ *und eine ganze Zahl* ν, *so daß*

$$(\nu_1 \alpha_1 + \nu_2 \alpha_2 + \ldots + \nu_n \alpha_n) - (\mu_1 \beta_1 + \mu_2 \beta_2 + \ldots + \mu_m \beta_m) = \nu \pi \quad (1)$$

ist.

Zum Beweis dieses Satzes wollen wir die Teilpolyeder von $\mathfrak{P}$ und $\mathfrak{Q}$ identifizieren und uns vorstellen, daß wir aus den „Bausteinen" $\mathfrak{p}_1, \mathfrak{p}_2, \ldots, \mathfrak{p}_r$ einmal das Polyeder $\mathfrak{P}$, dann (nach einem anderen „Bauplan") das dazu zerlegungsgleiche Polyeder $\mathfrak{Q}$ zusammensetzen. Den Bauplan notieren wir auf jedem der Teilpolyeder dadurch, daß wir die Kanten der Nachbarpolyeder (nach dem 1. oder 2. Bauplan) auf $\mathfrak{p}_\varrho$ notieren. Wer anschauliche Vorstellungen liebt, kann sich vorstellen, daß die Kanten der $\mathfrak{p}_\varrho$ mit einem geeigneten Farbstoff behaftet werden, der dann beim Aufbau der Polyeder $\mathfrak{P}$ und $\mathfrak{Q}$ die Zeichnung selbst vornimmt.

Auf diese Weise wird auf $\mathfrak{p}_\varrho$ ein Streckennetz aufgezeichnet, dessen einzelne Strecken wir „Randstrecken" nennen wollen. Diese Randstrecken sind

1. Kanten,

2. Teilstrecken von Kanten,

3. Strecken, die auf den Seitenflächen von $\mathfrak{p}_\varrho$ notiert sind.

Jeder dieser Randstrecken s ist nun ein Kantenwinkel eindeutig zugeordnet: Ist s eine Kante (oder ein Teil einer Kante) von $\mathfrak{p}_\varrho$, so ist der Kantenwinkel eben der Winkel, den die beiden in der Kante zusammenstoßenden Seitenflächen einschließen. Einer auf einer Seitenfläche eingetragenen Randstrecke ordnen wir entsprechend den Randstreckenwinkel π zu.

Wir bilden nun die Summe S aller Kantenwinkel und berechnen sie nach zwei verschiedenen Verfahren. Wenn wir aus den $\mathfrak{p}_\varrho$ das Polyeder $\mathfrak{P}$ aufbauen, werden gewisse Randstrecken in die Kante k_τ von $\mathfrak{P}$ zu liegen kommen. Die Summe dieser Kantenwinkel ist ein ganzzahliges Vielfaches des Kantenwinkels α_τ von $\mathfrak{P}$. Andere Randstrecken, die zu Kanten von $\mathfrak{p}_\varrho$ gehören, können in das Innere von $\mathfrak{P}$ gelagert werden; die Summe der entsprechenden Kantenwinkel ist ein ganzzahliges Vielfaches von 2π. Die in den Seitenflächen von $\mathfrak{p}_\varrho$ liegenden Randstrecken schließlich liefern eine Kantenwinkelsumme, die ein Vielfaches von π sein muß. Damit haben wir für die Summe S aller Kantenwinkel:

$$S = \sum_{N=1}^{n} \nu_N \alpha_N + N_1 \pi.$$

Der Aufbau von $\mathfrak{Q}$ aus den Teilpolyedern liefert entsprechend

$$S = \sum_{M=1}^{m} \mu_M \beta_M + N_2 \pi .$$

Bildet man aus den beiden Darstellungen für S die Differenz, so gewinnt man damit die behauptete Relation (1).

3. Beispiele zum Dehnschen Satz

Wenn das zweite Polyeder ein Quader ist, so vereinfacht sich die notwendige Bedingung (1) für die Zerlegungsgleichheit so:

$$\sum_{N=1}^{n} \nu_N \alpha_N = N^* \cdot \frac{\pi}{2} . \tag{2}$$

Man sieht leicht ein, daß diese Bedingung erfüllt ist für die Juelschen Pyramiden. Das sind Pyramiden, deren Grundfläche ein Quadrat mit der Seite a ist und deren Spitze senkrecht über dem Diagonalenschnittpunkt der Grundfläche in der Höhe $\frac{a}{2}$ liegt. Die 8 Kantenwinkel einer solchen Pyramide sind nämlich

$$\alpha_1 = \alpha_2 = \alpha_3 = \alpha_4 = \frac{\pi}{4}, \quad \alpha_5 = \alpha_6 = \alpha_7 = \alpha_8 = \frac{2\pi}{3} . \tag{3}$$

Daß die nicht zur Grundfläche gehörenden Kantenwinkel gleich $\frac{2\pi}{3}$ sind, erkennt man sofort aus der Tatsache, daß man 6 solche Pyramiden zu einem Würfel zusammensetzen kann. Die Grundflächen der Pyramiden werden dabei zu Seitenflächen des Würfels. Die Kanten mit den Winkeln α_5, α_6, α_7, α_8 liegen in den Raumdiagonalen des Würfels. Da an jeder halben Raumdiagonale drei solche Kanten kongruenter Pyramiden anliegen, deren Winkel sich zu 2π addieren, muß jeder Kantenwinkel gleich $\frac{2\pi}{3}$ sein.

Aus (3) folgt nun

$$\sum_{\nu=1}^{4} \alpha_\nu + 3 \sum_{\nu=5}^{8} \alpha_\nu = 9\pi .$$

Die für die Zerlegungsgleichheit mit einem Würfel (bzw. einem Quader) *notwendige* Bedingung (2) ist also erfüllt[1]. Daß tatsächlich jede Juelsche Pyramide einem Würfel zerlegungsgleich ist, werden wir später zeigen (S. 50).

---

[1] Weitere Beispiele für Pyramiden, die einem Würfel zerlegungsgleich sind, hat *M. Goldberg* [VI 13] zusammengestellt.

Jetzt wollen wir zuerst ein Beispiel von zwei Pyramiden mit gemeinsamer Grundfläche und gleicher Höhe angeben, für die die Bedingung (1) nicht erfüllt ist, die also auch nicht zerlegungsgleich sein können.

Es sei $\mathfrak{J}$ die Juelsche Pyramide mit der Kante 1 in der Grundfläche, $\mathfrak{P}$ eine Pyramide mit derselben Grundfläche und gleicher Höhe, deren Spitze aber über dem Mittelpunkt einer Quadratseite in der Höhe $\frac{1}{2}$ liegt (Abb. 28). Die Kantenwinkel α_ν von $\mathfrak{P}$ seien wie die Kanten von

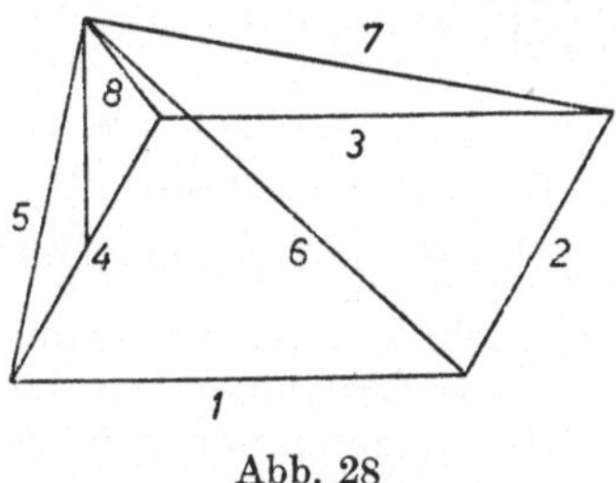

Abb. 28

$\mathfrak{P}$ in Abb. 28 numeriert. Dann ist

$$\alpha_1 = \alpha_3 = \frac{\pi}{4}, \quad \alpha_4 = \frac{\pi}{2}.$$

Aus $\operatorname{tg} \alpha_2 = \frac{1}{2}$ berechnen wir für spätere Verwendung

$$\sin \alpha_2 = \frac{1}{5}\sqrt{5}, \quad \cos \alpha_2 = \frac{2}{5}\sqrt{5}. \tag{4}$$

Aus der mit den Kanten der Nummern 1, 4 und 5 gebildeten körperlichen Ecke erkennt man, daß auch $\alpha_5 = \alpha_8 = \frac{\pi}{2}$ ist. Schließlich berechnen wir $\alpha_6 = \alpha_7$ aus der körperlichen Ecke mit den Kanten der Nummern 1, 2 und 6. Diese Ecke hat eine rechte Seite (gegenüber Kante 6), und man findet daraus

$$\cos \alpha_6 = - \cos \alpha_1 \cos \alpha_2 = \frac{-1}{5}\sqrt{10} \; ; \quad \sin \alpha_6 = \frac{1}{5}\sqrt{15}. \tag{5}$$

Wären nun $\mathfrak{P}$ und $\mathfrak{J}$ zerlegungsgleich, so müßte eine Beziehung von der Form (1) erfüllt sein, also

$$\nu_1 \cdot \frac{\pi}{4} + \nu_2 \alpha_2 + \nu_6 \alpha_6 = \nu \pi + \left(\mu_1 \frac{\pi}{4} + \mu_2 \frac{2\pi}{3}\right)$$

oder (nach Multiplikation mit 12)

$$r\,\alpha_2 + s\,\alpha_6 = t\,\pi$$

mit gewissen geraden Zahlen r und s und bei ganzzahligem t. Danach müßte

$$\sin r\,\alpha_2 = \pm \sin s\,\alpha_6 \tag{6}$$

sein. Nun ist doch[1])

$$\sin n\alpha = n\cos^{n-1}\alpha\sin\alpha - \binom{n}{3}\cos^{n-3}\sin^3\alpha$$

$$+ \binom{n}{5}\cos^{n-5}\alpha\sin^5\alpha - + \dots \tag{7}$$

Wendet man diese Formel (7) auf die beiden Seiten von (6) an, so erhält man einen Widerspruch. Nach (4) ist nämlich für gerades r und s $\sin r\,\alpha_2$ rational, $\sin s\,\alpha_6$ aber (nach (5) und (7)) von der Form $\dfrac{a}{b}\cdot\sqrt{6}$ mit ganzzahligem a und b. Da $\sqrt{6}$ nicht rational ist, kann (6) nicht richtig sein. Unsere Annahme, daß es eine Beziehung von der Form (1) für $\mathfrak{I}$ und $\mathfrak{P}$ gäbe, hat also auf einen Widerspruch geführt. $\mathfrak{P}$ und $\mathfrak{I}$ sind also *nicht zerlegungsgleich*.

Satz 21:

Es gibt Pyramiden von gemeinsamer Grundfläche und gleicher Höhe, die nicht zerlegungsgleich sind.

Für diesen Satz gibt es mancherlei weitere Beispiele. Eins wollen wir noch erwähnen: Das reguläre Tetraeder[2]) $\mathfrak{T}$ ist *nicht zerlegungsgleich* mit einem Tetraeder $\mathfrak{T}_1$, das mit $\mathfrak{T}$ die gleiche Höhe und eine gemeinsame Grundfläche hat, bei dem aber die Spitze senkrecht über einer Ecke der Grundfläche liegt. Der Beweis dafür sei dem Leser überlassen.

Mit ähnlichen Methoden kann man zeigen, daß kein reguläres Tetraeder, Oktaeder, Rhombendodekaeder oder Ikosaeder einem Würfel zerlegungsgleich ist [VI 2].

Wir sind noch den Beweis dafür schuldig, daß die Juelschen Pyramiden effektiv einem Würfel zerlegungsgleich sind. Vorläufig steht ja nur fest,

---

[1]) Man gewinnt diese Formel am einfachsten aus dem Moivreschen Lehrsatz. Aus

$$(\cos\alpha + i\sin\alpha)^n = \cos n\alpha + i\sin n\alpha = \cos^n\alpha + \binom{n}{1}\cos^{n-1}\alpha\, i\sin\alpha + \dots$$

folgt für den Imaginärteil die Formel (7), für den Realteil

$$\cos n\alpha = \cos^n\alpha - \binom{n}{2}\cos^{n-2}\alpha\sin^2\alpha + \binom{n}{4}\cos^{n-4}\alpha\sin^4\alpha - + \dots \tag{7'}$$

[2]) Wir bezeichnen im folgenden jede Pyramide mit dreieckiger Grundfläche als Tetraeder. Wenn wir eine Dreieckspyramide meinen, deren Seitenflächen gleichseitige Dreiecke sind, fügen wir das Attribut „regulär" dazu.

daß für sie die Dehnsche Bedingung (1) erfüllt ist. Dazu beweisen wir einen wichtigen Satz von *Sydler* [VI 3]:

Satz 22:

Es seien $\mathfrak{P}$ ein Polyeder und a_ν ($\nu = 1, 2, \ldots, n$) n beliebig vorgegebene positive reelle Zahlen, die die Gleichung

$$a_1 + a_2 + \ldots + a = 1$$

erfüllen. Dann gibt es n Polyeder $\mathfrak{p}_\nu$ und ein Polyeder $\mathfrak{R}$ mit folgenden Eigenschaften:

1. Die $\mathfrak{p}_\nu$ sind zu $\mathfrak{P}$ ähnlich und haben den linearen Ähnlichkeitsfaktor a_ν,

2. $\mathfrak{R}$ ist einem Quader zerlegungsgleich,

3. $\mathfrak{P} = \mathfrak{p}_1 + \mathfrak{p}_2 + \ldots + \mathfrak{p}_n + \mathfrak{R}$.

Nehmen wir zunächst an, daß $\mathfrak{P}$ ein Tetraeder $\mathfrak{T}$ sei (Abb. 29). Die

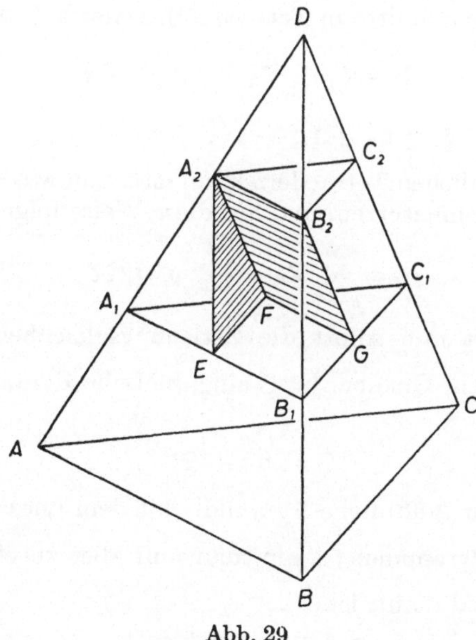

Abb. 29

Kante AD von $\mathfrak{P} = ABCD$ sei nun durch die Punkte A_1, A_2, A_3, $\ldots$ so unterteilt, daß

$$AA_1 : A_1A_2 : A_2A_3 \ldots = a_1 : a_2 : a_3 \ldots$$

gilt. Durch die Punkte A_ν werden nun zu ABC parallele Ebenen gelegt, die aus dem Tetraeder Dreiecke $A_\nu B_\nu C_\nu$ herausschneiden. Weiter legen wir durch A_2 die zur Ebene BCD parallele Ebene, die die Strecken A_1B_1 und A_1C_1 in den Punkten E und F treffen möge (Abb. 29). Schließlich sei $FG \parallel EB_1 \parallel A_2B_2$.

Der Pyramidenstumpf $A_1B_1C_1A_2B_2C_2$ ist auf diese Weise in ein Tetraeder ($t_2 = A_1A_2EF$) und zwei Prismen ($EB_1GFA_2B_2$ und $A_2B_2FGC_2C_1$) zerlegt. Das Tetraeder t_2 ist dem ganzen Tetraeder $\mathfrak{T}$ (und dem Spitzentetraeder $t_n = DA_{n-1}B_{n-1}C_{n-1}$) ähnlich und hat den Ähnlichkeitsfaktor a_2. Nehmen wir nun in den anderen parallelen Schichten eine entsprechende Zerlegung vor, so haben wir für $\mathfrak{T}$ eine Zerlegung von der Form

$$\mathfrak{T} \overset{z}{=} t_1 + t_2 + \ldots + t + \mathfrak{R} . \tag{8}$$

Dabei ist t_n ein zu $\mathfrak{T}$ ähnliches Tetraeder mit dem Ähnlichkeitsfaktor a_ν, und in $\mathfrak{R}$ ist die Summe aller bei dieser Zerlegung anfallenden Prismen zusammengefaßt. Da jedes Prisma einem Quader zerlegungsgleich ist, gilt das auch für $\mathfrak{R}$. Ist nun $\mathfrak{P}$ ein beliebiges Polyeder, so zerlegen wir es durch geeignete Schnitte in Tetraeder[1]). Dann haben wir

$$\mathfrak{P} \overset{z}{=} \mathfrak{T}_1 + \mathfrak{T}_2 + \ldots + \mathfrak{T}_N ,$$

und nach (8):

$$\mathfrak{T}_\sigma \overset{z}{=} t_{\sigma 1} + t_{\sigma 2} + \ldots + t_{\sigma n} + \mathfrak{R}_\sigma .$$

Aus den zu $\mathfrak{T}_\sigma$ ähnlichen Tetraedern kann man nun wieder zu $\mathfrak{P}$ ähnliche Polyeder $\mathfrak{p}_\nu$ zusammensetzen, und auf diese Weise folgt

$$\mathfrak{P} \overset{z}{=} \sum_{\sigma=1}^{N} \mathfrak{T}_\sigma = \sum_{\nu=1}^{n} \mathfrak{p}_\nu + \mathfrak{R} .$$

Aus Satz 24 folgt nun sofort die Zerlegungsgleichheit der Juelschen Pyramiden mit dem Quader: Ist $\mathfrak{J}$ eine Juelsche Pyramide und $a_\nu = \dfrac{1}{6}$, so ergibt sich:

$$\mathfrak{J} = 6\,\mathfrak{j} + \mathfrak{R} .$$

Dabei ist $\mathfrak{j}$ eine zu $\mathfrak{J}$ ähnliche Pyramide mit dem linearen Ähnlichkeitsfaktor $\dfrac{1}{6}$. Die 6 Pyramiden $\mathfrak{j}$ kann man nun aber zu einem Würfel zusammensetzen, und damit ist

$$\mathfrak{J} \overset{z}{=} W + \mathfrak{R} \overset{z}{=} \mathfrak{R}_1 .$$

Man kann die Zerlegungsgleichheit auch unmittelbar durch geeignete Schnitte an der Juelschen Pyramide nachweisen.

---

[1]) Über die Zerlegung von Polyedern in Tetraeder siehe z. B. [VI 2].

Eine weitere Anwendung von Satz 24 führt auf

Satz 23:

Ergänzungsgleiche Polyeder sind zerlegungsgleich.

Der entsprechende Satz in der Ebene über Polygone ist eine einfache
Folge der Tatsache, daß ergänzungsgleiche Polygone inhaltsgleich und
inhaltsgleiche Polygone stets auch zerlegungsgleich sind (S. 72). Im
Raum ist dieser einfache Schluß nicht möglich. Wir beweisen Satz 25 so:
Es sei

$$\mathfrak{A} + \mathfrak{C} \overset{z}{=} \mathfrak{B} + \mathfrak{D}, \quad \mathfrak{C} \overset{z}{=} \mathfrak{D}, \quad V(\mathfrak{A}) = V(\mathfrak{B}) = V_1, \tag{9}$$

$$V(\mathfrak{C}) = V(\mathfrak{D}) = V_2.$$

Dann wählen wir eine natürliche Zahl n, für die

$$n^2 - 1 > \frac{3\,V_2}{V_1} \tag{10}$$

ist. Nach Satz 24 wird jetzt $\mathfrak{A}$ in n ähnliche (unter sich kongruente)
Polyeder $\mathfrak{A}'$ und einen (einem Quader zerlegungsgleichen) Rest $\mathfrak{R}$
zerlegt:

$$\mathfrak{A} = n\,\mathfrak{A}' + \mathfrak{R}, \tag{11}$$

wobei

$$V(\mathfrak{A}') = \frac{1}{n^3}\,V_1 = V_1'. \tag{12}$$

Vom Restpolyeder $\mathfrak{R}$ werden nun n Polyeder $\mathfrak{C}'$ abgespalten, die zu $\mathfrak{C}$
ähnlich sind und das Volumen

$$V_2' = \frac{1}{n^3}\,V_2 \tag{13}$$

haben. Es muß natürlich erst gezeigt werden, daß das immer möglich ist.
Es sei zunächst $\mathfrak{C}$ ein Tetraeder $\mathfrak{T} = ABCD$. Dann ist $\mathfrak{T}$ Teil eines
Prismas $\mathfrak{P}^* = ABCDEF$, das man über drei der 4 Kanten von $\mathfrak{T}$ errich-
ten kann. Wir haben dann $V(\mathfrak{P}^*) = 3\,V(\mathfrak{T})$. Die vorgesehene Ab-
spaltung von n ähnlichen Tetraedern $\mathfrak{T}'$ von $\mathfrak{R}$ kann nun so erfolgen:
Von $\mathfrak{R}$ nimmt man n Kuben vom Volumen $3\,V_2'$ fort, verwandelt sie
in zu $\mathfrak{P}^*$ ähnliche Prismen und schneidet aus diesen die n zu $\mathfrak{T}$ ähnlichen
Tetraeder $\mathfrak{T}'$ heraus. Das Verfahren ist immer möglich, wenn das Volumen
von $\mathfrak{R}$ größer ist als das der n Prismen. Das folgt aber aus unserer
Wahl der Zahl n. Es ist doch

$$V(\mathfrak{R}) = V_1 - n\,V_1' = V_1\left(1 - \frac{1}{n^2}\right)$$

nach (11), (9) und (12), und

$$3\,n\,V_2' = \frac{3}{n_2}\,V_2$$

nach (13). Nach (10) folgt daraus

$$V(\mathfrak{R}) = V_1\left(1 - \frac{1}{n^2}\right) > \frac{3}{n^2}\,V_2 = 3\,n\,V_2'.$$

Ist $\mathfrak{C}$ ein beliebiges Polyeder, so zerlegt man es durch geeignete Schnitte in Tetraeder, führt die Zerlegung an den einzelnen Tetraedern durch und setzt dann die Teiltetraeder wieder zu Polyedern $\mathfrak{C}'$ zusammen, die zu $\mathfrak{C}$ ähnlich sind. Die beschriebene Abspaltung von $\mathfrak{R}$ können wir dann so darstellen:

$$\mathfrak{R} \overset{z}{=} n\,\mathfrak{C}' + \mathfrak{S}\,. \tag{14}$$

Nach (11) und (14) ist dann

$$\mathfrak{A} \overset{z}{=} n\,\mathfrak{A}' + n\,\mathfrak{C}' + \mathfrak{S} \overset{z}{=} n\,(\mathfrak{A}' + \mathfrak{C}') + \mathfrak{S}\,. \tag{15}$$

Aus (9) folgt für die zu $\mathfrak{A}$ und $\mathfrak{C}$ ähnlichen Polyeder $\mathfrak{A}'$ und $\mathfrak{C}'$:

$$\mathfrak{A}' + \mathfrak{C}' \overset{z}{=} \mathfrak{B}' + \mathfrak{D}'\,. \tag{16}$$

Wegen

$$V(\mathfrak{B}') = V(\mathfrak{A}') = V_1'\,, \quad V(\mathfrak{D}') = V(\mathfrak{C}') = V_2'$$

ergibt sich aus (15) und (16):

$$\mathfrak{A} \overset{z}{=} n\,(\mathfrak{B}' + \mathfrak{D}') + \mathfrak{S} \overset{z}{=} n\,\mathfrak{B}' + (n\,\mathfrak{C}' + \mathfrak{S}) \overset{z}{=} n\,\mathfrak{B}' + \mathfrak{R}\,. \tag{17}$$

Wendet man auf $\mathfrak{B}$ die gleiche Zerlegung an wie auf $\mathfrak{A}$ (nach Satz 24), so erhält man

$$\mathfrak{B} = n\,\mathfrak{B}' + \mathfrak{R}'\,. \tag{18}$$

Aus (9), (16) und (18) folgt, daß $\mathfrak{R}$ und $\mathfrak{R}'$ gleiches Volumen haben. Quader mit gleichem Volumen sind aber zerlegungsgleich. Deshalb ist $\mathfrak{R} \overset{z}{=} \mathfrak{R}'$, und nach (17) und (18) gilt

$$\mathfrak{A} \overset{z}{=} n\,\mathfrak{B}' + \mathfrak{R} \overset{z}{=} \mathfrak{B}\,.$$

Wir werden nun die beiden Sätze 22 und 23 benutzen, um die von *Hadwiger* stammenden *notwendigen und hinreichenden* Bedingungen für die Zerlegungsgleichheit von Polyedern abzuleiten.

Seit über einem halben Jahrhundert weiß man, daß eine Dehnsche Bedingung von der Form (1) erfüllt sein muß, wenn zwei Polyeder zerlegungsgleich sind. Ob diese Bedingung auch *hinreichend* ist, ist zur Zeit noch nicht bekannt. Die abzuleitende Hadwigersche Bedingung (Satz 26, S. 89) ist nun zwar *notwendig und hinreichend*, aber sie kann leider nicht benutzt werden, um für ein gegebenes Paar von inhaltsgleichen Polyedern zu entscheiden, ob sie effektiv zerlegungsgleich sind. Das liegt daran, daß bei der Formulierung dieser Bedingung eine reine Existenzaussage der Mengenlehre benutzt wird. Trotzdem ist dieser Hadwigersche Satz ein wichtiger Beitrag zur Inhaltstheorie. Zu seiner Herleitung entwickeln wir eine Art von „Polyederalgebra".

4. Polyederalgebra

Im folgenden bezeichnen wir mit $\lambda\,\mathfrak{P}$ ein zu $\mathfrak{P}$ ähnliches Polyeder mit dem *linearen* Ähnlichkeitsfaktor λ. Für das Volumen $V(\mathfrak{P})$ gilt also

$$V(\lambda\,\mathfrak{P}) = \lambda^3 \cdot V(\mathfrak{P})\,. \tag{19}$$

Im allgemeinen ist

$$(\lambda + \mu)\,\mathfrak{P} \neq \lambda\,\mathfrak{P} + \mu\,\mathfrak{P}\,.$$

Das erkennt man z. B. für $\lambda + \mu = 1$ aus Satz 24: Danach ist

$$1 \cdot \mathfrak{P} = \mathfrak{p}_1 + \mathfrak{p}_2 + \mathfrak{R} = \lambda\,\mathfrak{P} + \mu\,\mathfrak{P} + \mathfrak{R}\,.$$

Wir wollen nun eine Polyederalgebra entwickeln, für die das distributive Gesetz gilt und auch die Multiplikation mit negativen Zahlen sinnvoll ist. Zunächst erklären wir die Multiplikation mit 0 mit Hilfe des „leeren" Polyeders $\mathfrak{O}$:

$$0\,\mathfrak{P} = \mathfrak{O}\,, \quad \mathfrak{P} + \mathfrak{O} = \mathfrak{P}\,.$$

Da jeder Quader einem Würfel zerlegungsgleich ist, können wir den Sydlerschen Satz (Satz 22) auch so formulieren:

Satz 22a:

Es sei $a_\nu > 0$ und $\sum\limits_{\nu=1}^{n} a_\nu = 1$. Dann gilt für jedes Polyeder P:

$$\mathfrak{P} \overset{z}{=} \lambda\,\mathfrak{E} + \sum\limits_{\nu=1}^{n} a_\nu\,\mathfrak{P} \tag{20}$$

wobei $\mathfrak{E}$ der Einheitswürfel, $\lambda > 0$ und

$$\lambda^3 = V(\mathfrak{P})\left(1 - \sum\limits_{\nu=1}^{n} a_\nu{}^3\right)$$

ist.

Wir erklären nun weiter: *Zwei Polyeder $\mathfrak{P}$ und $\mathfrak{Q}$ heißen äquivalent modulo $\mathfrak{E}$,*

$$\mathfrak{P} \approx \mathfrak{Q}\,\,mod\,\mathfrak{E}\,\,(oder\,\,auch\,\,einfach:\,\mathfrak{P} \approx \mathfrak{Q})\,,$$

wenn es zwei Zahlen α und β gibt, für die die Relation

$$\mathfrak{P} + \alpha\,\mathfrak{E} \overset{z}{=} \mathfrak{Q} + \beta\,\mathfrak{E}\,, \quad \alpha \geqq 0\,, \quad \beta \geqq 0\,, \quad \alpha \cdot \beta = 0\,,$$

6*

besteht. Mit anderen Worten: Zwei Polyeder gelten als äquivalent, wenn sich das eine (das mit dem größeren Volumen) aus Teilen des andern und eines Quaders zusammensetzen läßt. Mit dieser neuen Bezeichnung nimmt (20) die einfache Form an:

$$\mathfrak{P} \approx \sum_{\nu=1}^{n} a_\nu \, \mathfrak{P} \,. \tag{20'}$$

Die Äquivalenz von Polyedern hat folgende Gesetze:

1. $\mathfrak{P} \approx \mathfrak{P}$.

2. Aus $\mathfrak{P} \approx \mathfrak{Q}$ folgt $\mathfrak{Q} \approx \mathfrak{P}$.

3. Aus $\mathfrak{P} \approx \mathfrak{Q}$ und $\mathfrak{Q} \approx \mathfrak{R}$ folgt $\mathfrak{P} \approx \mathfrak{R}$.

4. Aus $\mathfrak{P} \approx \mathfrak{Q}$ und $\mathfrak{P} + \mathfrak{R} \approx \mathfrak{Q} + \mathfrak{S}$ folgt $\mathfrak{R} \approx \mathfrak{S}$.

Der Beweis dieser Regeln ergibt sich unmittelbar aus der Definition. Wir beschränken uns darauf, die Regel 3. zu begründen. Es sei

$$\mathfrak{P} + \alpha \, \mathfrak{E} \stackrel{z}{=} \mathfrak{Q} + \beta \, \mathfrak{E}, \quad \mathfrak{Q} + \gamma \, \mathfrak{E} \stackrel{z}{=} \mathfrak{R} + \delta \, \mathfrak{E}$$

und etwa $\beta \geqq \gamma$. Dann ist

$$\beta \, \mathfrak{E} \stackrel{z}{=} \gamma \, \mathfrak{E} + \xi \, \mathfrak{E} \ (\text{mit } \beta^3 = \gamma^3 + \xi^3) \,,$$

also

$$\mathfrak{P} + \alpha \, \mathfrak{E} \stackrel{z}{=} \mathfrak{Q} + \gamma \, \mathfrak{E} + \xi \, \mathfrak{E} \stackrel{z}{=} \mathfrak{R} + \delta \, \mathfrak{E} + \xi \, \mathfrak{E}$$

oder

$$\mathfrak{P} + \alpha \, \mathfrak{E} \stackrel{z}{=} \mathfrak{R} + \eta \, \mathfrak{E} \,, \quad (\eta^3 = \delta^3 + \xi^3) \,.$$

Das heißt aber: $\mathfrak{P} \approx \mathfrak{R}$.

Für jeden Quader $\mathfrak{A}$ gilt $\mathfrak{A} \approx \mathfrak{O}$, denn es ist doch

$$\mathfrak{A} + 0 \, \mathfrak{E} = \mathfrak{O} + \lambda \, \mathfrak{E} \,.$$

Aus dem Dehnschen Satz (Satz 22) haben wir die Einsicht gewonnen, daß es Polyeder gibt, die keinem Würfel zerlegungsgleich sind. In der neuen Terminologie können wir diese Aussage so formulieren:

Satz 20 a:

Es gibt Polyeder $\mathfrak{P}$, die nicht dem leeren Polyeder äquivalent sind:

$$\mathfrak{P} \not\approx \mathfrak{O} \,.$$

Um für die weiteren Untersuchungen auch negative Faktoren in der Polyederalgebra zuzulassen, führen wir den Begriff des *negativen Polyeders* ein durch die Vorschrift

$$-\mathfrak{P} = \lambda \, \mathfrak{E} - \mathfrak{P}^\circ \,. \tag{21}$$

Dabei ist $\lambda\,\mathfrak{E}$ ein hinreichend großer Würfel, der $\mathfrak{P}$ so bedeckt, daß jeder Punkt von $\mathfrak{P}$ innerer Punkt des Würfels ist. $\mathfrak{P}^\circ$ bedeutet den offenen Kern von $\mathfrak{P}$. Auf diese Weise bedeutet die übliche Mengensubtraktion in (21), daß $-\,\mathfrak{P}$ *die abgeschlossene Punktmenge ist, die aus dem Würfel $\lambda\,\mathfrak{E}$ entsteht, wenn man die inneren Punkte von $\mathfrak{P}$ wegnimmt.*

Natürlich ist $-\,\mathfrak{P}$ durch $\mathfrak{P}$ nicht eindeutig festgelegt. Wählt man einen andern Würfel $\lambda'\,\mathfrak{E}'$ (dessen Flächen zu denen von $\lambda\,\mathfrak{E}$ nicht parallel zu sein brauchen), so erhält man ein anderes negatives Polyeder $(-\mathfrak{P})'$. Aber die beiden zu $\mathfrak{P}$ gehörigen negativen Polyeder $(-\mathfrak{P})$ und $(-\mathfrak{P})'$ sind äquivalent. Denn aus

$$\lambda\,\mathfrak{E} - \mathfrak{P}^\circ = \mathfrak{Q}_1\,, \quad \lambda'\,\mathfrak{E}' - \mathfrak{P}^\circ = \mathfrak{Q}_2\,, \quad \lambda\,\mathfrak{E} \approx \lambda'\,\mathfrak{E}' \approx \mathfrak{D}\,,$$

also

$$\mathfrak{Q}_1 + \mathfrak{P}^\circ \approx \mathfrak{Q}_2 + \mathfrak{P}^\circ\,,$$

folgt nach den Regeln 4. und 1.:

$$\mathfrak{Q}_1 \approx \mathfrak{Q}_2\,.$$

Damit sind in unserer Polyederalgebra auch negative Zahlfaktoren $\alpha, \beta, \ldots$ möglich: $(-\alpha)\,\mathfrak{P}$ bedeutet einfach das negative Polyeder $-(\alpha\,\mathfrak{P})$. Wir notieren nun die sich aus dieser Definition und den früheren Aussagen ergebenden Regeln:

5. $\mathfrak{Q} + (-\mathfrak{Q}) \approx \mathfrak{D}$.

6. Die Aussagen

$$\mathfrak{P} + \mathfrak{Q} \approx \mathfrak{R} \quad \text{und} \quad \mathfrak{P} \approx \mathfrak{R} - \mathfrak{Q} = \mathfrak{R} + (-\mathfrak{Q})$$

sind gleichwertig.

7. $\alpha\,(\mathfrak{P} + \mathfrak{Q}) \approx \alpha\,\mathfrak{P} + \alpha\,\mathfrak{Q}$.

8. $\alpha\,(\beta\,\mathfrak{P}) \approx (\alpha\,\beta)\,\mathfrak{P}$.

9. $\alpha\,\mathfrak{P} + \beta\,\mathfrak{P} \approx (\alpha + \beta)\,\mathfrak{P}$.

Wir übergehen die einfachen Beweise für die Regeln 5. bis 8. und beschränken uns auf die Begründung von 9. Für *positive* Zahlen α und β folgt diese Regel aus Satz 22a. Denn danach ist doch

$$\mathfrak{P} \approx \frac{\alpha}{\alpha+\beta}\,\mathfrak{P} + \frac{\beta}{\alpha+\beta}\,\mathfrak{P}\,.$$

Es sei nun $\alpha > \beta > 0$ und $\alpha_1 = \alpha$, $\beta_1 = -\beta$. Dann ist nach Satz 24a:

$$(\alpha - \beta)\,\mathfrak{P} + \beta\,\mathfrak{P} \approx \alpha\,\mathfrak{P}\,.$$

Daraus folgt nach Regel 6.:

$$(\alpha - \beta)\,\mathfrak{P} \approx \alpha\,\mathfrak{P} - \beta\,\mathfrak{P} \quad \text{oder} \quad (\alpha_1 + \beta_1)\,\mathfrak{P} \simeq \alpha_1\,\mathfrak{P} + \beta_1\,\mathfrak{P}\,.$$

Sind beide Koeffizienten negativ, so benutzt man zum Beweis von Regel 9. die Tatsache, daß aus $\mathfrak{P} = \mathfrak{Q}$ die Äquivalenz $-\mathfrak{P} \approx -\mathfrak{Q}$ folgt.

5. Die Basispolyeder

Zur Ableitung seiner Sätze über die Zerlegungsgleichheit benutzt *Hadwiger* [VI 6] mengentheoretische Methoden, die Hamel in ähnlicher Form für reelle Zahlen benutzt hat[1]).

Mit Hilfe des Auswahlaxioms beweist man in der Mengenlehre ([VI 5] S. 130): *Jede Menge kann wohlgeordnet werden.* Eine Menge heißt bekanntlich *wohlgeordnet, wenn in ihr eine Ordnung so definiert ist, daß jede nicht leere Teilmenge ein erstes Element hat.*

Die rationalen Zahlen zwischen 0 und 1 kann man durch die übliche Abzählung nach wachsenden Nennern (bei gleichem Nenner nach wachsendem Zähler) wohl ordnen:

$$\frac{1}{2}, \ \frac{1}{3}, \ \frac{2}{3}, \ \frac{1}{4}, \ \frac{3}{4}, \ \frac{1}{5}, \ \frac{2}{5}, \ \frac{3}{5}, \ \frac{4}{5}, \dots \tag{22}$$

Schreiben wir $r_1 \angle r_2$, wenn r_2 in der Anordnung (22) rechts von r_1 steht, so ist die Menge der rationalen Zahlen durch *diese* Anordnung wohlgeordnet. Legt man statt dessen die übliche Ordnung zu Grunde, so hat in der Menge der rationalen Zahlen keineswegs jeder nicht leere Teil ein erstes Element.

Für die rationalen Zahlen kann man also die Wohlordnung effektiv angeben. Für die Menge der reellen Zahlen zwischen 0 und 1 (und erst recht für kompliziertere Mengen) ist der Wohlordnungssatz eine reine Existenzaussage[2]).

Es sei nun $\{\mathfrak{P}\}$ die (nach Satz 20a nicht leere) Klasse aller Polyeder, die keinem Quader zerlegungsgleich sind: $\mathfrak{P} \approx \mathfrak{Q}$. Diese Menge sei wohlgeordnet:

$$\mathfrak{P}_{\varkappa_0} \angle \mathfrak{P}_{\varkappa_1} \angle \mathfrak{P}_{\varkappa_2} \angle \dots \tag{23}$$

Wir sagen nun, ein Polyeder $\mathfrak{P} \in \{\mathfrak{P}\}$ sei „vorabhängig", wenn es eine Äquivalenzbeziehung von der Form

$$\mathfrak{P} \approx \Sigma \, \alpha_\varkappa \, \mathfrak{P}_\varkappa \tag{24}$$

---

[1]) Siehe z. B. [VI 5] S. 135.

[2]) In einer intuitionistischen Theorie (siehe dazu z. B. [VI 10]!) sind nicht konstruktive Existenzaussagen unzulässig. Unter solchen Voraussetzungen gelten auch die Schlüsse von *Hamel* und die in diesem Abschnitt gemachten Aussagen zur Inhaltstheorie nicht.

gibt; dabei sollen in der (endlichen!) Summe nur solche $\mathfrak{P}_\varkappa$ auftreten, für die $\mathfrak{P}_\varkappa \bigsqcup \mathfrak{P}$ gilt.

Es sei weiter $\{\mathfrak{A}\}$ die Klasse der *nicht vorabhängigen* Polyeder. Dazu gehört gewiß $\mathfrak{P}_{\varkappa_0}$. Deshalb ist $\{\mathfrak{A}\}$ nicht leer. $\{\mathfrak{A}\}$ ist als Teilmenge einer wohlgeordneten Menge selber wohlgeordnet in bezug auf die gleiche Ordnungsbeziehung. Diese zu $\{\mathfrak{A}\}$ gehörigen Polyeder werden (in Analogie zu *Hamels* „Basiszahlen") *Basispolyeder* genannt.

Satz 24:

Die Basispolyeder sind linear unabhängig, d. h. aus

$$\sum_{\nu=1}^{n} \alpha_{\tau_\nu}\, \mathfrak{A}_{\tau_\nu} \approx \mathfrak{O} \tag{25}$$

folgt
$$\alpha_{\tau_1} = \alpha_{\tau_2} = \ldots = \alpha_{\tau_n} = 0\,.$$

Zum Beweis können wir $n \geq 2$ voraussetzen. Denn $\mathfrak{A}_{\tau_1} \approx \mathfrak{O}$ würde ja der Definition der Basispolyeder widersprechen: $\{\mathfrak{A}\}$ ist ja eine Teilmenge von $\{\mathfrak{P}\}$. Für $n \geq 2$ und $\alpha_{\tau n} \neq 0$ würde aber aus (25) folgen:

$$\mathfrak{A}_{\tau n} \approx \sum_{\nu=1}^{n-1} \lambda_\nu \mathfrak{A}_{\tau_\nu}\,, \qquad \lambda_\nu = -\frac{\alpha_{\tau_\nu}}{\alpha_{\tau n}}\,.$$

Dann wäre aber $\mathfrak{A}_{\tau n}$ gegen die Voraussetzung vorabhängig.

Satz 25:

Jedes Polyeder $\mathfrak{P} \in \{\mathfrak{P}\}$ ist eindeutig darstellbar durch eine endliche[1]*) Summe von der Form*

$$\mathfrak{P} \approx \Sigma\, \alpha_\tau \mathfrak{A}_\tau \tag{26}$$

mit (positiven oder negativen) reellen Koeffizienten α_τ.

Wir zeigen zuerst, daß es *mindestens* eine solche Darstellung gibt. Der Beweis wird indirekt geführt: Es sei $\{\mathfrak{S}\}$ die (nicht leere) Teilmenge der $\{\mathfrak{P}\}$, für die eine Relation (26) nicht besteht. Als Teilmenge einer wohlgeordneten Menge ist $\{\mathfrak{S}\}$ wohlgeordnet. Das erste Element dieser Menge sei $\mathfrak{S}_1$. Wäre $\mathfrak{S}_1$ ein Basispolyeder, so hätten wir doch $\mathfrak{S}_1 = \mathfrak{A}_{\tau_\varrho}$, also auch $\mathfrak{S}_1 \approx \mathfrak{A}_{\tau_\varrho}$ und damit eine Darstellung von der Form (26). Also müssen wir annehmen, daß $\mathfrak{S}_1$ nicht zu $\{\mathfrak{A}\}$ gehört. $\mathfrak{S}_1$ ist dann aber vorabhängig, d. h. es gibt eine Darstellung von der Form

$$\mathfrak{S}_1 \approx \sum_\varkappa \beta_\varkappa \mathfrak{P}_\varkappa \tag{27}$$

---

[1]) Alle in diesem Abschnitt auftretenden Summen sind endlich.

mit $\mathfrak{P} \angle \mathfrak{S}_1$. Da $\mathfrak{S}_1$ in unserer Wohlordnung das erste Element ist, für das eine Darstellung (26) nicht besteht, sind die in (27) auftretenden $\mathfrak{P}_\varkappa$ alle so darstellbar:

$$\mathfrak{P}_\varkappa \approx \sum_\varrho \alpha_{\varkappa\varrho}\, \mathfrak{A}_\varrho\,, \qquad \mathfrak{A}_\varrho \angle \mathfrak{P}_\varkappa$$

Daraus folgt aber

$$\mathfrak{S}_1 \approx \sum_K \sum_\varrho \beta_\varkappa\, \alpha_{\varkappa\varrho}\, \mathfrak{A}_\varrho \approx \sum_\varrho \gamma_\varrho\, \mathfrak{A}_\varrho\,, \qquad \mathfrak{A}_\varrho \angle \mathfrak{P}_\varkappa \angle \mathfrak{S}_1$$

mit

$$\gamma_\varrho = \sum_\varkappa \beta_\varkappa\, \alpha_{\varkappa\varrho}\,.$$

Damit hätten wir für $\mathfrak{S}_1$ doch eine Darstellung von der Form (26) gewonnen.

Gäbe es nun zwei Darstellungen dieser Art für $\mathfrak{P}$, so hätte man etwa

$$\mathfrak{P} \approx \sum_{\tau=1}^{n} \alpha_\tau\, \mathfrak{A}_\tau \approx \sum_{\tau=1}^{n} \beta_\tau\, \mathfrak{A}_\tau\,.$$

Dabei können *einige* α_τ bzw. β_τ verschwinden. Daraus würde nun folgen

$$\sum_{\tau=1}^{n} (\alpha_\tau - \beta_\tau)\, \mathfrak{A}_\tau \approx \mathfrak{D}$$

im Widerspruch zu Satz 26. Damit ist Satz 25 vollständig bewiesen. Aus der Definition der Äquivalenz ergibt sich die Möglichkeit, die Darstellung (26) zu ersetzen durch eine andere, in der nur positive Koeffizienten auftreten:

Satz 25 a:

Es gibt eine Klasse $\{\mathfrak{A}_\tau\}$ von Basispolyedern, so daß jedem Polyeder $\mathfrak{P} \in \{\mathfrak{P}\}$ zwei Sätze nicht negativer (eindeutig bestimmter) Koeffizienten (ξ, β_τ) und (η, γ_τ) $(\xi \cdot \eta = 0,\ \beta_\tau \cdot \gamma_\tau = 0)$ zugeordnet werden können, mit denen die Zerlegungsgleichheit besteht:

$$\mathfrak{P} + \eta\, \mathfrak{E} + \Sigma\, \gamma_\tau\, \mathfrak{A}_\tau \overset{z}{=} \xi\, \mathfrak{E} + \Sigma\, \beta_\tau\, \mathfrak{A}_\tau\,. \tag{28}$$

Dazu braucht man (26) nur so zu schreiben, daß die positiven Koeffizienten $\alpha_\tau = \beta_\tau$ rechts, die negativen $\alpha_\tau = -\gamma_\tau$ links vom Äquivalenzzeichen stehen[1]):

$$\mathfrak{P} + \Sigma\, \gamma_\tau\, \mathfrak{A}_\tau \approx \Sigma\, \beta_\tau\, \mathfrak{A}_\tau\,.$$

Aus der Definition der Äquivalenz gewinnt man daraus sofort (28), und wir haben nur noch die behauptete Eindeutigkeit der Koeffizienten ξ

---

[1]) Man beachte, daß für jede Nummer τ mindestens eine der beiden Zahlen γ_τ, β_τ verschwindet.

und η nachzuweisen. Die ergibt sich aber aus der Gleichung für die Volumina:

$$V(\mathfrak{P}) = \xi^3 - \eta^3 + \Sigma\,(\beta_\tau{}^3 - \gamma_\tau{}^3)\,V(\mathfrak{A}_\tau)\,.$$

Wegen $\xi \cdot \eta = 0$ ist damit auch ξ und η eindeutig bestimmt.

Die Koeffizienten α_τ in (26) sind Funktionale der Polyeder $\mathfrak{P}$. Um diesen Zusammenhang anzudeuten, schreiben wir

$$\alpha_\tau = \chi_\tau\,(\mathfrak{P})\,. \tag{29}$$

Jedes Basispolyeder $\mathfrak{A}_\tau \in \{\mathfrak{A}\}$ stellt damit ein Funktional $\chi_\tau\,(\mathfrak{P})$. Kommt $\mathfrak{A}_\tau$ in der Darstellung (26) für $\mathfrak{P}$ nicht vor, so ist $\chi_\tau\,(\mathfrak{P}) = 0$. Für jedes $\mathfrak{P}$ sind nach Satz 27 nur endlich viele Funktionale $\chi_\tau\,(\mathfrak{P})$ von 0 verschieden. Jetzt können wir das angekündigte Kriterium für die Zerlegungsgleichheit von Polyedern so formulieren:

Satz 26:

Dann und nur dann sind zwei Polyeder $\mathfrak{P}$ und $\mathfrak{Q}$ zerlegungsgleich, wenn

$$V\,(\mathfrak{P}) = V\,(\mathfrak{Q})\,,\quad \chi_\tau\,(\mathfrak{P}) = \chi_\tau\,(\mathfrak{Q}) \tag{30}$$

für alle[1] τ gilt.

Die *Notwendigkeit* der Bedingung (30) ergibt sich sofort aus Satz 24 und der Tatsache, daß zerlegungsgleiche Polyeder äquivalent sind. Daß (30) auch *hinreichend* ist für die Zerlegungsgleichheit, folgt aus den Sätzen 25a und 23: Aus

$$\mathfrak{P} \approx \Sigma\,\alpha_\tau\,\mathfrak{A}_\tau\,,\quad \mathfrak{Q} \approx \Sigma\,\alpha_\tau\,\mathfrak{A}_\tau$$

gewinnen wir nach Satz 25a die Zerlegungsgleichheit:

$$\mathfrak{P} + \eta\,\mathfrak{E} + \Sigma\,\gamma_\tau\,\mathfrak{A}_\tau \overset{z}{=} \mathfrak{Q} + \eta\,\mathfrak{E} + \Sigma\,\gamma_\tau\,\mathfrak{A}_\tau\,.$$

Das heißt aber: $\mathfrak{P}$ und $\mathfrak{Q}$ sind ergänzungsgleich. Nach Satz 23 folgt daraus die Behauptung: $\mathfrak{P} \overset{z}{=} \mathfrak{Q}$.

Das in Satz 26 ausgesprochene Kriterium hat zwar die erfreuliche Eigenschaft, notwendig und hinreichend zu sein. Es kann aber nicht benutzt werden, um etwa für zwei vorgegebene inhaltsgleiche und in ihren geometrischen Figurationen (Kanten, Winkel usw.) bekannte Polyeder zu entscheiden, ob sie zerlegungsgleich sind oder nicht. Denn die Menge der Basispolyeder ist nicht bekannt, man weiß nicht einmal, ob $\{\mathfrak{A}\}$ abzählbar ist oder nicht. Trotzdem hat der Hadwigersche Satz (Satz 26) eine große Bedeutung für die Inhaltstheorie. Wir gewinnen daraus wich-

---

[1] Wir schreiben in unseren Darstellungen, in denen ja immer nur endliche Summen auftreten, α_τ bzw. $\chi_\tau\,(\mathfrak{P})$ mit einem ganzzahligen Index τ. Das heißt aber nicht, daß die Menge der Basispolyeder abzählbar sei.

tige Aussagen über die Mächtigkeit der Mengen inhaltsgleicher, aber nicht zerlegungsgleicher Polyeder sowie für die Theorie der Polyederfunktionale. Aus Satz 26 folgt nämlich sofort:

Satz 26a:

Es gibt eine Schar inhaltsgleicher Polyeder von der Mächtigkeit des Kontinuums, die paarweise nicht zerlegungsgleich sind.

Sei nämlich c eine beliebige positive reelle Zahl. Dann wähle man in der Darstellung

$$\mathfrak{P} = \sum_{\tau=1}^{n} \alpha_\tau \,\mathfrak{A}_\tau \qquad (n \geq 2)$$

die Zahlen α_τ[1]) so, daß

$$V(\mathfrak{P}) = \sum_{\tau=1}^{n} \alpha_\tau^3 \, V(\mathfrak{A}_\tau) = c$$

ist. Für die α_τ gibt es kontinuumviele Möglichkeiten. Alle auf diese Weise für verschiedene Zahlenreihen α_τ ($\tau = 1, 2, 3, \ldots, n$) erhaltenen Polyeder sind inhaltsgleich, aber nicht zerlegungsgleich, da ja aus

$$\sum_{\tau=1}^{n} \alpha_\tau' \,\mathfrak{A}_\tau \approx \sum_{\tau=1}^{n} \alpha_\tau'' \,\mathfrak{A}_\tau$$

folgen würde (Satz 24): $\alpha_\tau' = \alpha_\tau''$. — Dieser Satz 26a ist übrigens auch schon von Sydler [VI 3] unmittelbar aus Satz 22 abgeleitet worden.

Eine andere interessante Konsequenz aus dem Hadwigerschen Satz läßt sich für die Theorie der Polyederfunktionale ziehen. Das durch (29) definierte Funktional $\varphi(\mathfrak{P}) = \chi_\tau(\mathfrak{P})$ hat, wie man sofort übersieht, die folgenden Eigenschaften:

1. Es ist $\varphi(\mathfrak{P}) = \varphi(\mathfrak{Q})$, falls $\mathfrak{P} \overset{z}{=} \mathfrak{Q}$.
2. $\varphi(\mathfrak{P} + \mathfrak{Q}) = \varphi(\mathfrak{P}) + \varphi(\mathfrak{Q})$.
3. $\varphi(\lambda\,\mathfrak{P})$ ist für $\lambda > 0$ eine stetige Funktion von λ.

Die letzte Eigenschaft ergibt sich aus $\varphi(\lambda\,\mathfrak{P}) = \lambda\,\varphi(\mathfrak{P})$.

Diese drei Eigenschaften hat noch ein anderes Funktional, nämlich das Volumen $V(\mathfrak{P})$. Beim Volumen kommen nun noch zwei weitere Eigenschaften hinzu, die $\chi_\tau(\mathfrak{P})$ nicht hat:

4. $V(\mathfrak{E}) = 1$ für den Einheitswürfel,
5. $V(\mathfrak{P}) \geq 0$.

Die Eigenschaft 4. ist nicht besonders wichtig, da man durch einen geeigneten Zahlfaktor λ_τ stets erreichen kann, daß $\chi_\tau^*(\mathfrak{P}) = \lambda_\tau \chi_\tau(\mathfrak{P})$

---

[1]) Wir beschränken uns auf Zahlen $\alpha_\tau \geq 0$.

90

diese Eigenschaft bekommt. Dagegen ist 5. ein *wichtiges Charakteristikum des Volumens*. Man kann nämlich zeigen, daß es genau ein Funktional $\varphi\,(\mathfrak{P})$, gibt, das die Eigenschaften 1., 2., 4. und 5. hat, nämlich das Volumen $V\,(\mathfrak{P})$ [VI 9]. Auf diese Weise gewinnt man eine besonders elegante Begründung der elementaren Inhaltstheorie.

Unsere Überlegungen zeigen nun, daß die Voraussetzung $\varphi\,(\mathfrak{P}) \geqq 0$ für das Volumen durchaus charakteristisch ist: Läßt man diese Forderung weg, so gibt es außer dem Volumen noch die Funktionale $\chi_\tau(\mathfrak{P})$, die noch die Eigenschaften 1., 2. und 3. haben. *Hadwiger* hat weiter gezeigt [VI 6], daß jedes Funktional $\psi(\mathfrak{P})$ mit den Eigenschaften 1., 2. und 3. in der Form

$$\varphi(\mathfrak{P}) = c\, V(\mathfrak{P}) + \Sigma\, c_\tau\, \chi_\tau(\mathfrak{P})$$

geschrieben werden kann. Das heißt: $V(\mathfrak{P})$ und die Koeffizienten $\chi_\tau(\mathfrak{P})$ sind im wesentlichen die einzigen Funktionale mit den Eigenschaften 1., 2. und 3.

So wichtig alle diese Eigenschaften sind: Die Frage nach einem *anwendbaren* hinreichenden Kriterium für die Zerlegungsgleichheit inhaltsgleicher Polyeder ist damit noch nicht gelöst.

Immerhin hat Sydler [VI 7, 8] durch ein kompliziertes Zerlegungsverfahren einen bemerkenswerten Fortschritt in dieser Richtung erzielt. Er zeigte folgendes: Wenn für zwei Polyeder die Dehnsche Bedingung erfüllt ist, ist ihre Differenz einem Polyeder äquivalent, dessen Flächenwinkel Vielfache von $\dfrac{\pi}{4}$ sind. Wenn es noch gelänge zu zeigen, daß solche Polyeder einem Würfel äquivalent sind, wäre nachgewiesen, daß die notwendige Bedingung (1) (zusammen mit der Gleichheit der Volumina) auch hinreichend ist.

VII. Die Zerlegung von Rechtecken in inkongruente Quadrate

1. Das Problem

Im 19. und 20. Jahrhundert ist es der Forschung gelungen, die Unlösbarkeit einiger Probleme nachzuweisen, mit denen sich die Mathematiker viele Jahrhunderte hindurch beschäftigt hatten. Dazu gehört die Quadratur des Zirkels (Kap. X), das Parallelenproblem und die Dreiteilung des Winkels (Kap. XI). Auf den Gedanken, daß das vorliegende Problem vielleicht unlösbar sei, kam man erst, nachdem Generationen von Mathematikern sich vergebens um die Lösung bemüht hatten.

Manchmal kommt man gerade auf dem umgekehrten Weg zu neuen Einsichten. Als die Frage auftauchte, ob es möglich sei, ein Quadrat in lauter inkongruente Teilquadrate zu zerlegen, waren viele Mathematiker der Ansicht, daß diese Aufgabe nicht lösbar sei. So heißt es noch im Jahre 1930 bei *Kraitschik* [VII 2] (S. 272):

> „... il n'est pas possible de décomposer un carré donné en un nombre fini de carrés inégaux deux à deux. Cette proposition quoique non démontrée paraît être vraie. Elle nous a été communiquée par M. Lusin, professeur à Moscou."

Auch *R. Sprague* beschäftigte sich mit dem Problem zunächst in der Absicht, seine Unlösbarkeit zu beweisen. Er fand[1]) aber dann eine Zerlegung des Quadrats in 55 verschiedene Teilquadrate [VII 4]. Ein Jahr später wurde eine umfangreiche Arbeit von *R. L. Brooks, C. A. B. Smith, A. H. Stone* und *W. T. Tutte* veröffentlicht, die u. a. die Zerlegung in nur 26 inkongruente Teilquadrate brachte [VII 7].

In den mathematischen Zeitschriften werden Zerlegungsprobleme der hier besprochenen Art gewöhnlich als „Unterhaltungsmathematik" registriert. Es ist aber beachtenswert, daß unser Problem eine technische Bedeutung hat, die auf den ersten Blick gar nicht ersichtlich ist. In den Arbeiten [VII 7] und [VII 10] wird das mathematische Problem

---

[1]) In der Literatur wird manchmal berichtet (z. B. [VII 10]), daß die Arbeit [VII 7] die erste Zerlegung eines Quadrats in inkongruente Teilquadrate brachte. Das ist aber nicht richtig. — Nach [VII 10] ist die erste Zerlegung eines *Rechtecks* in inkongruente Teilquadrate im Jahre 1925 gefunden worden. Das Buch [VII 2] von *Kraitschik* vom Jahre 1930 enthält als Beispiel nur eine solche Zerlegung, in der Paare gleicher Quadrate und auch zwei gleiche Quadrate mit einer gemeinsamen Seite auftreten.

sofort elektrotechnisch gedeutet, und in den Beweisen wechseln mathematische und physikalische Argumentationen. Wir wollen in diesem Kapitel unser Problem zunächst rein mathematisch angreifen und erst am Schluß auf die Möglichkeit einer technischen Deutung eingehen.

Beginnen wir mit einigen Verabredungen über eine zweckmäßige Bezeichnung! Abb. 30 zeigt die Zerlegung eines Rechtecks mit dem Seitenverhältnis 33 : 32 in 9, Abb. 31 die eines Quadrats in 24 inkongruente

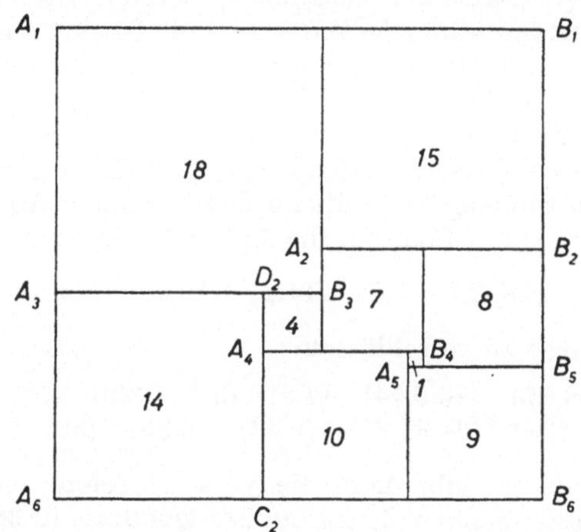

Abb. 30

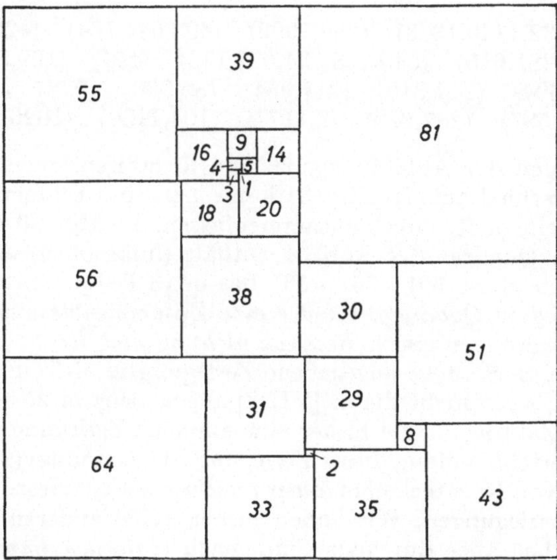

Abb. 31

Quadrate. Da man nicht gut für alle zu diskutierenden Zerlegungen Zeichnungen drucken kann, ist eine einfache und einheitliche Beschreibung einer vorgenommenen Zerlegung wünschenswert. Nach dem Vorschlag von *C. J. Bouwcamp* [VII 8] kann das so geschehen: Rechtecke werden so orientiert, daß die größere Seite waagerecht liegt und in der linken oberen Ecke sich das größte der 4 Eckquadrate befindet (Abb. 30). Wir bezeichnen dann die in einer waagerechten Geraden liegenden aus Quadratseiten zusammengesetzten Strecken der Zerlegungsfigur als *waagerechte Abschnitte*. In Abb. 34 sind das die Strecken $A_\nu B_\nu$ ($\nu = 1, 2, \ldots, 6$). Wir notieren nun die Zerlegung so, daß wir die Seitenlängen aller Teilquadrate aufschreiben. Dabei beginnen wir mit den an dem ersten waagerechten Abschnitt hängenden Quadraten. Sie werden von links nach rechts laufend registriert. Es folgen dann (immer in Klammern zusammengefaßt) die an den folgenden Abschnitten hängenden Quadrate. Unser Code für die Abb. 30 sieht dann so aus:

$$(18,15) \quad (7,8) \quad (14,4) \quad (10,1) \quad (9) . \tag{1}$$

Die Abb. 31 wäre so zu verschlüsseln:

$$(55,39,81) \quad (16,9,14) \quad (4,5) \quad (3,1) \quad (20) \quad (56,18) \tag{2}$$
$$(38) \quad (64,31,29) \quad (8,43) \quad (2,35) \quad (33) .$$

Der folgende Code (3) gibt dann die Verschlüsselung einer von *R. L. Brooks* [VII 9] stammenden Zerlegung des Quadrats in 38 verschiedene Teilquadrate an:

$$(2132,1440,1348) \quad (256,1092) \quad (692,584,164) \quad (420) \tag{3}$$
$$(108,281,615) \quad (840,758,534,627,173) \quad (454) \quad (199,893)$$
$$(120,694) \quad (244,310) \quad (217,984) \quad (82,900) \quad (922) \quad (527)$$
$$(1587) \quad (287,240) \quad (7,1177) \quad (104,1130) \quad (1026) .$$

Die Zerlegungen der Abbildungen 30 und 31 weisen einen bemerkenswerten Unterschied auf: In Abb. 31 kann man eine Teilmenge der Teilquadrate zu einem Rechteck zusammenfassen. In Abb. 30 ist das nicht möglich. Das Quadrat der Abb. 31 enthält (links oben) ein Rechteck mit den Seiten $(55 + 39) \cdot (55 + 56)$, das in 13 Teilquadrate zerlegt ist. *Eine Zerlegung in Quadrate, bei der eine Zusammenfassung einer Teilmenge der Quadrate zu einem Rechteck nicht möglich ist, heißt „einfach".* Die erste von *R. Sprague* angegebene Zerlegung in 55 Teilquadrate war nicht einfach, auch nicht die in [VII 7] angegebene in 26 Teilquadrate. Die kleinste Zahl n, für die bisher eine einfache Zerlegung bekannt ist, ist 38. Die Verschlüsselung dieser Zerlegung ist oben unter (3) aufgeführt. Zerlegungen von Rechtecken in *lauter verschiedene* Quadrate heißen auch „perfekte" Zerlegungen. Wir haben bisher keine anderen in Betracht gezogen. Es hat aber durchaus Sinn, nach *einfachen imperfekten* Zerlegungen zu fragen. Abb. 32 zeigt eine solche *nicht perfekte aber einfache* Zerlegung eines Quadrats in 13 Teilquadrate.

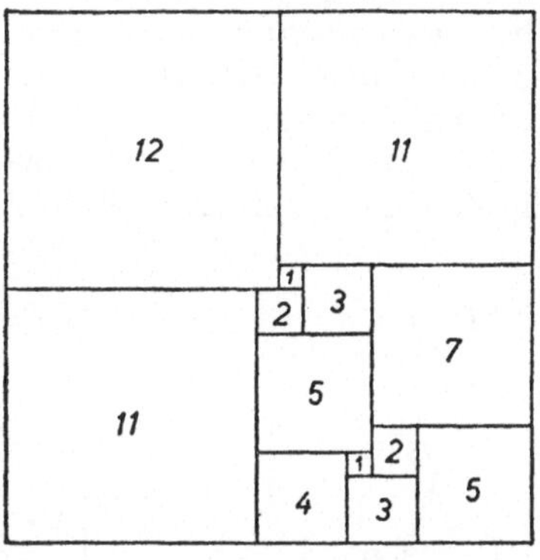

Abb. 32

Es liegen nun folgende Fragen nahe, mit denen wir uns im folgenden beschäftigen wollen:

(6) *Welches ist die kleinste Anzahl n (n', n'') von Quadraten, die für*

(6a) *eine perfekte (einfache, einfache und perfekte) Zerlegung eines Qua-*

(6b) *drats gebraucht werden?*

(6c) *Welches ist die kleinste Anzahl n_R von Teilquadraten bei einer perfekten Zerlegung von Rechtecken?*

(6d) *Für welche Rechtecke ist eine perfekte Zerlegung in Teilquadrate möglich?*

Die Anzahl n (Problem (6)) ist noch unbekannt, ebenso n''. Dagegen kennt man n'. Diese Zahl ist 13: Die in Abb. 32 gezeichnete einfache, aber imperfekte Zerlegung kann nicht „verbessert" werden. Auch die Fragen (6d) und (6c) sind gelöst. Die Antworten auf diese Fragen geben wir am Schluß dieses Artikels.

2. Definition eines Graphen

Eine Reihe von Ergebnissen aus unserem Problemkreis sind offensichtlich durch unermüdliches Probieren gefunden worden. Es liegt aber nahe, nach einem Verfahren zu suchen, durch das man systematisch alle möglichen Rechteckzerlegungen herausfinden kann. Als einen ersten Schritt in dieser Richtung kann man versuchen, die Zahl der zu untersuchenden Möglichkeiten einzuschränken.

Zu diesem Zweck ist eine graphische Darstellung der Zerlegung angebracht, die durch das auf S. 94 beschriebene Code-Verfahren nahegelegt wird. Dort wurden die Quadrate durch Klammern zusammengefaßt, die am gleichen waagerechten Abschnitt hingen. Ersetzt man nun die waagerechten Abschnitte AB durch einen Punkt P_ν (z. B. den Mittelpunkt eines jeden waagerechten Abschnitts), jedes Quadrat durch eine diese Punkte verbindende Strecke, so wird man auf einen Graphen geführt, wie er für die Zerlegung von Abb. 30 in Abb. 33a schematisch

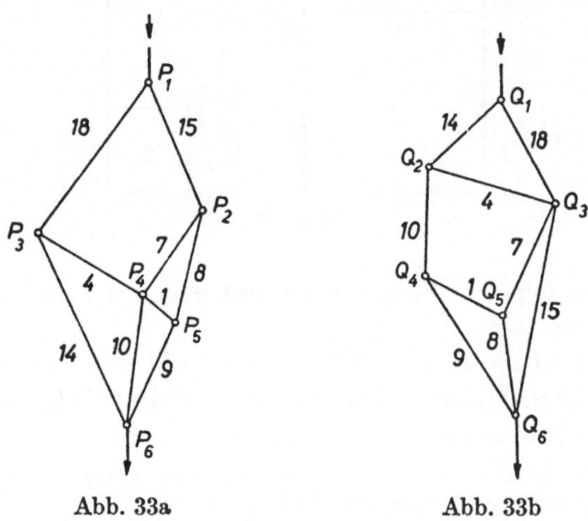

Abb. 33aAbb. 33b

dargestellt wird. Die den Strecken angeschriebenen Zahlen sind die Seitenlängen der entsprechenden Quadrate. Die Länge der Strecken des Graphen ist für unsere Zwecke unwesentlich. Es kommt nur auf die topologische Struktur (und die notierten Längen der Quadratseiten) an. Allerdings ist es zweckmäßig, die Punkte des Graphen so zu zeichnen, daß (bei geeigneter Orientierung der Zeichnung) P_ν „höher" liegt als $P_{\nu+1}$.

Für die spätere systematische Suche nach Zerlegungen des Rechtecks ist es nun wesentlich, daß in einem Graphen mit E Eckpunkten nur der erste und der letzte Punkt (P_1 und P_E) vom Grade 2 sein können. Ein innerer Punkt P_m ($1 < m < E$) vom Grade 2 wäre ja nur möglich, wenn zwei gleiche Quadrate eine gemeinsame Seite haben. Das ist aber ausdrücklich ausgeschlossen. Deshalb haben wir für die Ecken und Kanten unseres Graphen die Ungleichung

$$3\,E \leqq 2\,K + 2\,.\tag{4}$$

Nach dem Eulerschen Satz für Netze (Satz 1 S. 9)

$$E - K + F = 1$$

folgt daraus für die Zahl F der Flächen („Maschen"):

$$F \geqq \frac{K + 1}{3}. \tag{5}$$

Nun kann man in Analogie zu den waagerechten auch die senkrechten Abschnitte einer Rechteckzerlegung einführen. Das sind die aus den in einer Geraden liegenden senkrechten Quadratseiten zusammengesetzten Strecken. In Abb. 30 ist nur der eine senkrechte Abschnitt $C_2 D_2$ als Beispiel eingezeichnet. Jeder senkrechte Abschnitt verbindet zwei Punkte von zwei waagerechten Abschnitten $A_\varrho B_\varrho$ und $A_\sigma B_\sigma$, und die dem senkrechten Abschnitt links und rechts anliegenden Quadrate entsprechen im Graphen solchen Streckenzügen, die P_ϱ und P_σ verbinden. Damit ist eine eindeutige Zuordnung hergestellt zwischen den *inneren* senkrechten Abschnitten und den Flächen des Graphen. Die in (4) und (5) auftretende Zahl F ist zugleich die Zahl der *inneren* senkrechten Abschnitte. Nehmen wir noch die beiden senkrechten Seiten des gegebenen Rechtecks dazu, so haben wir insgesamt $s = F + 2$ senkrechte Abschnitte.

Nun kann man natürlich dem unserer Verabredung entsprechend orientierten Rechteck noch einen zweiten Graphen zuordnen, bei dem die Punkte den senkrechten Abschnitten der Zerlegung entsprechen. Die Strecken dieses dem ersten *dualen* Graphen entsprechen wieder den Teilquadraten, die Maschen des Netzes aber hier den waagerechten Abschnitten. Abb. 33b zeigt den zu Abb. 33a dualen Graphen.

Bezeichnen wir die Ecken, Kanten und Flächen des zweiten (zum ersten dualen) Graphen mit E_1, F_1, K_1, so haben wir analog zu (4) und (5):

$$3 E_1 \leqq 2 K + 2, \tag{4'}$$

$$F_1 \geqq \frac{K + 1}{3} \tag{5'}$$

Dabei ist schon berücksichtigt, daß die Zahl der Kanten in beiden Graphen gleich ist: $K = K_1$. Weiter ist die Zahl der Ecken E_1 im zweiten Graphen gleich der Zahl der senkrechten Abschnitte, also

$$E_1 = F + 2 = s. \tag{6}$$

Analog haben wir für E:

$$E = F_1 + 2 = w, \tag{7}$$

wobei w die Zahl der waagerechten Abschnitte in der gegebenen Zerlegung ist.

Aus (4), (4′), (5), (5′), (6) und (7) gewinnt man schließlich für die Maschenzahl der beiden Graphen die Abschätzung

$$\frac{K+1}{3} \leq \begin{Bmatrix} F \\ F_1 \end{Bmatrix} \leq \frac{2K-4}{3} \qquad (8)$$

Diese Ungleichung gibt uns zusammen mit der Eulerschen Gleichung (Satz 1) die Möglichkeit, für die Zerlegung von Rechtecken in eine gegebene Zahl $K = K_1$ von Quadraten die möglichen Zahlen für die Flächen („Maschen") und Ecken des Graphen zu bestimmen. Da nur ganzzahlige Werte in Frage kommen, haben wir für $K = 5, 6, \ldots, 13, 14$ die in der folgenden Tabelle zusammengestellten Möglichkeiten zu berücksichtigen:

K	F	E	K	F	E
5	2	4	10	4 ; 5	7 ; 6
6	—	—	11	4 ; 5 ; 6	8 ; 7 ; 6
7	3	5	12	5 ; 6	8 ; 7
8	3 ; 4	6 ; 5	13	5 ; 6 ; 7	9 ; 8 ; 7
9	4	6	14	5 ; 6 ; 7 ; 8	10 ; 9 ; 8 ; 7

3. Berechnung der Zerlegungen

Wir müssen nun prüfen, welche der nach der Tabelle möglichen Graphen wirklich bei einer Rechteckzerlegung auftreten. Dazu beachten wir die Gesetze, denen die Seitenzahlen der Quadrate unterliegen. Diese Zahlen werden ja den Strecken des Graphen immer beigeschrieben (Abb. 33 a und 33 b). Die einem waagerechten Abschnitt „aufsitzenden" Quadrate liefern dieselbe Summe der Seitenlängen wie die einem solchen Abschnitt „angehängten". Die entsprechende Aussage gilt für die einem senkrechten Abschnitt rechts und links angelagerten Quadrate. Da die waagerechten Abschnitte den Punkten und die (inneren) senkrechten Abschnitte den Maschen des Graphen entsprechen, ergeben sich daraus Gesetze für die Seitenlängen der Quadrate.

Um diese Gesetze bequem formulieren zu können, wollen wir verabreden, daß einer Strecke $P_\varrho P_\sigma$ eines Graphen eine *negative* Seitenzahl $x_{\varrho\sigma}$ zuzuordnen ist, wenn $\varrho > \sigma$ ist, eine positive, wenn $\varrho < \sigma$. Also: Der Strecke $P_3 P_4$ in Abb. 37 a haben wir die Zahl 4 angeschrieben; für $P_4 P_3$ wäre danach -4 die zugeordnete Seitenzahl. Wir wollen weiter sagen, daß zu einem inneren Punkt P_ϱ eines Graphen die Seitenzahlen gehören, die den sämtlichen in P_ϱ zusammenlaufenden Strecken $P_\varrho P_{\sigma_\nu}$ des

Graphen zugeordnet sind. Einer Masche $P_{n_1} P_{n_2} \ldots P_{n_\tau} P_{n_1}$ des Graphen ordnen wir entsprechend die sämtlichen den Strecken $P_{n_\nu} P_{n_\nu + 1}$ angeschriebenen Zahlen $x_{n_\nu\,n_\nu + 1}$ zu, immer unter Beachtung der Vorzeichenregel. Dann folgt sofort aus der Definition der Seitenzahlen und der Vorzeichenregel:

Die algebraische Summe der einem inneren Punkt oder einer Masche zugeordneten Seitenzahlen ist gleich 0:

$$\sum_{\nu=1}^{g} x_{\varrho\sigma_\nu} = 0, \qquad \sum_{\nu=1}^{h} x_{n_\nu n_\nu + 1} = 0, \quad n_{h+1} = n_1. \tag{9}$$

Dabei ist g der Grad des Punktes, h die Eckenzahl der Masche.

Die Suche nach Zerlegungen von Rechtecken (oder womöglich von Quadraten) kann nun so erfolgen: Man zeichnet die nach der Tabelle von S. 98 topologisch möglichen Graphen und prüft, ob für sie eine brauchbare Lösung der diophantischen Gleichungen (9) existiert. Nicht „brauchbar" sind z. B. solche Lösungen, bei denen ein $x_{ik} = 0$ ist. Auch Lösungen mit $x_{ik} = x_{i\,k+1}$ sind auszuschließen, weil sie ja zu einer Zerlegung mit zwei gleichen benachbarten Quadraten führen würde. Es zeigt sich dann sehr rasch, daß die meisten der topologisch möglichen Graphen keine brauchbaren Zerlegungen liefern.

Nehmen wir als ein Beispiel den ersten Fall unserer Tabelle $K = 5$ (Abb. 34). Daß diese Figur nicht der Graph einer Rechteckzerlegung

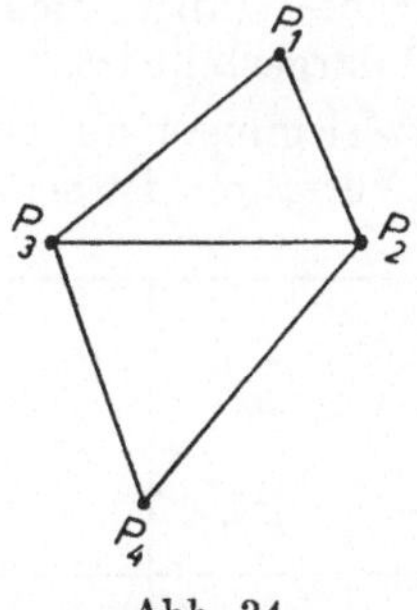

Abb. 34

sein kann, sieht man leicht unmittelbar ein. Wir wollen aber doch die Begründung aus unserer Aussage über die algebraische Summe der Seitenzahlen herleiten, um zu zeigen, wie man auch in komplizierteren Fällen zum Ziel kommen kann.

Es sei (entsprechend unserer Verabredung über die Orientierung der Rechtecke) $x_{13} > x_{12}$ angenommen. Dann müßte sein

$$x_{21} + x_{23} + x_{24} = 0 , \quad x_{31} + x_{32} + x_{34} = 0 , \tag{10}$$
$$x_{13} + x_{34} + x_{42} + x_{21} = 0 .$$

Daraus folgt nun

$$x_{12} = - x_{21} = x_{23} + x_{24} > x_{24} , \quad x_{13} = x_{34} - x_{23} < x_{34} ,$$

wegen $x_{13} > x_{12}$ also

$$x_{12} + x_{24} < 2\, x_{12} < 2\, x_{13}\, x_{13} + x_{34}$$

im Gegensatz zur 3. Gleichung von (10).

In ähnlicher Weise kann man nun die weiteren Graphen untersuchen. Die systematische Prüfung der Graphen für $K = 6, 7, \ldots$ ist eine nicht besonders schwierige, aber doch recht langwierige Arbeit. *C. J. Bouwkamp* hat diese Untersuchung für $K = 5, 6, \ldots, 13$ vollständig durchgeführt. Es zeigt sich dabei, daß erst bei $K = 9$ brauchbare Lösungen möglich sind. Es treten also bei Zerlegungen von Rechtecken in Quadrate verschiedener Seitenlänge stets mindestens 9 solcher Quadrate auf. Die Abb. 30 zeigt ein Beispiel einer solchen Zerlegung mit $K = 9$.

Mit wachsender Zahl K ergeben sich immer mehr Möglichkeiten. Für $K = 13$ nimmt in der Arbeit von *Bouwkamp* allein die Aufzählung der möglichen Lösungen nach seinem Code-Verfahren mehrere Druckseiten ein. Es gibt ([VII 8] S. 1299) 585 Zerlegungen von Rechtecken in 9, 10, 11, 12 oder 13 inkongruente Quadrate. Unter diesen Rechtecken befindet sich *kein einziges Quadrat*. Dagegen befindet sich unter den 72 für $9 \leqq K \leqq 13$ möglichen imperfekten (aber nicht trivialen) Zerlegungen auch die einfachste „einfache" (aber nicht perfekte) Zerlegung in 13 Quadrate, die in Abb. 32 dargestellt ist.

Man kann perfekte Quadratzerlegungen aus einfacheren Zerlegungen von Rechtecken aufbauen. Das Verfahren ist schon von *R. Sprague* bei der

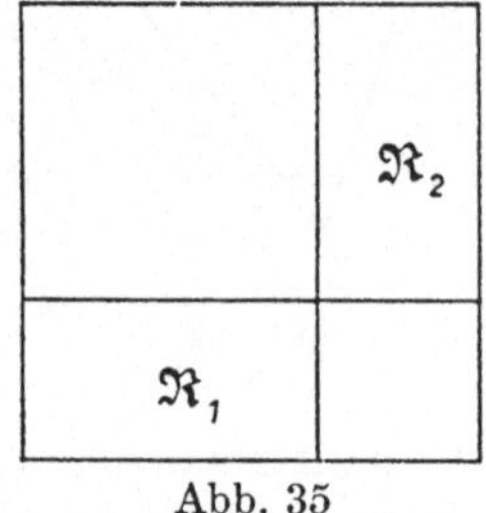

Abb. 35

Konstruktion seines ersten Beispiels benutzt worden [VII 4]. Der Grundgedanke ist folgender: Man zerlege ein Quadrat (Abb. 35) in zwei ungleiche Quadrate $\mathfrak{Q}_1$ und $\mathfrak{Q}_2$ und zwei Rechtecke $\mathfrak{R}_1$ und $\mathfrak{R}_2$. Wenn es gelingt, die Rechtecke $\mathfrak{R}_1$ und $\mathfrak{R}_2$ so in lauter verschiedene Quadrate zu zerlegen, daß keins der Quadrate von $\mathfrak{R}_1$ einem Quadrat von $\mathfrak{R}_2$ gleich ist, wenn ferner alle Teilquadrate von $\mathfrak{R}_\nu$ ($\nu = 1, 2$) von $\mathfrak{Q}_1$ und $\mathfrak{Q}_2$ verschieden sind, so ist damit eine perfekte (aber nicht einfache!) Zerlegung des ganzen Quadrats erreicht. Durch zwei verschiedene Zerlegungen des Rechtecks mit dem Seitenverhältnis 13 : 16 kam *R. Sprague* auf diese Weise zu einer Zerlegung des Quadrats in 55 Teilquadrate. Mit den Ergebnissen von *Bouwkamp* kann man nach diesem Verfahren auch eine Zerlegung in 28 inkongruente Teilquadrate gewinnen. Es existieren nämlich zwei verschiedene Zerlegungen von Rechtecken mit dem Seitenverhältnis 593 : 422 in je 13 verschiedene Teilquadrate:

$$\mathfrak{R}_1:\ (222{,}164{,}207)\quad (80{,}41{,}43)\quad (39{,}2)\quad (37{,}215)\quad (200{,}22)$$
$$(78) \tag{11}$$
$$\mathfrak{R}_2:\ (247{,}154{,}192)\quad (116{,}38)\quad (230)\quad (175{,}72)$$
$$(49{,}67)\quad (103{,}18)\quad (85)$$

Es gibt noch einige andere Methoden ([VII 8] S. 74), um aus Rechteckzerlegungen eine perfekte Aufteilung des Quadrats zu gewinnen. Alle so gefundenen Zerlegungen sind nicht einfach. In der Arbeit [VII 7] ist ein Verfahren angegeben, um einfache und perfekte Quadratzerlegungen herauszufinden. Das Verfahren ist freilich recht kompliziert und läßt die Frage offen, welches die kleinste Zahl n'' von Teilquadraten ist, die bei einer einfachen und perfekten Zerlegung auftreten.

4. Die elektrotechnische Deutung

Auf S. 93 wurde schon erwähnt, daß die Zerlegung von Rechtecken in inkongruente Quadrate für ein elektrotechnisches Problem von Bedeutung ist. Wir haben die technische Fragestellung aus der mathematischen Überlegung herausgehalten, wollen aber doch die interessante Deutung unseres Problems nicht übergehen.

An einer homogenen Metallplatte von rechteckiger Gestalt seien an zwei gegenüberliegenden (horizontal orientierten) Seiten Elektroden angebracht. Von einer Elektrode zur andern möge ein konstanter elektrischer Strom fließen. Die Einheit der Stromstärke und der Spannung denken wir uns so gewählt, daß die horizontale Rechteckseite gerade gleich der Stromstärke, die vertikale gleich der Spannung ist. Die Stromlinien verlaufen dann vertikal, die Potentiallinien waagerecht. Es ändert deshalb nichts am Verlauf des Stromes, wenn wir senkrechte Schnitte in der Platte anbringen und in einer waagerechten Strecke einen Leiter vom Widerstand 0 in die Platte einfügen.

Nehmen wir nun an, daß unser Rechteck in lauter inkongruente Quadrate zerlegt sei. Wir schneiden die Platte nun an den senkrechten Seiten der Teilquadrate auf und prägen der Platte an den waagerechten Seiten Elektroden von unendlich hoher Leitfähigkeit ein. Dadurch ändert sich nichts am Strom. Das Verhältnis $V : J$ (Spannung : Stromstärke) ist nach unserer Wahl der Einheiten gerade gleich 1 in *jedem* der Teilquadrate. Jedes Teilquadrat repräsentiert also einen Widerstand von der Größe 1. Man kann nun noch die sämtlichen waagerechten Elektroden in einem Punkt zusammenziehen und die Teilquadrate zu einem Draht zusammenrollen. Dann entsteht aus der rechteckigen Platte ein elektrisches Netzwerk, wie wir es schematisch schon in den Graphen dargestellt haben. Jede nicht triviale Zerlegung eines Rechtecks entspricht dann einem Netzwerk aus Einheitswiderständen, in dem keine einfachen Parallel- oder Reihenschaltungen vorkommen. Ist das zu zerlegende Rechteck speziell ein Quadrat, so gewinnt man auf diese Weise ein elektrisches Netzwerk aus Widerständen von x Ohm, das als ganzes ebenfalls den Widerstand x Ohm hat. Die Regeln (9) können dann als Kirchhoffsche Gesetze für Stromverzweigungen gedeutet werden.

Für die elektrotechnische Fragestellung ist es unwichtig, ob die auftretenden Teilquadrate alle verschiedene Seitenlängen haben oder nicht. Es kommt nur darauf an, daß die Zerlegung nicht trivial ist, als keine Quadrate mit *gemeinsamer* Seite hat. Der zu der Zerlegung in Abb. 32 gehörende Graph stellt danach das einfachste Netz aus Widerständen von der Größe 1 dar, das selbst den Widerstand 1 hat.

5. Zerlegung von Rechtecken mit kommensurablen Seiten

Schon in der ersten Arbeit über die Zerlegung von Rechtecken hat *Dehn* [VII 1] gezeigt, daß nur für Rechtecke mit kommensurablen Seiten die Zerlegung in lauter ungleiche Quadrate möglich ist. Es dauerte recht lange, bis der Beweis gelang, daß jedes Rechteck mit kommensurablen Seiten auch tatsächlich in der vorgeschriebenen Weise zerlegbar ist [VII 5].

Wir wollen uns darauf beschränken, den Grundgedanken eines solchen Zerlegungsverfahrens zu skizzieren. Man zeigt zuerst, daß das Einheitsquadrat auf unendlich viele verschiedene Arten in inkongruente Quadrate zerlegt werden kann. Dabei kommt es darauf an, daß in einer solchen Folge

$$\mathfrak{Z}_1, \mathfrak{Z}_2, \mathfrak{Z}_3, \cdots \tag{12}$$

von Zerlegungen jedes Quadrat von $\mathfrak{Z}_\nu$ von jedem von $\mathfrak{Z}_\mu$ verschieden ist. Solche Folge (12) von Zerlegungen kann man z. B. erhalten, indem man von einem Rechteck $\Re$ ausgeht, das auf zwei verschiedene Weisen in inkongruente Quadrate zerlegt werden kann. Diese mit der Quadratzerlegung versehenen Rechtecke wollen wir $\Re_1{}^0$ und $\Re_2{}^0$ nennen.[1])

Man erhält nun eine Folge von Rechteckpaaren $\Re_1^\nu$ und $\Re_2^\nu$, indem man an eine der kleineren Seiten von $\Re_1^{\nu-1}$ bzw. $\Re_2^{\nu-1}$ ein ähnliches Bild dieser Rechtecke anlegt (Abb. 36).[2]).

Dabei soll in jedes der Rechtecke die Zerlegung in Teilquadrate eingetragen sein. Aus den Rechteckpaaren werden nun Quadrate Ω_ν ($\nu = 1, 2, 3, \ldots$) nach dem Muster von Abb. 35 aufgebaut, und durch eine geeignete Ähnlichkeitstransformation gewinnt man daraus eine Folge (12) von Zerlegungen des Einheitsquadrats. Es muß nur bewiesen werden, daß die in den verschiedenen Zerlegungen $\mathfrak{Z}_\nu$ auftretenden Teilquadrate voneinander verschieden sind[3]).

Abb. 36

Auf diese Weise hat man eine Möglichkeit gewonnen, jedes Rechteck mit kommensurablen Seiten in lauter verschiedene Quadrate zu zerlegen. In der Tat: Man braucht ja nur das gegebene Rechteck durch äquidistante Parallelen in lauter gleiche Quadrate zu zerlegen und auf jedes der so entstehenden Quadrate q_ϱ ($\varrho = 1, 2, \ldots, m$) die Zerlegung $\mathfrak{Z}_\varrho$ ($\varrho = 1, 2, 3, \ldots, m$) anzuwenden. Auf diese Weise hat man eine perfekte, aber natürlich nicht einfache Zerlegung des gegebenen Rechtecks gewonnen.

Von den auf S. 95 formulierten Fragen (6), (6a), (6b), (6c) und (6d) sind (6) und (6b) noch offen, die anderen sind durch die Ausführungen der Abschnitte VII 3 und VII 5 beantwortet. Für die Zahlen n, n' und n'' (S. 95) haben wir die Aussagen:

$$13 < n \leqq 24, \quad n' = 13, \quad 13 < n'' \leqq 38.$$

---

[1]) R. *Sprague* hat in seiner Arbeit [VII 5] ein Rechteckpaar benutzt, das ein in 55 Teilquadrate zerlegtes Quadrat liefert. Bei Benutzung des Beispiels (11) kommt man auf ein Quadrat, das in 28 inkongruente Teilquadrate zerlegt ist.

[2]) Auch andere Verfahren zum Aufbau perfekter Quadrate aus zerlegten Rechtecken können zum Aufbau einer Folge (12) benutzt werden, z. B. die von *Bouwkamp* ([VII 8] S. 74) angegebenen.

[3]) Wir übergeben diesen Beweis. Siehe dazu [VII 5].

VIII. Unlösbare Extremalprobleme

1. Ein Satz über das Dreieck

Jeder Mathematiker weiß, daß es unendliche Mengen gibt, die kein größtes oder kein kleinstes Element haben. Stellt man z. B. die Aufgabe, das kleinste Element der Menge $\left\{\dfrac{1}{n}\right\}$ ($n > 0$, ganz) zu bestimmen, so hat man ein „unlösbares" Problem formuliert. Es wäre in diesem Fall freilich naheliegender zu sagen, man habe eine unvernünftige Frage gestellt.

Es gibt nun Extremalprobleme, bei denen man von der Anschauung her geneigt sein kann zu meinen, daß das Problem eine Lösung haben müsse. Und doch zeigt eine nähere Analyse der Aufgabe, daß hier nach dem kleinsten (oder größten) Element einer Menge $\mathfrak{M}$ gefragt wird, die nun einmal kein Minimum (Maximum) hat. Die Aufgabe erscheint zwar nicht so unvernünftig wie die Frage nach der kleinsten Zahl der Menge $\left\{\dfrac{1}{n}\right\}$, und doch handelt es sich um eine ganz ähnliche Problemstellung.

So ist es z. B. bei der Aufgabe (7) von S. 3. Die Menge $\mathfrak{M}$ ist hier die Menge der Flächeninhalte der Bereiche, in denen die Strecke von der Länge 1 in der vorgeschriebenen Weise bewegt werden kann. Es gibt in der Tat Bereiche von beliebig kleinem (aber von 0 verschiedenem) Inhalt, in denen die Drehung möglich ist. Das soll im folgenden bewiesen werden. Beim Beweis dieses Satzes werden nur einfachste Tatsachen der Elementargeometrie benutzt. Der Satz könnte also einem interessierten Sekundaner zugänglich gemacht werden.

Wir beweisen zuerst einen Hilfssatz über das Dreieck.

Hilfssatz:

Es ist stets möglich, ein Dreieck ABC durch Transversalen von C aus so in Teildreiecke CAA_1, CA_1A_2, ..., $CA_{n-1}B$ zu zerlegen, daß die durch eine geeignete Parallelverschiebung der Teildreiecke entstehende Vereinigungsmenge verschobener Teildreiecke einen beliebig kleinen Flächeninhalt hat.

Zum Beweis teilen wir die Seite $AB = C$ des Dreiecks ABC in 2^m gleiche Teile (Abb. 37a). Die Zahl m kann dabei beliebig groß gewählt werden. Die zwischen A und B gelegenen Teilpunkte seien $A_1, A_2, \ldots, A_{2^m-1}$.

Dann zeichnen wir zu AB $m + 1$ äquidistante Parallelen, durch die die
Höhe h_c des Dreiecks ABC in $m + 2$ Teile zerlegt wird. Wir numerieren
die Parallelen g_ν $(\nu = 0, 1, 2, \ldots, m)$ so, daß der Abstand von C mit
der Nummer wächst.

Jetzt fassen wir die 2^m Teildreiecke zu 2^{m-1} Paaren zusammen: Das
erste Paar ist $\triangle_1 = AA_1C$ und $\triangle_2 = A_1A_2C$, das nächste $\triangle_3 = A_2A_3C$
und $\triangle_4 = A_3A_4C$, usf. Diese Paare werden nun so parallel verschoben

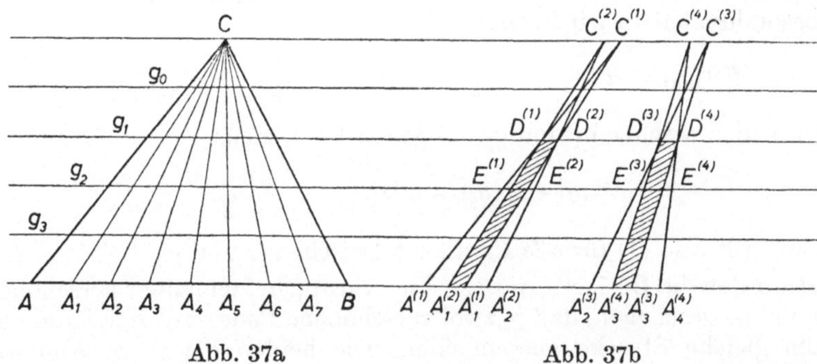

Abb. 37a   Abb. 37b

(Abb. 37b), daß die verschobenen Dreiecke auf g_1 die gleiche Strecke
ausschneiden. In Abb. 37b sind die Verschiebungen nur für die beiden
ersten Paare eingezeichnet. Die Dreiecke $A^{(1)}A_1^{(1)}C^{(1)}$ und $A_1^{(2)}A_2^{(2)}C^{(2)}$
haben z. B. die Strecke $D^{(1)}D^{(2)}$ als gemeinsamen Durchschnitt mit g_1.
Der Flächeninhalt der durch Überschiebung entstehenden Figur ist
kleiner als die Summe der Flächeninhalte der beiden einzelnen Dreiecke,
weil die beiden verschobenen Dreiecke ja ein Parallelogramm gemeinsam
haben. In Abb. 37b sind die den beiden ersten Paaren angehörenden
Parallelogramme $D^{(2)}D^{(1)}A_1^{(2)}A_1^{(1)}$ und $D^{(4)}D^{(3)}A_3^{(4)}A_3^{(3)}$ schraffiert.

Der Durchschnitt $d(g_1) = DD'$ des Dreiecks ABC mit g_1 ist nun nach
dem Strahlensatz gleich

$$d(g_1) = \frac{2c}{m+2},$$

der Durchschnitt der 2^{m-1} Paare mit g_1 ist also

$$d^{(1)}(g_1) = \frac{c}{m+2},$$

da ja bei der Verschiebung gerade immer zwei gleiche Teilstrecken des
Durchschnitts zur Deckung gebracht werden.

Wir wollen jetzt $d^{(1)}(g)$ für andere Parallelen berechnen oder abschätzen. Für die zwischen C und g_1 gelegenen Parallelen ist offenbar

$$d^{(1)}(g) \le d(g) < d(g_1) = \frac{2c}{m+2}.\tag{1}$$

Aus der Überschiebung der Dreiecke ergibt sich weiter für die zwischen g_1 und AB gelegenen Parallelen:

$$d^{(1)}(g) = d(g) - d^{(1)}(g_1) = d(g) - \frac{c}{m+2}.\tag{2}$$

Insbesondere haben wir für g_2:

$$d^{(1)}(g_2) = d(g_2) - \frac{c}{m+2} = \frac{3c}{m+2} - \frac{c}{m+2} = \frac{2c}{m+2},\tag{3}$$

und für die zwischen g_1 und g_2 gelegenen Parallelen:

$$d^{(1)}(g) < d(g_2) - d^{(1)}(g_1) = \frac{2c}{m+2}.\tag{1'}$$

Danach gilt also (1) für *alle* Parallelen zwischen C und g_2.

Jetzt werden die Dreieckspaare zu Vierergruppen ineinander verschoben. Das soll so geschehen, daß je zwei verschobene Paare auf der Parallelen g_2 die gleiche Strecke ausschneiden. Die beiden ersten in Abb. 37b gezeichneten Paare sind z. B. so zu verschieben, daß die Strecken $E^{(1)}E^{(2)}$ und $E^{(3)}E^{(4)}$ zur Deckung kommen. Da auf diese Weise weitere Überschiebungen auftreten, wird der Flächeninhalt der 2^{m-2} Vierergruppen kleiner sein als der der 2^{m-1} Dreieckspaare, und der Durchschnitt $d^{(2)}(g)$ der Parallelen zu AB mit den jetzt zu Vierergruppen zusammengefaßten Dreiecken wird durch diesen Verschiebungsprozeß ebenfalls verkleinert:

$$d^{(2)}(g) \le d^{(1)}(g) \le d(g).\tag{4}$$

Insbesondere wird der Durchschnitt von g_2 mit den Vierergruppen

$$d^{(2)}(g_2) = \frac{1}{2}\, d^{(1)}(g_2) = \frac{c}{m+2}.\tag{5}$$

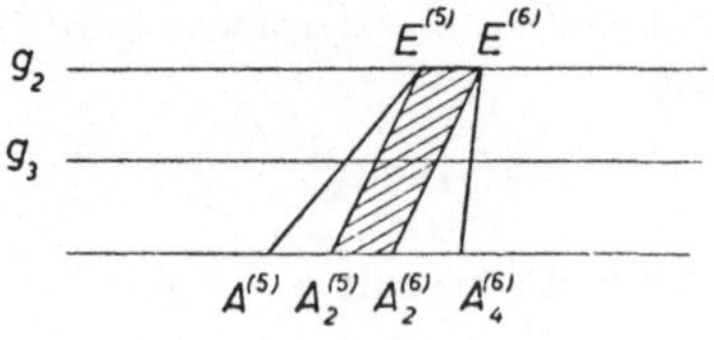

Abb. 38

Die zwischen g_2 und AB gelegenen Teile der Dreieckspaare werden durch die zweite Verschiebung zu Trapezen zusammengefügt, in denen ein Parallelogramm doppelt bedeckt ist (Abb. 38). So wird z. B. $A^{(1)}A_2^{(2)}E^{(2)}E^{(1)}$

106

und $A_2^{(3)}\,A_4^{(4)}\,E^{(4)}\,E^{(3)}$ (Abb. 41b) zusammengeschoben zum Viereck $A^{(5)}A_4^{(6)}E^{(6)}E^{(5)}$ (Abb. 42). $E^{(2)}A_2^{(2)}$ geht dabei in $E^{(6)}\,A_2^{(6)}$ und $E^{(3)}\,A_2^{(3)}$ in $E^{(5)}\,A_2^{(5)}$ über. Das Parallelogramm $A_2^{(5)}A_2^{(6)}\,E^{(6)}E^{(5)}$ ist also doppelt bedeckt. Das bedeutet, daß nach (5) und (2) für die zwischen g_2 und AB gelegenen Parallelen g

$$d^{(2)}(g) = d^{(1)}(g) - d^{(2)}(g_2) = d^{(1)}(g) - \frac{c}{m+2} = d(g) - \frac{2\,c}{m+2}$$

ist. Für die zwischen g_2 und g_3 gelegenen Geraden g gilt insbesondere

$$d^{(2)}(g) < d(g_3) - \frac{2\,c}{m+2} = \frac{4\,c}{m+2} - \frac{2\,c}{m+2} = \frac{2\,c}{m+2}. \tag{6}$$

Nach $(1')$ gilt diese Ungleichung (6) für alle Parallelen zwischen C und g_3.

Der Verschiebungsprozeß wird nun fortgesetzt. Beim μ-ten Schritt werden $2^{m-\mu+1}$ Bereiche (die je aus $2^{\mu-1}$ verschobenen Dreiecken bestehen) so überschoben, daß immer ein Paar dieser Bereiche mit der Geraden g_μ dieselbe Strecke gemeinsam hat. Beim letzten Schritt gewinnt man schließlich aus 2 Bereichen einen letzten Bereich $\mathfrak{B}_m$. Nach der bisher benutzten Schlußweise folgert man weiter, daß

$$d^{(\mu)}(g) < \frac{2\,c}{m+2}$$

gilt für alle Parallelen zwischen C und $g_{\mu+1}$. In $\mathfrak{B}_m$ haben wir dann

$$d^{(m)}(g) < \frac{2\,c}{m+2} \tag{7}$$

für *alle* Parallelen[1]).

Damit haben wir eine einfache Möglichkeit, den Flächeninhalt des letzten Bereiches $\mathfrak{B}_m$ abzuschätzen. $\mathfrak{B}_m$ wird ja durch die Parallelen in Trapeze und Dreiecke zerlegt. Der Flächeninhalt von Trapezen und Dreiecken kann aber durch das Produkt aus Mittellinie und Höhe berechnet werden.

Für den Flächeninhalt $f\left(\mathfrak{B}_m^{(\delta)}\right)$ des zwischen irgend zwei Parallelen g_μ und $g_{\mu+1}$ (vom Abstand δ) gelegenen Teiles von $\mathfrak{B}_m$ gilt nach (7)

$$f\left(\mathfrak{B}_m^{(\delta)}\right) < \frac{2\,c\,\delta}{m+2}.$$

---

[1]) Der vollständige Beweis von (7) kann nach dem angegebenen Verfahren leicht durch vollständige Induktion erbracht werden. Die Einzelheiten seien dem Leser überlassen.

Danach haben wir für den Inhalt von $\mathfrak{B}_m$ selbst.

$$f(\mathfrak{B}_m) < \frac{2\,c\,h_c}{m+2}\,.$$

Durch Wahl einer großen Zahl m können wir danach erreichen, daß $f(\mathfrak{B}_m)$ beliebig klein wird. Das war aber zu beweisen.

2. Der Satz von Besikowitsch

Mit dem eben bewiesenen Hilfssatz können wir die Unlösbarkeit des Extremalproblems **(7)** (S. 3) nachweisen. Es gilt nämlich der zuerst von *Besikowitsch* bewiesene

Satz 27:

Es gibt Bereiche beliebig kleinen Flächeninhalts, in denen eine Strecke UV von der Länge 1 durch Drehungen und Parallelverschiebungen so bewegt werden kann, daß der Richtungswinkel zwischen UV und einer festen Geraden sich dabei um $360°$ ändert.

Zum Beweis benutzen wir ein beliebiges Dreieck ABC mit dem Inkreisradius 1. M sei der Inkreismittelpunkt (Abb. 39). Die Teildreiecke ABM,

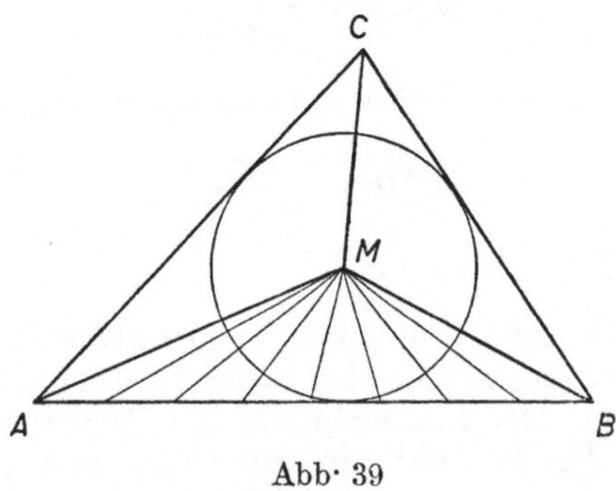

Abb· 39

BCM und CAM werden nun von M aus in der Art in je 2^m Teildreiecke zerlegt, wie es beim Beweis des Hilfssatzes in Abschnitt VIII 1 benutzt wurde. Wählt man m groß genug, so kann man erreichen, daß jeder der den Dreiecken ABM, BCM und CAM zugeordneten Bereiche $\mathfrak{B}_m^{(1)}$, $\mathfrak{B}_m^{(2)}$, $\mathfrak{B}_m^{(3)}$ einen Flächeninhalt hat, der kleiner ist als $\frac{\varepsilon}{6}$. Dabei ist ε eine beliebig klein vorgegebene reelle Zahl. Wir können diese 3 Bereiche zu einem Bereich $\mathfrak{B}_m$ zusammenfügen etwa nach folgender Vorschrift: An

$\mathfrak{B}_m^{(1)}$ wird $\mathfrak{B}_m^{(2)}$ so angelegt, daß an das letzte Teildreieck aus ABM das erste von BCM angefügt wird. Entsprechend ist $\mathfrak{B}_m^{(3)}$ an $\mathfrak{B}_m^{(2)}$ anzulegen. Auf diese Weise entsteht ein Bereich $\mathfrak{B}_m$, dessen Flächeninhalt höchstens gleich $3 \cdot \dfrac{\varepsilon}{6} = \dfrac{\varepsilon}{2}$ ist.

Der Grundgedanke des Beweises ist nun folgender: Man kann im Dreieck ABC um den Inkreismittelpunkt M eine Strecke von der Länge 1 um 360° bewegen. Diese Bewegung soll nun nicht im Dreieck ABC selbst, sondern in dem durch die Überschiebungen und Anfügungen entstandenen Bereich $\mathfrak{B}_m$ durchgeführt werden. Das ist allerdings — wie sich zeigen wird — nur so zu bewerkstelligen, daß wir bei Parallelverschiebungen der Strecke diesen Bereich auch einmal verlassen. Es wird sich aber dann zeigen, daß es einen ($\mathfrak{B}_m$ enthaltenden) Bereich $\mathfrak{B}_m{}^*$ vom Flächeninhalt $\varepsilon_1 \leqq 2 \cdot \dfrac{\varepsilon}{2} = \varepsilon$ gibt, in dem Drehungen *und* Parallelverschiebungen ausgeführt werden können.

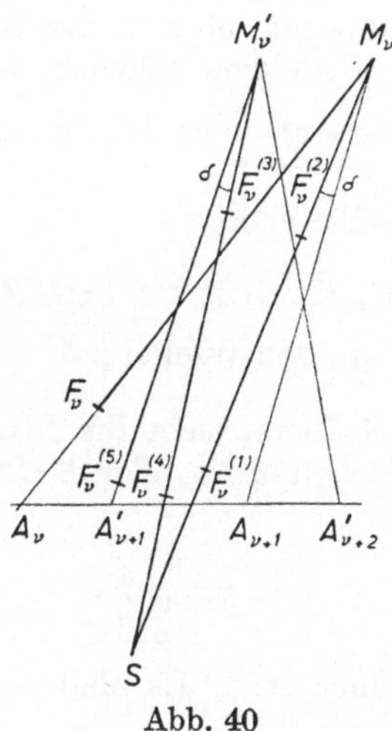

Abb. 40

Es seien etwa (Abb. 40) $A_\nu A_{\nu+1} M_\nu$ und $A_{\nu+1}' A_{\nu+2}' M_\nu'$ zwei Dreiecke aus $\mathfrak{B}_m$, die durch Verschiebung von Nachbardreiecken von ABM (Abb. 39), BCM oder CAM hervorgegangen sind. $M_\nu F_\nu$ sei die zu bewegende Strecke von der Länge 1, $M_\nu S$ ein Strahl, der mit $A_{\nu+1} M_\nu$ einen Winkel δ bildet, der beliebig klein gewählt werden kann. Dieser Winkel δ werde nun an $M_\nu' A_{\nu+1}'$ in M_ν' angetragen, und zwar in der Halbebene, in der M_ν liegt. Da $M_\nu' A_{\nu+1}'$ und $M_\nu A_{\nu+1}$ parallel sind, werden sich die freien Schenkel der beiden Winkel δ schneiden, etwa in S. Wir bewegen nun unsere Strecke von der Länge 1 aus der Lage $M_\nu F_\nu$ auf der Seite $A_\nu M_\nu$ des Dreiecks $A_\nu A_{\nu+1} M_\nu$ in die entsprechende Lage $M_\nu' F_\nu^{(5)}$ auf der Seite $M_\nu' A_{\nu+1}'$ des Dreiecks $A_{\nu+1}' A_{\nu+2}' M_\nu'$. Die Bewegung erfolgt durch Drehungen und Verschiebungen in mehreren Schritten (vgl. Abb. 44):

1. $M_\nu F_\nu \ \rightarrow M_\nu F_\nu^{(1)}$ (Drehung um M_ν)

2. $M_\nu F_\nu^{(1)} \rightarrow F_\nu^{(2)} S$ \quad (Verschiebung)

3. $F_\nu^{(2)} S \ \rightarrow F_\nu^{(3)} S$ \quad (Drehung um S)

4. $F_\nu^{(3)} S \ \rightarrow M_\nu' F_\nu^{(4)}$ (Verschiebung)

5. $M_\nu' F_\nu^{(4)} \rightarrow M_\nu' F_\nu^{(5)}$ (Drehung um M_ν')

Dieser Prozeß kann fortgesetzt werden durch alle Teildreiecke von $\mathfrak{B}_m$. Auf diese Weise erfährt die Strecke in der Tat eine Drehung um $360°$. Es bleibt nur noch zu überlegen, ob sich der Weg der Strecke auch in einen Bereich von beliebig kleinem Flächeninhalt einbetten läßt. $\mathfrak{B}_m$ hat ja einen Inhalt, der kleiner als $\dfrac{\varepsilon}{2}$ ist. Wir bewegen uns aber (wenigstens teilweise) *außerhalb* dieses Bereiches

1. bei der Verschiebung $M_\nu F_\nu^{(1)} \rightarrow F_\nu^{(2)} S$ bzw. $F_\nu^{(3)} S \rightarrow M_\nu' F_\nu^{(4)}$,

2. bei der Drehung um S um den Winkel $2\,\delta$.

Bei dieser Drehung um S überstreicht die Strecke einen Sektor vom Flächeninhalt δ. Der Flächeninhalt aller $3 \cdot 2^m$ Sektoren ist danach $3 \cdot 2^m \cdot \delta$. Wählen wir

$$\delta < \frac{\varepsilon}{2^{m+2} \cdot 3}\,,$$

so wird dieser Inhalt kleiner als $\dfrac{\varepsilon}{4}$. Es bleiben nun noch die Strecken $F_\nu^{(1)} F_\nu^{(2)}$ bzw. $F_\nu^{(3)} F_\nu^{(4)}$, die ja (in Abb. 40 ist das nicht der Fall) zum Teil außerhalb von $\mathfrak{B}_m$ liegen können. Nehmen wir an, l sei die Gesamtlänge aller solcher Strecken. Wir können diese Strecken dann in rechteckige Streifen von beliebig kleiner Breite η einbetten. Wählen wir $\eta < \dfrac{\varepsilon}{4\,l}$, so wird

$$l \cdot \eta < \frac{\varepsilon}{4}\,.$$

Damit ist klar, daß der Inhalt der Vereinigungsmenge $\mathfrak{B}_m{}^*$ von $\mathfrak{B}_m$ mit den Parallelstreifen und den Sektoren beliebig klein wird:

$$f(\mathfrak{B}_m{}^*) \leqq f(\mathfrak{B}_m) + l\eta + 3 \cdot 2^m \cdot \delta < \frac{\varepsilon}{2} + 2\frac{\varepsilon}{4} = \varepsilon.$$

3. Punktmengen mit ganzzahliger Entfernung

In einer mathematischen Zeitschrift wurde kürzlich die folgende Frage gestellt [VIII 1]:

(7a) *Welches ist für den Euklidischen Raum von der Dimension d die Maximalzahl m_d von Punkten, die untereinander ganzzahlige Entfernungen haben und nicht alle auf derselben Geraden liegen?*

Zur Erläuterung dieser Fragestellung müssen wir einen Satz von *Choquet* und *Kreweras* heranziehen:

Satz 30:

Hat eine unendliche Punktmenge $\mathfrak{M}$ der Ebene die Eigenschaft, daß der Abstand von irgend zwei Punkten der Menge eine ganze Zahl ist, so liegen alle Punkte von $\mathfrak{M}$ auf einer Geraden g.

Zum Beweis dieses Satzes bezeichnen wir die von irgend zwei Punkten A und B der Menge $\mathfrak{M}$ bestimmte Gerade mit g. Sei nun C irgendein Punkt von $\mathfrak{M}$, der nicht auf g liegt, und es sei etwa $AC \geqq BC$. Dann muß mit den Entfernungen AC und BC doch auch die Differenz

$$d_1 = AC - BC \quad (< AB = d)$$

ganzzahlig sein. Für d_1 kommen deshalb nur die Zahlen $0, 1, 2, \ldots, d-1$ in Frage. C (und jeder weitere nicht auf g liegende Punkt $D \in \mathfrak{M}$) muß also auf einer der d Hyperbeln liegen, die durch die Brennpunkte A und B und die Hauptachse $a = \frac{1}{2}\delta$ $(\delta = 0, 1, 2, \ldots, d-1)$ bestimmt ist[1]).

Eine entsprechende Überlegung ist nun aber auch für die die Gerade g^* bestimmende Strecke $AC = d^*$ möglich. Jeder von A und C verschiedene Punkt von $\mathfrak{M}$ muß entweder auf g^* oder einer der Hyperbeln liegen, die durch die Brennpunkte A und C und die Achse $a^* = \frac{1}{2}\delta^*$ $(\delta^* = 0, 1, 2, \ldots, d^* - 1)$ bestimmt sind. Es gibt aber nur endlich viele Schnittpunkte der beiden Geraden g, g^* und der $d + d^*$ Hyperbeln. Da $\mathfrak{M}$ aber eine unendliche Menge sein sollte, ist die Annahme, daß ein Punkt C nicht auf der Geraden g liegt, falsch.

---

[1]) Für $\delta = 0$ entartet die Hyperbel in das Mittellot von AB.

Es ist nicht schwer, das Ergebnis dieses für die Ebene gültigen Satzes auf Euklidische Räume von höherer Dimension auszudehnen. Deshalb liegt die oben unter Nummer (7a) notierte Frage nahe. Und doch gehört auch diese Aufgabe zu den unlösbaren Extremalproblemen. Es zeigt sich nämlich schon in der Ebene, daß es *kein Maximum* m_2 gibt für die Anzahl der Punkte, die (ohne alle auf einer Geraden g zu liegen) zu je zweien ganzzahlige Entfernungen haben. Mit anderen Worten: Es gibt in der Ebene Punkte $P_1, P_2, \ldots, P_n$ *in beliebig großer Anzahl*, für die alle Entfernungen $P_\nu P_\mu$ ganzzahlig sind, ohne daß die P_ν alle auf einer Geraden liegen. Erst für eine *unendliche* Menge gilt Satz 28. Wir beweisen insbesondere

Satz 29:
Es gibt in der Ebene beliebig viele auf einem Kreise gelegene Punkte $P_1, P_2, \ldots, P_n$, für die die Entfernung $P_\nu P_\mu$ von irgend zwei Punkten ganzzahlig ist.

Zum Beweis gehen wir von einem beliebigen gleichschenkligen Dreieck mit ganzzahligen Seiten aus. Solche Dreiecke kann man ja durch Spiegelung von Pythagoräischen Dreiecken in beliebiger Anzahl gewinnen. Auf dem Umkreis $\Re$ eines solchen Dreiecks ABC tragen wir nun den Schenkel von ABC von einem beliebigen Punkt P_1 ausgehend beliebig oft als Sehne ab. Irgend zwei der auf diese Weise erhaltenen Punkte $P_1, P_2, \ldots, P_n$ haben dann eine *rationale* Entfernung. Das beweisen wir durch vollständige Induktion. Unsere Aussage ist zunächst richtig für die ersten drei Punkte, da das Dreieck $P_1 P_2 P_3$ dem Dreieck ABC kongruent ist und deshalb Seiten von ganzzahliger Länge hat. Nehmen wir nun an, unsere Aussage sei für die Punkte $P_1, P_2, \ldots, P_n$ richtig. Wir haben dann zu zeigen, daß auch P_{n+1} von allen Punkten $P_1, P_2, \ldots, P_n$ rationale Entfernung hat. Da die Punktfolge $P_1, P_2, \ldots, P_n$ der Folge $P_2, P_3, \ldots, P_{n+1}$ kongruent ist, haben wir nur noch zu beweisen, daß auch $P_1 P_{n+1}$ rational ist. Das folgt aber aus dem Satz des Ptolemäus[1]. Danach ist im Sehnenviereck $P_1 P_2 P_3 P_{n+1}$ das Produkt der Diagonalen gleich der Summe der Produkte aus je zwei Gegenseiten:

$$P_1 P_{n+1} \cdot P_2 P_3 + P_3 P_{n+1} \cdot P_1 P_2 = P_1 P_3 \cdot P_2 P_{n+1}$$

Aus der Induktionsvoraussetzung folgt danach, daß auch $P_1 P_{n+1}$ rational ist[2].

---

[1] Siehe z. B. [IV 2] S. 104.

[2] Eine andere Fassung dieses Beweises von *Hadwiger* [IV 5] vermeidet die Benutzung des Satzes von *Ptolemäus*. Der hier wiedergegebene Beweis stammt von *Steiger* [VIII 4].

112

Es ist nun nicht schwer, zu einer Punktmenge mit ganzzahligen Entfernungen zu kommen. Es sei Q der größte Nenner, der in irgendeiner der rationalen Entfernungen

$$P_\nu P_\mu = \frac{p_{\nu\mu}}{q_{\nu\mu}}$$

auftritt, $\mathfrak{K}(Q)$ der Kreis um den Mittelpunkt U von $\mathfrak{K}$ mit dem Radius rQ; $Q_1, Q_2, \ldots, Q_n$ seien die Schnittpunkte der Strahlen UP_ν mit $\mathfrak{K}(Q)$. Dann ist $\{Q_1, Q_2, \ldots, Q_n\}$ eine Punktmenge mit lauter ganzzahligen Entfernungen $Q_\nu Q_\mu$.

Man übersieht leicht, daß der Radius rQ des Kreises $\mathfrak{K}(Q)$ mit der Anzahl n über alle Grenzen wächst. Von den Entfernungen P_1P_2, $P_1P_3, \ldots, P_1P_n$ können nämlich höchstens zwei gleich sein. Mit wachsendem n treten also unter den rationalen Zahlen $P_\nu P_\mu$ solche mit beliebig großem Nenner auf. Der Radius rQ des Kreises $\mathfrak{K}(Q)$ wächst also mit n über alle Grenzen. Das paßt zu der Aussage des Satzes 30, wonach die Punkte auf einer Geraden liegen, wenn die Menge $\mathfrak{M}$ unendlich viele Elemente enthält. *F. Steiger* [VIII 4] hat gezeigt, daß man zu jeder Dimensionszahl d eines Euklidischen Raumes für $N > d$ stets ein System von N Punkten mit ganzzahliger Entfernung finden kann die nicht alle demselben linearen Unterraum von $d - 1$ Dimensionen angehören.

Eine in diesem Zusammenhang zu erwähnende noch ungelöste Frage [VIII 5] ist die folgende:

(7b) *Gibt es in der Ebene eine überall dicht liegende abzählbar unendliche Punktmenge, für die je zwei Punkte einen rationalen Abstand haben?*

Man kann leicht zeigen, daß die beim Beweis des Satzes 31 benutzte abzählbare Menge $\{P_n\}$ auf dem Kreis $\mathfrak{K}$ (mit dem Radius r) überall dicht liegt. Auf der Geraden bilden die Punkte mit rationalen Koordinaten eine solche Menge.

Ein weiteres Beispiel für eine abzählbare ebene Punktmenge mit rationalen Abständen ist die Menge $\mathfrak{M}_1$, zu der die Punkte der (x, y)-Ebene gehören:

$$(0; +1), \quad (0; -1), \quad \left(\frac{p^2 - q^2}{2\,pq}, 0\right),$$

wobei p und q beliebige von 0 verschiedene ganze Zahlen sind. Die abzählbar vielen auf der x-Achse liegenden Zahlen dieser Menge[1] liegen dort überall dicht, und der Abstand von irgend zwei Punkten der Menge ist rational. Es ist noch nicht entschieden, ob es eine *in der ganzen Ebene dichte* Menge dieser Art gibt oder nicht[2].

---

[1] Dieses Beispiel stammt von Herrn *R. Sprague.*
[2] Zu diesem Problemkreis siehe auch [VIII 6].

IX. Konstruktionen mit Zirkel und Lineal

1. Die Technik von Lineal und Zirkel

Die Konstruktionen mit Zirkel und Lineal haben schon im Altertum die Mathematiker beschäftigt. Es gab ganz einfach zu formulierende Konstruktionsaufgaben dieser Art, deren Lösung nicht gelang. Eines davon ist die Dreiteilung des Winkels (vgl. Aufgabe (8) S. 3, ein anderes das „Delische Problem": Die Delier, so erzählt die Sage, hatten sich an Apollo gewandt mit der Bitte um Hilfe vor einer Seuche, und die Gottheit hatte gefordert, man solle einen ihr geweihten Altar „verdoppeln". Als die Herstellung eines Würfels mit doppelter Kantenlänge nicht den gewünschten Erfolg hatte, wurde ihnen klar, daß mit der Verdoppelung der Kante das Volumen des Würfels nicht verdoppelt, sondern verachtfacht worden war. Und weil die Delier mit der Konstruktion eines Würfels von doppeltem Volumen nicht zu Rande kamen, schickten sie eine Abordnung an die Platonische Akademie mit der Bitte, das Problem zu lösen.

Die Männer der Akademie haben die Aufgabe auch nicht lösen können, wohl aber haben in den folgenden Jahrhunderten bis in unsere Tage hinein immer wieder Berufene und Unberufene (in letzter Zeit nur noch „Unberufene"!) versucht, das Delische Problem oder die verwandte Aufgabe der Winkeldreiteilung zu lösen. Wir wissen heute, daß diese beiden klassischen Aufgaben unlösbar sind, wenn man als Hilfsmittel der Konstruktion nur Zirkel und Lineal zuläßt, wie das in der klassischen Zeit üblich war.

Es wird zur Vermeidung von Mißverständnissen freilich notwendig sein, genau zu sagen, was mit dem Zirkel und dem Lineal gemacht werden darf und was nicht. Wenn es auch heute noch vorkommt, daß mathematische Außenseiter die Lösung der einen oder anderen unlösbaren Konstruktionsaufgabe anbieten, so liegt das im allgemeinen daran, daß das Wesen der Konstruktion „mit Zirkel und Lineal" nicht deutlich gesehen wird. Wir wollen deshalb genau ausführen, was darunter zu verstehen ist.

Gegeben seien n ($n \geqq 2$) Punkte A_ν ($\nu = 1, 2, \ldots, n$) in einer Ebene $\mathfrak{E}$. Das Lineal darf benutzt werden, um Geraden durch irgend zwei Punkte A_ν und A_μ zu zeichnen, der Zirkel zum Zeichnen von Kreisen um irgendeinen Punkt A_ν mit einem Radius $A_\lambda A_\mu$. Die Schnittpunkte solcher Geraden und Kreise seien etwa $A_{n+1}, A_{n+2}, \ldots, A_{n+m}$. Dann kann man dieses Verfahren (endlich oft!) fortsetzen, indem man nun die Punkte $A_1, A_2, \ldots, A_n, \ldots, A_{n+m}$ als gegeben hinnimmt und weitere Punkte als Schnitte von Geraden und Kreisen (bzw. Geraden und Geraden oder Kreisen und Kreisen) konstruiert.

Es wird nützlich sein hinzuzufügen, was mit dem Lineal und dem Zirkel *nicht* gemacht werden darf. *Das Lineal* darf nicht mit Markierungen versehen sein, die man zwischen Geraden oder zwischen einer Geraden und einem Kreis oder zwischen Kreisen „einschiebt". Man kann natürlich die Verabredung treffen, daß die Benutzung eines solchen „*Einschiebelineals*" erlaubt sein soll. Man muß sich aber darüber klar sein, daß man damit ein neues Konstruktionsgerät einführt. Wenn vom Lineal ohne Zusatz gesprochen wird, ist immer nur das gewöhnliche Lineal ohne zu benutzende Markierungen gemeint. Wir werden uns hier ausschließlich mit Konstruktionen beschäftigen, bei denen das Lineal in dem hier beschriebenen Sinne zu benutzen ist[1]).

Der *Zirkel* darf nicht benutzt werden, um etwa durch Probieren herauszufinden, welche Punkte von einem gegebenen Kreis und einer Geraden gleich weit entfernt sind. Es mag sein, daß man durch geschicktes Probieren die gleiche oder eine bessere Genauigkeit erreichen kann als bei ungeschickter aber „vorschriftsmäßiger" Benutzung der zugelassenen Geräte. Für die Untersuchung der Möglichkeiten des Konstruierens ist das ebenso unwichtig wie die Tatsache, daß eine „richtige" Gerade gar nicht mit einem Bleistift gezeichnet werden kann.

Bei unserer Erklärung der Konstruktion mit Zirkel und Lineal wurde die Möglichkeit nicht eingeschlossen, daß um einen Punkt ein Kreis mit *beliebigem* Radius gezeichnet wird. Tatsächlich spielen solche Verfahren beim Halbieren und Abtragen eines Winkels und anderen elementaren Aufgaben eine Rolle. Wir wollen und können aber auf diese Möglichkeiten durchaus verzichten, da wir ja (bei mindestens zwei gegebenen Punkten) immer die Möglichkeit haben, unter den gegebenen oder konstruierten Punkten solche zu finden, deren Verbindungsstrecke einen geeigneten Radius für die gewöhnlich mit beliebigem Radius gelösten Aufgabe darstellt.

Bei mindestens zwei gegebenen Punkten ist es weiter möglich, eine gegebene oder konstruierte Strecke zur „Einheitsstrecke" zu ernennen und ein Koordinatensystem einzuführen. Auf diese Weise kann man alle Schritte der Konstruktion mit den Methoden der Analytischen Geometrie ins Algebraische übersetzen. Bringt man zwei etwa durch die Punkte $A_\nu A_\mu$ und $A_\varrho A_\sigma$ bestimmten Geraden zum Schnitt, so erhält

---

[1]) Über die Theorie des Einschiebelineals und weiterer Konstruktionsmittel wie Rechtwinkelhaken, Parallellineal usw. siehe z. B. [IX 7].

man die Koordinaten des Schnittpunktes A_ν durch die Lösung des Systems der zwei linearen Gleichungen der Geraden $A_\nu A_\mu$ und $A_\varrho A_\sigma$. Bei Berechnung von Schnittpunkten zwischen einem Kreis und einer Geraden oder zwischen zwei Kreisen sind quadratische Gleichungen zu lösen. Deshalb können die Koordinaten jedes aus den Punkten A_1, A_2, ..., A_n durch einen zulässigen Konstruktionsschritt gewonnenen Punktes A_{n+1} aus den Koordinaten der Punkte A_ν ($\nu = 1, 2, 3, \ldots, n$) durch die vier Grundrechnungsarten und den Prozeß des Quadratwurzelziehens errechnen lassen.

Es ist zweckmäßig, an dieser Stelle den in der modernen Algebra gebräuchlichen Begriff des „Zahlkörpers" einzuführen. Darunter versteht man eine Menge von Zahlen, die sich aus einer gegebenen Menge von Zahlen durch Addition, Subtraktion, Multiplikation und Division (durch von 0 verschiedene Zahlen) errechnen lassen. Die rationalen Zahlen bilden einen Körper, aber auch alle Zahlen von der Form $a + b\sqrt{c}$ bei rationalem a, b und c. Man sagt in diesem Fall, der Körper $\Re_1$ der Zahlen $a + b\sqrt{c}$ entstehe aus dem Körper $\Re_0$ der rationalen Zahlen durch „Adjunktion" von $\sqrt{c}$ [1]).

Wir wollen noch den Beweis dafür aufschreiben, daß die Zahlen von der Form $a + b\sqrt{c}$ einen Körper bilden. Daß Addition, Subtraktion und Multiplikation solcher Zahlen wieder auf Zahlen von der Form $r_1 + r_2\sqrt{c}$ führt, ist trivial. Aber auch ein Quotient

$$q = \frac{a + b\sqrt{c}}{a_1 + b_1\sqrt{c}}$$

läßt sich so schreiben: $q = r_3 + r_4\sqrt{c}$. Das sieht man sofort, wenn man q mit $a_1 - b_1\sqrt{c}$ erweitert. Dann erhält man doch:

$$q = \frac{(a + b\sqrt{c})(a_1 - b_1\sqrt{c})}{a_1{}^2 - b_1{}^2 c} = \frac{a\,a_1 - b_1\,b\,c}{a_1{}^2 - b_1{}^2 c} + \frac{b\,a_1 - a\,b_1}{a_1{}^2 - b_1{}^2 c} \cdot \sqrt{c}\,.$$

Falls die Koordinaten aller gegebenen Punkte $A_1, A_2, \ldots, A_n$ dem Körper $\Re_0$ der rationalen Zahlen angehören, so gehören die Koordinaten aller mit Zirkel und Lineal daraus konstruierbarer Punkte einem Körper $\Re_m$ an, der so definiert ist: $\Re_m$ entsteht aus $\Re_{m-1}$ durch Adjunktion einer Zahl $\sqrt{c_{m-1}}$, wobei c_{m-1} einem Körper $\Re_{m-1}$ angehört. $\Re_1$ schließlich entsteht aus $\Re_0$ durch Adjunktion von $\sqrt{c_0}$, wobei c_0 rational ist.

Ein einfaches Beispiel mag das erläutern. Gehen wir von 2 gegebenen Punkten A_1 und A_2 aus, denen wir die Koordinaten $(0\,;0)$ und $(0\,;1)$

---

[1]) Allgemeine Aussagen über die Adjunktion findet man in den Lehrbüchern der Algebra, z. B. [IX 1].

zuschreiben. Jetzt werde A_1A_2 in der bekannten Weise nach dem „Goldenen Schnitt" geteilt. Der Teilpunkt A_3 hat die Koordinaten $\left(0; -\frac{1}{2} + \frac{1}{2}\sqrt{5}\right)$. Diese Zahlen 0 und $-\frac{1}{2} + \frac{1}{2}\sqrt{5}$ gehören dann dem Körper $\Re_1$ an, der aus dem Körper $\Re_0$ der rationalen Zahlen durch Adjunktion von $\sqrt{5}$ entsteht.

Man zeichne jetzt um A_1 und A_3 die Kreise mit dem Radius $A_1A_2 = 1$. Die beiden Schnittpunkte nennen wir A_4 und A_5. Ihre Koordinaten

$$\frac{1}{2}\left(-\frac{1}{2} + \frac{1}{2}\sqrt{5}\right); \quad \pm\sqrt{\frac{5}{8} + \frac{1}{8}\sqrt{5}}$$

gehören dem Körper $\Re_2$ an, der aus $\Re_1$ durch Adjunktion von

$$\sqrt{c_1} = \sqrt{\frac{5}{8} + \frac{1}{8}\sqrt{5}} \text{ entsteht, } c_1 \in \Re_1.$$

Im allgemeinen werden die Koordinaten der gegebenen Punkte A_1, $A_2, \ldots, A_n$ nicht alle zu $\Re_0$ gehören. Dann gehen wir aus von dem Körper $\Re$, der aus $\Re_0$ durch Adjunktion der nicht rationalen Koordinaten der Punkte A_ν $(\nu = 1, 2, \ldots, n)$ entsteht. Jede von den Punkten $A_1, A_2, \ldots, A_n$ ausgehende Konstruktion mit Zirkel und Lineal führt dann auf Punkte $A_{n+1}, A_{n+2}, \ldots, A_{n+m}$, deren Koordinaten einem Körper $\Re_m$ angehören, der aus $\Re_{m-1}, \Re_{m-2}, \ldots, \Re_1, \Re$ durch fortgesetzte Adjunktion von Quadratwurzeln entsteht.

Umgekehrt kann man jeden Ausdruck von der Form $a + b\sqrt{c}$ aus gegebenen Strecken von der Länge a, b und c mit Zirkel und Lineal konstruieren. Das lernt man schon in der Schule.

Fassen wir zusammen:

Satz 30:

Es seien $A_1, A_2, \ldots, A_n$ n gegebene Punkte in der Ebene und $\Re$ der Zahlkörper, der aus dem Körper $\Re_0$ der rationalen Zahlen durch Adjunktion der Koordinaten von $A_1, A_2, \ldots, A_n$ in einem gewissen Koordinatensystem entsteht. Dann sind genau die Punkte der Ebene durch Konstruktion mit Zirkel und Lineal zu gewinnen, deren Koordinaten einem Körper $\Re_m$ angehören, der folgende Eigenschaften hat: $\Re_m$ entsteht aus $\Re_{m-1}$ durch Adjunktion von $\sqrt{c_{m-1}}$, wobei $c_{m-1} \in K_{m-1} \cdot \Re_1$ schließlich entsteht aus $\Re$ durch Adjunktion einer Zahl $\sqrt{c}$, wobei $c \in \Re$.

2. Einige Konstruktionsaufgaben

Wie soll man nun bei dem Problem (8) (S. 3) oder bei den im vorigen Abschnitt erwähnten klassischen Problemen entscheiden, ob die Bedingung von Satz 30 erfüllt ist oder nicht? Wir wollen zunächst das

Problem der Fünfteilung (bzw. Dreiteilung) des Winkels etwas anders formulieren.

Es sei $\sphericalangle \alpha = \sphericalangle ABC$ der zu teilende Winkel und A_1 der Schnitt des Kreises um B mit BC und des Strahls BA, ferner D der Fußpunkt des Lotes von A_1 auf BC. Wenn wir jetzt BC als Einheitsstrecke wählen, haben wir $BD = \cos \alpha$. Unser Teilungsproblem wird gelöst sein, wenn es gelingt, einen Punkt E auf der Strecke BC zu konstruieren mit der Eigenschaft $BE = \cos \dfrac{\alpha}{5}$. Ist umgekehrt die Fünfteilung auf irgendeine Weise durch einen Strahl BF erreicht, so kann man immer $BE = \cos \dfrac{\alpha}{5}$ konstruieren. Unsere Aufgabe ist also genau dann lösbar, wenn der Punkt E konstruiert werden kann.

Wir bezeichnen nun die unbekannte Strecke $\cos \dfrac{\alpha}{5}$ mit x und benutzen die bekannte Formel[1]

$$\cos 5\beta = \cos^5 \beta - \binom{5}{2} \cos^3 \beta \sin^2 \beta + \binom{5}{4} \cos \beta \sin^4 \beta \,.$$

Ersetzt man hier $\sin^2 \beta$ durch $1 - \cos^2 \beta$, so folgt

$$2 \cos 5\beta = (2 \cos \beta)^5 - 5 (2 \cos \beta)^3 + 5 (2 \cos \beta) \,. \tag{1}$$

Für $y = 2x$ und $5\beta = \alpha$ wird daraus

$$y^5 - 5 y^3 + 5 y - 2 \cos \alpha = 0 \,. \tag{2}$$

Wenn wir mit $\Re$ den Körper der Zahlen bezeichnen, der aus dem Körper $\Re_0$ der rationalen Zahlen durch Adjunktion von $\cos \alpha$ entsteht, so können wir unser Problem jetzt auch so formulieren: *Gibt es eine Lösung von (2), die einem $\Re$ zugeordneten Körper $\Re_m$ angehört?*[2]

Bevor wir an die Beantwortung dieser Frage gehen, wollen wir die (2) entsprechenden Gleichungen für einige einfachere Probleme aufstellen und dann von den leichteren Aufgaben zur Antwort auf die Frage (8) (S. 3) vordringen.

Bezeichnen wir mit **(8a)** *die Aufgabe der Dreiteilung des Winkels*. Mit Hilfe der Formel (vgl. (VI 7')!)

$$\cos 3\beta = 4 \cos^3 \beta - 3 \cos \beta$$

---

[1]) Siehe dazu (VI 7')!

[2]) Wir wollen in diesem Kapitel unter einem einem Körper $\Re$ zugeordneten Körper $\Re_m$ stets einen solchen verstehen, der aus $\Re$ durch sukzessive Adjunktion von Quadratwurzelausdrücken so erzeugt wird, wie es in Satz 32 beschrieben wurde.

118

gewinnt man für das klassische Problem der Dreiteilung des Winkels durch die Substitutionen $3\,\beta = \alpha$ und $y = 2\,x = 2\cos\beta$ die Gleichung dritten Grades

$$y^3 - 3\,y - 2\cos\alpha = 0\,. \tag{3}$$

Auch bei dem Delischen Problem der Würfelverdoppelung (Aufgabe (8b)) wird man auf eine Gleichung dritten Grades geführt. Bezeichnet man die Länge der Kante des gegebenen Würfels mit 1, die unbekannte Länge des Würfels mit dem dreifachen Volumen mit x, so haben wir

$$x^3 - 2 = 0\,. \tag{4}$$

Schließlich wollen wir noch zwei Konstruktionsaufgaben behandeln, die auf Gleichungen 4. Grades führen:

(8c) *Ein gleichschenkliges Dreieck ist zu zeichnen (mit Zirkel und Lineal) aus dem Umkreisradius r und dem Inkreisradius ϱ.*

(8d) *Ein gleichschenkliges Dreieck ist (mit Zirkel und Lineal) zu konstruieren aus dem Umkreisradius r und dem Inhalt J.*

In Aufgabe (8d) sei vorausgesetzt, daß der Inhalt J durch eine Maßstrecke gegeben sei.

Für die Aufgaben (8c) und (8d) führen wir folgende Bezeichnungen ein: Die Basis des zu konstruierenden Dreiecks nennen wir $AB = a$, die Schenkel b, den Basiswinkel β, den Winkel an der Spitze α. Wir beachten, daß der auf der Symmetrieachse gelegene Umkreismittelpunkt M dadurch charakterisiert ist, daß der spitze Winkel zwischen AM und der Symmetrieachse gleich α ist. Dann haben wir

$$\sin\alpha = \sin(\pi - 2\,\beta) = \sin 2\,\beta = \frac{a}{2\,r} \tag{5}$$

und

$$\operatorname{tg}\frac{\beta}{2} = \frac{2\,\varrho}{a}\,. \tag{6}$$

Wir setzen $\cos\beta = y$, $\dfrac{\varrho}{r} = u$ und beachten, daß man die Strecke u aus ϱ und r konstruieren kann. Wegen

$$\operatorname{tg}\frac{\beta}{2} = \sqrt{\frac{1 - \cos\beta}{1 + \cos\beta}}$$

folgt dann aus (5) und (6):

$$y^2\,(1 - y)^2 - \frac{u^2}{4} = 0\,.$$

Diese Gleichung kann auch so geschrieben werden:

$$\left[y\,(1-y)+\frac{u}{2}\right]\left[y\,(1-y)-\frac{u}{2}\right]=0\,.$$

Aus dieser Darstellungsform erkennt man sofort, daß die Gleichung durch Quadratwurzelausdrücke lösbar ist. Damit ist die Aufgabe (8c) schon im wesentlichen gelöst.

Zur Untersuchung der Aufgabe (8d) substituieren wir

$$x=\sin\alpha=\frac{a}{2\,r}\,.$$

Für die Höhe h des gesuchten Dreiecks gilt dann

$$h=r+r\cos\alpha\,.$$

Also wird der Inhalt

$$J=\frac{a}{2}\,r\,(1+\cos\alpha)=r^2\sin\alpha\,(1+\cos\alpha)\,. \tag{7}$$

Schreiben wir μ für den Quotienten $\dfrac{J}{r^2}$, so gewinnen wir aus (7)

$$x^4-2\,\mu\,x+\mu^2=0\,. \tag{8}$$

Wir haben jetzt zu untersuchen, ob die Gleichungen (2), (3), (4) und (8) durch Quadratwurzeln lösbar sind oder nicht. Für die Gleichungen dritten Grades kann man diese Frage ziemlich einfach beantworten durch Benutzung eines Satzes, mit dem wir uns jetzt beschäftigen wollen.

3. Der Unmöglichkeitsbeweis für (8a) und (8b)

Satz 31:

Wenn eine Gleichung dritten Grades mit Koeffizienten aus einem Körper $\Re$ eine Lösung hat, die einem $\Re$ zugeordneten Quadratwurzelkörper $\Re_m$ angehört[1]*), so hat sie auch eine Lösung, die $\Re$ selbst angehört.*

Nehmen wir zum Beweis dieses Satzes an, daß die Gleichung

$$x^3+a_2\,x^2+a_1\,x+a_0=0 \tag{9}$$

Koeffizienten aus einem Körper $\Re$ habe und daß eine Lösung x_1 dieser Gleichung (9) einem Quadratwurzelkörper $\Re_m$ angehöre, nicht aber dem Körper $\Re_{m-1}$. Dann kann x so geschrieben werden:

$$x=a+b\,\sqrt{c}\,.$$

---

[1]) Siehe dazu Fußnote [2]) von S. 118!

120

Die Zahlen a, b und c gehören dabei dem Körper $\Re_{m-1}$ an. Wir wollen im folgenden die Zahl

$$x^* = A - B \sqrt{C} \quad (A, B, C \in \Re_{m-1})$$

als die zu $x = A + B \sqrt{C}$ in $\Re_m$ *zugeordnete* Zahl bezeichnen. Die Zahlen aus $\Re_{m-1}$, $\Re_{m-2}$, $\ldots$, $\Re$ sind dann in $\Re_m$ sich selbst zugeordnet. Man übersieht sofort die Gültigkeit der folgenden Regeln:

$$(x + y)^* = x^* + y^*, \tag{10}$$
$$(x\,y)^* = x^* \cdot y^*.$$

Ist $f(x)$ ein Polynom mit Koeffizienten aus $\Re_{m-1}$, so folgt aus den Regeln (10):

$$(f(x))^* = f(x^*) . \tag{11}$$

Wegen $0 = 0^*$ bedeutet das insbesondere, daß außer $x_1 = a + b \sqrt{c}$ auch

$$x_2 = x_1{}^* = a - b \sqrt{c}$$

eine Wurzel von (9) ist. Die beiden Wurzeln sind voneinander verschieden, da ja sonst $x_1 = x_2 = a$ wäre. a gehört aber nach Voraussetzung zu $\Re_{m-1}$, und x_1 sollte nicht zu $\Re_{m-1}$ gehören.

Nun sind die Koeffizienten eines Polynoms bekanntlich[1]) die elementarsymmetrischen Funktionen der Wurzeln. Insbesondere gilt für den Koeffizienten a_1 von (9):

$$- a_1 = x_1 + x_2 + x_3 .$$

Also haben wir für die dritte Wurzel x_3 von (9):

$$x_3 = - (x_1 + x_2) - a_1 = - a_1 - 2\,a .$$

x_3 gehört also dem Körper $\Re_{m-1}$ an. Diese Zahl kann also so geschrieben werden:

$$x_3 = u + v \sqrt{w} , \quad u, v, w \in \Re_{m-2} .$$

Daraus folgt sofort, daß auch $x_3{}^* = u - v \sqrt{w}$ eine Wurzel von (9) sein muß, die ebenfalls dem Körper $\Re_{m-1}$ angehört. Sie kann nicht mit x_1 oder x_2 identisch sein, da diese Zahlen ja nicht zu $\Re_{m-1}$ gehören. Da (9) als Gleichung dritten Grades nur 3 Wurzeln hat, muß $x_3{}^* = x_3$ sein. Das heißt aber: $w = 0$, $x_3 \in \Re_{m-2}$. Dieser Schluß kann fortgesetzt werden bis zu dem Ergebnis, daß x_3 dem Koeffizientenkörper $\Re$ selbst angehört. Damit ist Satz 31 bewiesen.

---

[1]) Siehe dazu z. B. [IX 1]!

Daraus folgt insbesondere:

Eine Gleichung dritten Grades mit rationalen Koeffizienten, die durch einen verschachtelten Quadratwurzelausdruck gelöst werden kann[1]*), hat immer auch eine rationale Lösung.*

Daraus können wir sofort schließen, daß *das Delische Problem (die Würfelverdoppelung) nicht lösbar ist.* Um das zu begründen, haben wir nur noch zu zeigen, daß die Gleichung (4) keine rationale Lösung haben kann. Dann existiert nach unserem Satz 31 auch keine Lösung aus einem Körper $\Re_m$.

Nehmen wir an, es gäbe eine Lösung $x = \dfrac{a}{b}$ von (4) mit teilerfremden ganzen Zahlen a und b. Dann hätten wir

$$a^3 = 2\,b^3.$$

Das ist aber unmöglich: a wäre danach gerade, b also ungerade. a^3 ist dann durch 8 teilbar, $2\,b^3$ aber nicht.

Die Gleichung (3) für die Dreiteilung des Winkels enthält den Parameter $\cos \alpha$. Für $\alpha = \dfrac{\pi}{2}$ existiert die rationale Lösung $y = 0$. Der Winkel $\alpha = \dfrac{\pi}{2}$ ist ja auch mit Zirkel und Lineal in drei Teile zu teilen, da der Winkel $\dfrac{\pi}{6}$ konstruiert werden kann. Dagegen existiert für (3) keine rationale Lösung im Fall $\alpha = \dfrac{\pi}{3}$. Dann wird nämlich

$$y^3 - 3\,y - 1 = 0 . \tag{3'}$$

Nehmen wir an, (3′) hätte eine Lösung $y = \dfrac{a}{b}$ mit teilerfremden ganzen Zahlen a und b. Dann wäre

$$a^3 - 3\,a\,b^2 - b^3 = 0 .$$

Das heißt aber: Jeder Primfaktor von a ist auch ein Primfaktor von b und umgekehrt. Da a und b teilerfremd sein sollten, hätten wir $a = b = 1$. $y = 1$ ist aber keine Lösung von (3′). Damit ist gezeigt, daß (3′) keine rationale Lösung hat. Aus Satz 31 folgt danach, daß es auch keine Lösung aus einem Körper $\Re_m$ für die Gleichung (3′) gibt. Das bedeutet aber, daß man den Winkel $\dfrac{\pi}{3} = 60°$ nicht mit Zirkel und Lineal in drei

---

[1]) Ein verschachtelter Quadratwurzelausdruck ist eine Zahl aus einem Körper $\Re_m$, für den der Körper $\Re$ (vgl. Satz 32) der Körper $\Re_0$ der rationalen Zahlen ist.

122

Teile teilen kann. Damit steht aber fest, daß es kein *allgemeines* Verfahren geben kann, das *jeden* Winkel dreiteilt. Fassen wir unsere Ergebnisse zusammen:

Satz 32:

Das Delische Problem (Würfelverdoppelung mit Zirkel und Lineal) ist nicht lösbar. Es gibt Winkel, die nicht mit Zirkel und Lineal gedrittelt werden können.

Wir wollen jetzt die Lösbarkeit der Aufgabe **(8d)** untersuchen. Sie führte auf eine Gleichung 4. Grades. Solche Gleichungen kann man bekanntlich ([IX 1] Bd. 2, S. 74) durch Wurzelausdrücke lösen. Dazu bringt man die Gleichung mit Hilfe der Tschirnhaustransformation auf die Form

$$y^4 + p\,y^2 + q\,y + r = 0 \tag{12}$$

und erhält dann die 4 Lösungen

$$y = \quad u + v + w \qquad y = \quad u - v - w$$

$$y = -\,u + v - w \qquad y = -\,u - v + w\,.$$

Dabei sind u^2, v^2 und w^2 die Wurzeln der kubischen Gleichung

$$z^3 + \frac{1}{2}\,p\,z^2 + \left(\frac{1}{16}\,p^2 - \frac{1}{4}\,r\right) z - \frac{1}{64}\,q^2 = 0\,. \tag{13}$$

Die Gleichung (8) von Aufgabe **(8d)** ist schon von der Form (12). Die entsprechende Gleichung (13) lautet hier

$$z^3 - \frac{1}{4}\,\mu^2\,z - \frac{1}{16}\,\mu^2 = 0\,. \tag{13'}$$

(8) hat danach genau dann[1]) eine mit Zirkel und Lineal konstruierbare Lösung, wenn (13') eine Wurzel hat, die dem Körper $\Re\,(\mu)$ der Koeffizienten von (13') angehört. Für $\mu = 1$ zum Beispiel führt die Annahme einer rationalen Lösung $z = \dfrac{a}{b}$ (mit teilerfremden ganzen Zahlen a und b) auf die Gleichung

$$16\,a^3 - 4\,a\,b^2 - b^3 = 0\,.$$

Daraus liest man nun ab: Jeder Primteiler A von a ist auch ein Primteiler von b. Da a und b teilerfremd sind, haben wir $a = 1$. Für jeden Primteiler B von b müßte B^2 ein Teiler von 16 sein. Damit kommen

---

[1]) Der Leser überlege, daß die genannte Bedingung nicht nur hinreichend, sondern auch notwendig ist.

nur die Lösungen $z = 1$, $z = \dfrac{1}{2}$ und $z = \dfrac{1}{4}$ in Frage. Da keine dieser Zahlen die Gleichung (13′) (für $\mu = 1$) löst, existiert keine rationale Lösung dieser Gleichung. Damit steht fest, daß die Aufgabe **(8 d)** keine *allgemeine* Lösung hat, da jedenfalls für $\mu = 1$ die Konstruktion nicht möglich ist[2]).

Es gibt außer der Aufgabe **(8 d)** noch eine ganze Reihe von Konstruktionsaufgaben für das Dreieck, die mit Zirkel und Lineal nicht (allgemein) zu lösen sind. Wir erwähnen als Beispiele die folgenden:

a) Ein gleichschenkliges Dreieck zu konstruieren aus [II 1]:

α) dem halben Umfang s ($2\,s = a + b + c$) und dem Inkreisradius ϱ,

β) aus s und dem Umkreisradius r.

b) Ein rechtwinkliges Dreieck zu konstruieren aus [II 1]:

α) der zur Hypotenuse c gehörenden Höhe h und $c + a$,

β) h und $a + q$ (q ist die Projektion von b auf die Hypotenuse c).

c) Ein Dreieck zu zeichnen aus [IX 2, 3]:

α) a, b und ϱ (Inkreisradius),

β) a, c und w_γ (Winkelhalbierende).

4. Die Fünfteilung

Der sich auf Gleichungen dritten Grades beziehende Satz 31 kann nicht benutzt werden, um über die Lösung der Gleichung (2) etwas auszusagen. Man kann aber speziell für diese Gleichung des Fünfteilungsproblems eine ähnliche Aussage ableiten.

Die Gleichung (2) wurde so aufgebaut, daß sie für $y_1 = 2 \cos \dfrac{\alpha}{5}$ erfüllt ist. Man überzeugt sich sofort, daß auch die Zahlen

$$y_2 = 2 \cos \left(\frac{\alpha}{5} + \frac{2\,\pi}{5} \right), \qquad y_3 = 2 \cos \left(\frac{\alpha}{5} - \frac{2\,\pi}{5} \right), \tag{14}$$

$$y_4 = 2 \cos \left(\frac{\alpha}{5} + \frac{4\,\pi}{5} \right), \qquad y_4 = 2 \cos \left(\frac{\alpha}{5} - \frac{4\,\pi}{5} \right)$$

Lösungen von (2) sind. Setzt man nämlich

$$\frac{\alpha}{5} + \frac{2\,\pi\,k}{5}$$

---

[2]) Man überzeugt sich leicht, daß der Fall $\mu = 1$, also $J = r^2$, durchaus geometrisch realisierbar ist.

in (1) ein, so erhält man

$$\cos 5\beta = 2\cos\left[5\left(\frac{\alpha}{5} + \frac{2\pi k}{5}\right)\right] = 2\cos\alpha =$$

$$\left[2\cos\left(\frac{\alpha}{5} + \frac{2\pi k}{5}\right)\right]^5 - 5\left[2\cos\left(\frac{\alpha}{5} + \frac{2\pi k}{5}\right)\right]^3 + 5\left[2\cos\left(\frac{\alpha}{5} + \frac{2\pi k}{5}\right)\right]$$

oder

$$y_\nu^5 - 5\,y_\nu^3 + 5\,y_\nu - 2\cos\alpha = 0$$

für

$$\nu = 1, 2, 3, 4, 5.$$

Für $\alpha \neq \pm\pi$, $\neq \pm 2\pi$ sind die 5 Wurzeln $y_1, \ldots, y_5$ alle verschieden. Nehmen wir jetzt an, daß für einen Winkel $\alpha \neq \pi$, $\neq 2\pi$ die Fünfteilung mit Zirkel und Lineal möglich sei. Dann müßte (2) eine Wurzel haben, die einem dem Koeffizientenkörper $\Re = \Re_0\,(\cos\alpha)$ von (2) zugeordneten Quadratwurzelkörper $\Re_m$ angehört. y_1 möge also einem solchen Körper $\Re_m$, nicht aber dem Körper $\Re_{m-1}$ angehören.

Wir beachten jetzt, daß nach (14)

$$y_2 = 2\,y_1\cos 72° - 2\,\sqrt{1 - y_1^2}\,\sin 72° =$$

$$\frac{1}{2}(\sqrt{5} - 1)\,y_1 - 2\,\sqrt{1 - y_1^2}\,\sqrt{\frac{5}{8} + \frac{1}{8}\sqrt{5}}$$

ist. Ähnliche Darstellungen gewinnen wir aus (14) durch die Anwendung des Additionstheorems für y_3, y_4 und y_5. Die Wurzeln y_2, y_3 y_4 und y_5 gehören dann jedenfalls dem Körper $\Re_{m+3}$ an, der aus $\Re_m$ durch die Adjunktion von $\sqrt{5}$, $\sqrt{\frac{5}{8} + \frac{1}{8}\sqrt{5}}$ und $\sqrt{1 - y_1^2}$ entsteht. Es kann sein, daß eine (oder einige) dieser Wurzeln schon einem Körper $\Re_s$ mit $s < m$ angehört. Das wäre z. B. möglich, wenn $\sqrt{1 - y_1^2}$, $\sqrt{\frac{5}{8} + \frac{1}{8}\sqrt{5}}$ und $\sqrt{5}$ schon zu $\Re_m$ gehören. Auf jeden Fall gibt es für jede Nummer ν ($\nu = 1$, 2, 3, 4, 5) eine Zahl $N\,(\nu)$ von der Art, daß

$$y_\nu \in \Re_{N(\nu)}, \quad y_\nu \notin \Re_{N(\nu)-1} \tag{16}$$

gilt. Zu mindestens einer Nummer $N(\nu)$ muß eine ungerade Anzahl von Wurzeln gehören. Sei etwa s eine solche Nummer. Da nun (vgl. S. 121) mit $y_\nu = a_\nu + b_\nu\,\sqrt{c_\nu}$ stets auch $y_\nu^* = a_\nu - b_\nu\,\sqrt{c_\nu}$ Wurzel ist, ist das nur möglich, wenn für irgendein ν $y_\nu = y_\nu^*$ ist. Wenn $\Re_{N(\nu)}$ nicht gleich $\Re$ ist, wäre daraus zu schließen, daß y_ν auch $\Re_{N(\nu)-1}$ angehört. Das widerspricht (16), und deshalb muß mindestens eine Wurzel $\Re$ angehören. Damit haben wir

Satz 31 a:

Ein Winkel α *(α $\neq \pi$, $\neq 2\pi$) kann genau dann mit Zirkel und Lineal in 5 Teile geteilt werden, wenn die Gleichung (2) eine Lösung hat, die dem Körper $\Re$ (cos α) angehört.*

Wir haben diesen Satz nach einem Verfahren bewiesen, das speziell auf die Gleichung (2) zugeschnitten war. Man kann — das wollen wir noch anmerken — stattdessen Satz 31 a aus der folgenden allgemeineren Aussage ableiten:

Falls ein in einem Körper $\Re$ irreduzible[1]*) Gleichung f (x) = 0 mindestens eine Wurzel aus einem Körper $\Re_m$ hat*[2]*), so muß ihr Grad eine Potenz von 2 sein* [IX 7 S. 71].

Da (2) den Grad 5 hat, kann diese Gleichung nur dann eine Wurzel aus $\Re_m$ haben, wenn sie in $\Re$ reduzibel ist. Daraus schließt man dann auf die Existenz einer Wurzel aus $\Re$.

Betrachten wir einige Spezialfälle für die Fünfteilung! Für $\alpha = \dfrac{\pi}{2}$ wird aus (2)

$$y^5 - 5\,y^3 + 5\,y = 0 . \tag{2'}$$

Für $\alpha = \dfrac{\pi}{3}$ haben wir dagegen

$$y^5 - 5\,y^3 + 5\,y - 1 = 0 . \tag{2''}$$

Beide Gleichungen haben eine rationale Lösung: Bei (2′) ist es $y = 0$, bei (2″) $y = 1$. In beiden Fällen ist die mit y_1 bezeichnete Lösung (cos 18° bzw. cos 12°) irrational. Die rationale Lösung ist $y_2 = \cos 90°$ im ersten, $y_3 = \cos (- 60°)$ im zweiten Fall.

Für die Winkel $\dfrac{\pi}{2}$ und $\dfrac{\pi}{3}$ ist also die Fünfteilung möglich. Das ist trivial, wenn man bedenkt, daß ja ein Winkel von $18° = \dfrac{1}{2} \cdot 36°$ und von $12° = 72° - 60°$ mit Zirkel und Lineal konstruiert werden kann. Dagegen besteht für $\alpha = \text{arc cos } \dfrac{1}{3}$ keine rationale Lösung von (2). Der Beweis kann ähnlich geführt werden wie in den schon erledigten Beispielen der Gleichungen (3) und (8).

Es liegt nun die Frage nahe, ob die Lösbarkeit des Teilungsproblems die Regel oder die Ausnahme sei. Auf diese Frage gibt es die folgende Antwort:

---

[1]) Zur Definition siehe z. B. [IX 1], [IX 4]!
[2]) Vgl. Fußnote [2]) von S. 118!

Satz 33:

Die Menge $\mathfrak{M}_5$ ($\mathfrak{M}_3$) der Winkel α ($0 < \alpha < 2\pi$), für die die Fünfteilung (Dreiteilung) mit Zirkel und Lineal möglich ist, ist abzählbar. Die Menge $\mathfrak{N}_5$ ($\mathfrak{N}_3$) der Winkel, für die Fünfteilung (Dreiteilung) nicht möglich ist, ist von der Mächtigkeit des Kontinuums.

Das ist leicht zu beweisen: Wenn für einen Winkel α die Fünfteilung mit Zirkel und Lineal möglich ist, gibt es eine Wurzel x_ν der Gleichung (2), die dem Körper $\mathfrak{K}$ (cos α) angehört. Das heißt aber: x_ν ist eine rationale Funktion von cos α, etwa von der Form

$$x_\nu = \frac{A_0 + A_1 \cos \alpha + \ldots + A_n \cos^n \alpha}{B_0 + B_1 \cos \alpha + \ldots + B_m \cos^m \alpha} \; ; \quad A_\nu, B_\nu \text{ ganz.} \tag{17}$$

Setzt man (17) in (2) ein, so erhält man für cos α eine algebraische Gleichung mit ganzzahligen Koeffizienten. Das heißt aber: cos α ist eine algebraische Zahl. Für alle α also, für die cos α transzendent ist, kann danach die Fünfteilung nicht durchgeführt werden. Analog ist es mit der Dreiteilung. Da die Menge aller algebraischen Zahlen abzählbar ist, ist damit unser Satz bewiesen.

Wir fügen noch hinzu, daß die abzählbare Menge $\mathfrak{M}_5$ ($\mathfrak{M}_3$) der Zahlen, für die die Fünfteilung (Dreiteilung) möglich ist, im Intervall $0 < \alpha < 2\pi$ überall dicht liegt. Denn offenbar ist die Dreiteilung möglich für alle α von der Form $\alpha = \dfrac{m}{2^n}\pi$, die Fünfteilung *außerdem* für $\alpha = \dfrac{m}{3 \cdot 2^n}\pi$.

5. Die Einheitlichkeit der Konstruktion

Wir wissen, daß es kein einheitliches Verfahren gibt, um einen gegebenen Winkel in drei oder fünf gleiche Teile zu teilen. Nach Satz 33 liegt aber die Frage nahe, ob es wenigstens ein einheitliches Verfahren gibt, um *für eine abzählbare Menge $\{\alpha_n\}$* von Winkeln die Fünf- oder Dreiteilung zu erledigen. Für die Dreiteilung ist diese Frage zuerst von Bieberbach [IX 7 S. 55] mit einer schönen funktionentheoretischen Methode behandelt worden. Wir wollen uns die Fünfteilung vornehmen, für die die entsprechenden Aussagen möglich sind.

Nehmen wir an, daß es ein einheitliches Verfahren gäbe, um für eine Folge $\{\alpha_n\}$ von Winkeln die Fünfteilung mit Zirkel und Lineal durchzuführen. Der Einheitlichkeit des geometrischen Verfahrens würde dann eine einheitliche Darstellung von

$$y_1^{(n)} = 2 \cos \frac{\alpha_n}{5}$$

durch verschachtelte Quadratwurzeln entsprechen. Für die eine nach dem Satz 31a dem Körper $\Re\,(\cos\alpha_n)$ angehörige Wurzel von (2) (mit $\cos\alpha_n$ statt $\cos\alpha$) müßte es dann eine Darstellung geben in der Form

$$y_\nu^{(n)} = \frac{A_0 + A_1\cos\alpha_n + \ldots + A_k\cos^k\alpha_n}{B_0 + B_1\cos\alpha_n + \ldots + B_l\cos^l\alpha_n} = f\,(\cos\alpha_n)\,.$$

Dabei sind die $A_\varkappa$ und B_λ rationale, *von n unabhängige* Zahlen. Danach wäre für irgendein k ($k = 0,\,\pm 1,\,\pm 2$) die Gleichung

$$F\,(\alpha_n) = 2\cos\left(\frac{\alpha_n}{5} + \frac{2\pi k}{5}\right) - f\,(\cos\alpha_n) = 0$$

für unendlich viele Zahlen n erfüllt. Da nun die Winkelmaße α_n zwischen 0 und 2π mindestens einen Häufungspunkt haben, folgt daraus nach einem bekannten funktionentheoretischen Satz, daß die Funktion

$$F\,(z) = 2\cos\left(\frac{z}{5} + \frac{2k\pi}{5}\right) - f\,(z) \tag{18}$$

identisch verschwindet. Nun hat aber $f\,(z)$ die Periode 2π. Danach wäre

$$0 = 2\cos\left(\frac{z}{5} + \frac{2k\pi}{5}\right) - f\,(z) = 2\cos\left(\frac{Z}{5} + \frac{2\pi\,(k+1)}{5}\right) - f(z)$$

also

$$\cos\left(\frac{z}{5} + \frac{2k\pi}{5}\right) = \cos\left(\frac{z}{5} + \frac{2\pi\,(k+1)}{5}\right)$$

identisch in z. Das ist nun falsch, und deshalb kann es kein einheitliches Konstruktionsverfahren für eine Folge $\{\alpha_n\}$ von Winkeln geben.

Wie Bieberbach weiter gezeigt hat, ist aber stets ein einheitliches Verfahren für eine *endliche* Anzahl von Winkeln zu finden.

X. Konstruktionen auf der Kugel

1. Die stereographische Projektion

Mit Hilfe der stereographischen Projektion kann man die Konstruktionsaufgaben auf der Kugel (z. B. Aufgabe (9) S. 3) auf Probleme der ebenen Geometrie zurückführen. Die Eigenschaften dieser Abbildung werden gewöhnlich in den Lehrbüchern der elementaren und analytischen Geometrie, aber auch in den einleitenden Kapiteln der Funktionentheorie ausführlich dargestellt[1]). Wir können uns deshalb hier darauf beschränken, die für unsere Zwecke wichtigen Gesetze der stereographischen Projektion zusammenzustellen.

Wir bezeichnen einen beliebigen Großkreis der Einheitskugel als „Äquator" $\mathfrak{E}$ und die Kugelpunkte des zur Ebene von $\mathfrak{E}$ senkrechten Durchmessers als „Nord- und Südpol" (N und S). Die stereographische Projektion ist die zentrale Abbildung der Kugelpunkte vom Zentrum N auf die Ebene ε des Äquators $\mathfrak{E}$. Sie hat folgende Eigenschaften[1]):

1. Jedem von N verschiedenen Punkt der Kugel entspricht genau ein Bildpunkt in der Ebene ε.

2. Kreise auf der Kugel werden in Kreise oder Geraden der Ebene ε abgebildet.

3. Die Abbildung ist winkeltreu.

4. Sind P und Q diametrale Kugelpunkte und P' und Q' die stereographischen Bilder in der Ebene, so gilt

$$S'P' \cdot S'Q' = 1 \,. \tag{1}$$

Dabei ist S' das Bild des Südpols, also der Mittelpunkt der Kugel. Die Gültigkeit von (1) liest man unter Benutzung des Höhensatzes an Abb. 41 ab.

5. Sind ξ, η und ζ die Koordinaten des Kugelpunktes P, x und y die des Bildpunktes P' in der Ebene ε, so gilt

$$x = \frac{\xi}{1 - \zeta}\,, \quad y = \frac{\eta}{1 - \zeta} \tag{2}$$

und

$$\xi = \frac{2\,x}{1 + x^2 + y^2}\,, \quad \eta = \frac{2\,y}{1 + x^2 + y^2}\,, \quad \zeta = \frac{x^2 + y^2 - 1}{x^2 + y^2 + 1} \tag{2'}$$

---

[1]) Siehe z. B. [II 4] oder [VI 2]!

Das Gesetz (1) kann man benutzen, um Konstruktionen im stereographischen Bild in der Ebene auszuführen. Um etwa das Bild des in Aufgabe (9) erwähnten Kugelviereks zu zeichnen, legen wir den Mittelpunkt dieses (regulären) Vierecks der Einfachheit halber in den Südpol der Kugel. Senkrechte Großkreise g_1 und g_2 durch S werden dann in senkrechte Geraden g_1' und g_2' durch S' abgebildet, und jeder „Breitenkreis" b der Kugel geht bei der stereographischen Abbildung in einen Kreis um S' über. Die durch die Schnittpunkte A, B, C und D von g_1 und g_2 mit b bestimmten Großkreisbogen AB, BC, CD und DA bilden dann ein reguläres Viereck. Um durch die Bildpunkte A', B', C' und D' die Bilder der Großkreise zu zeichnen, brauchen wir nach (1) nur diese Punkte *an S' und dem Einheitskreis zu spiegeln*. Die auf diese Weise erhaltenen Bilder A'', B'', C'' und D'' legen dann die in der Ebene ε zu zeichnenden Bilder der Großkreisbogen fest (Abb. 42): Das Bild

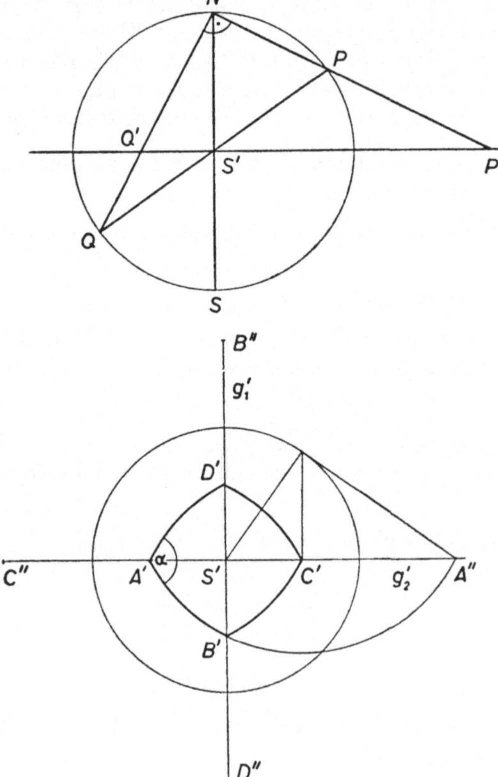

Abb. 41

Abb. 42

des Großkreises durch A und B z. B. muß nicht nur durch A' und B', sondern auch durch A'' (und B'') gehen. Da die stereographische Projektion winkeltreu ist, ist der Winkel $2\,\alpha$ in Abb. 42 gleich dem (stumpfen) Viereckswinkel auf der Kugel selbst[1]).

2. Konstruktionen mit Kugelzirkel und Großkreislineal

Um die Möglichkeiten der Konstruktion mit Kugelzirkel und Großkreislineal (Aufgabe **(9)** S. 3) im stereographischen Bild zu untersuchen, ist die Festlegung eines rechtwinkligen Koordinatensystems auf der Kugel zweckmäßig. Dann können wir nach (2') und (2) die Koordinaten des Originals aus denen des Bildes berechnen und umgekehrt. Wir müssen aber erst prüfen, ob die Konstruktion von drei paarweise senkrechten Großkreisen aus $n \geqq 2$ gegebenen Punkten immer möglich ist.

Nehmen wir an, es seien uns zwei Punkte P und Q auf der Kugel gegeben. Wenn diese beiden Punkte diametral liegen, kann man keinen weiteren Punkt konstruieren. Nicht viel weiter kommen wir, wenn die beiden Punkte gerade den Abstand $\frac{2}{3}\,\pi$ voneinander haben. Die Kreise um A mit dem Radius[2]) AB und um B mit dem Radius BA berühren sich dann in einem Punkt C des Großkreises AB, der von A und B die Entfernung $\frac{2}{3}\,\pi$ hat. Es ist in diesem Fall nicht möglich, weitere Punkte zu konstruieren[3]). Diese beiden Fälle wollen wir im folgenden ausschließen.

Wenn (mindestens) zwei Punkte P und Q vorgegeben sind, deren Abstand nicht gerade π oder $\frac{2}{3}\,\pi$ ist, kann man stets drei paarweise senk-

---

[1]) Es sei daran erinnert, daß auch die Abb. 10 u. 15 stereographische Bilder sind.

[2]) Der Radius $AB = r$ ist der auf der Kugel gemessene Bogen AB, die Zirkelspanne die entsprechende Sehne AB.

[3]) Auf S. 4 wurde erwähnt, daß man das Großkreislineal durch einen gewöhnlichen Zirkel realisieren kann, wenn man noch die Großkreisspanne $\sqrt{2}$ vorgibt. Man ermittelt dann zuerst den Pol des Großkreises und zeichnet dann um diesen Kreis mit der Spanne $\sqrt{2}$. Es ist zu beachten, daß das Zeichnen mit Kreisen um einen Punkt mit der Spanne $\sqrt{2}$ *für sich allein* kein erlaubter Konstruktionsschritt ist. Diese Möglichkeit wurde nur erwähnt, um zu zeigen, wie man das „Großkreislineal" technisch realisieren kann. Nur die Kreise (mit einer Spanne $< \sqrt{2}$!) und die auf irgend eine Weise gezeichneten „Geraden" durch zwei Kugelpunkte sind Konstruktionselemente. Es ist bei dieser Auffassung nicht möglich, zu den Punkten A, B und C mit den (sphärischen) Abständen $\frac{2}{3}\,\pi$ den Pol des Großkreises ABC zu konstruieren.

rechte Großkreise konstruieren, die dann ein Koordinatensystem auf der Kugel bestimmen. Einer davon ist der als „Äquator" zu bezeichnende Großkreis PQ. Falls der Bogen PQ kleiner als $\frac{2}{3}\pi$ ist, schneiden sich die Kreise um P mit dem Radius PQ und um Q mit dem Radius QP, und der durch die Schnittpunkte gelegte Großkreis geht durch N und S, halbiert den Bogen PQ und trifft den Äquator $\mathfrak{E}$ senkrecht. Die Schnittpunkte mit $\mathfrak{E}$ seien A und B (Abb. 43). Damit haben wir schon

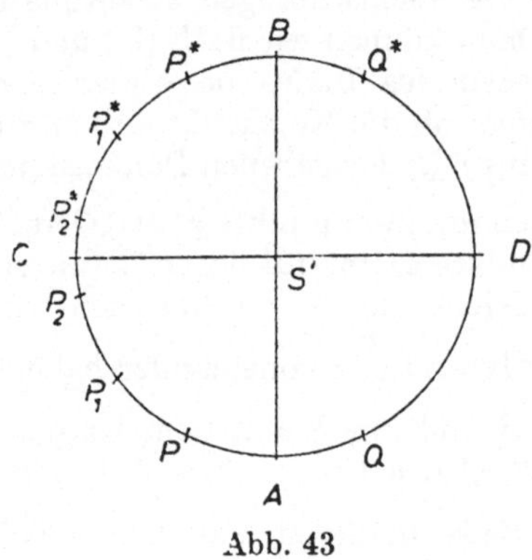

Abb. 43

ein Paar senkrechter Großkreise. Um den auf diesen beiden senkrechten Großkreis zu finden, zeichnen wir um B den Kreis mit AP, der $\mathfrak{E}$ in P^* und Q^* trifft. Das Mittellot des Äquatorbogens PP^* (bzw. QQ^*) steht dann auf AB und PQ senkrecht. Da aber der Bogen PP^* größer als $\frac{2}{3}\pi$ ist, können wir allerdings diesen dritten Großkreis nicht durch dasselbe Verfahren gewinnen, das uns den zweiten lieferte. Man kann sich aber so helfen: Trägt man den Radius AP von P bzw. P^* aus auf dem Äquator mehrfach ab, so erhält man die Punktepaare $P_1P_1^*$, $P_2P_2^*$, ... Nach endlich vielen Schritten kommt man zu einem Paar $P_vP_v^*$, dessen sphärischer Abstand kleiner als $\frac{2}{3}\pi$ ist. Das Mittellot *dieses* Äquatorbogens kann dann in der üblichen Weise konstruiert werden und liefert den dritten Großkreis, der den Äquator in C und D senkrecht trifft und durch N und S geht.

Die Achsen AB, CD und NS bestimmen dann ein rechtwinkliges Koordinatensystem, in dem wir die stereographische Abbildung nach (2) bzw. (2') analytisch darstellen können.

Falls die beiden gegebenen Punkte P und Q einen sphärischen Abstand haben, der größer als $\frac{2}{3}\pi$ ist, muß eine Variation des Verfahrens vorgenommen werden, deren Einzelheiten wir dem Leser überlassen wollen. Die in den Formeln (2) und (2′) auftretenden Koordinaten ξ, η und ζ können als halbe Zirkelspannen zwischen zwei gegebenen oder konstruierbaren Punkten gedeutet werden. In der Tat: Sei P ein Kugelpunk mit den Koordinaten ξ, η, ζ. Dann kann man aus P und den Eckpunkten des Koordinatensystems[1]) den Spiegelpunkt $\overline{P}$ mit den Koordinaten $-\xi$, η, ζ mit Kugelzirkel und Großkreislineal konstruieren. Die Zirkelspanne zwischen P und $\overline{P}$ ist dann gerade $2\,\xi$. Entsprechend kann $2\,\eta$ und $2\,\zeta$ als Zirkelspanne zwischen konstruierbaren Punkten gedeutet werden.

Jedem Konstruktionsschritt auf der Kugel entspricht nun eine wohlbestimmte Operation mit Zirkel und Lineal im stereographischen Bild. Umgekehrt hat jeder Schnitt von Kreisen und Geraden in der Bildebene ein Äquivalent auf der Kugel, da ja die Kreise und Geraden der Ebene durch die Umkehrung der stereographischen Projektion Kreisen oder Großkreisen auf der Kugel zugeordnet werden. Da nach (2) und (2′) die Beziehungen zwischen $\{x\,;\,y\}$ und $\{\xi\,;\,\eta\,;\,\zeta\}$ rational sind, können wir nach Satz 32 die Möglichkeiten der Konstruktion mit Großkreislineal und Kugelzirkel so beschreiben:

Satz 34:

Es seien P_1, P_2, ..., P_n n $(n \geqq 2)$ gegebene Punkte[1]) auf der Kugel mit den Koordinaten $\{\xi_\nu,\ \eta_\nu,\ \zeta_\nu\}$ $(\nu = 1, 2, ..., n)$. $\Re$ sei der Zahlkörper, der aus dem Körper $\Re_0$ der rationalen Zahlen durch Adjunktion der Koordinaten ξ_ν, η_ν, ζ_ν $(\nu = 1, 2, ..., n)$ entsteht. Dann sind auf der Kugel genau die Punkte[2]) mit Kugelzirkel und Großkreiszirkel konstruierbar, deren Koordinaten einem $\Re$ zugeordneten[3]) Quadratwurzelkörper $\Re_m$ angehören.

Da zwischen der Zirkelspanne s und dem entsprechenden Großkreisbogen r die einfache Beziehung $s = \sin\dfrac{r}{2}$ besteht, können wir Satz 34 auch so formulieren [X 7]:

Satz 34 a:

Ausgehend von m gegebenen Großkreisbogen kann man genau die Großkreisbogen mit Kugelzirkel und Großkreislineal konstruieren, deren trigono-

---

[1]) Das sind die oben mit A, B, C, D, S und N bezeichneten Punkte.

[2]) Wir schließen den Fall aus, daß nur zwei Punkte mit den sphärischen Entfernungen π oder $\frac{2}{3}\pi$ gegeben sind.

[3]) Siehe Fußnote [2]) S. 118!

metrische Funktionen verschachtelte Quadratwurzelausdrücke der trigono-
metrischen Funktionen der gegebenen Großkreisbogen sind.

3. Die Quadratur des Zirkels auf der Kugel

Nach diesen Vorbereitungen können wir an die Untersuchung des als
Aufgabe (9) registrierten Quadraturproblems auf der Kugel gehen. Wir
verlegen den Mittelpunkt des gegebenen Kugelkreises mit dem Radius ϱ
in den Südpol der Kugel und betrachten den Mittelpunkt S (0; 0; -1)
und einen Peripheriepunkt P (sin ϱ, 0, $-$ cos ϱ) als gegeben.

Der Inhalt dieses Kugelkreises ist

$$F_1 = 2 \pi (1 - \cos \varrho) . \tag{3}$$

Andererseits ist der Inhalt eines regulären Kugelvierecks mit dem
Winkel 2 α (Abb. 42)

$$F_2 = 8 \alpha - 2 \pi . \tag{4}$$

Zwischen dem Umkreisradius r des regulären Vierecks und dem Winkel α
besteht nun die Relation

$$\operatorname{ctg} \alpha \cdot \operatorname{ctg} \frac{\pi}{4} = \operatorname{ctg} \alpha = \cos r . \tag{5}$$

Aus $F_1 = F_2$ folgt dann

$$\frac{\pi}{2} - \alpha = \frac{\pi}{4} \cos \varrho \tag{6}$$

oder nach (5):

$$\cos r = \tang \left(\frac{\pi}{4} \cos \varrho \right) . \tag{6'}$$

Das gesuchte Viereck kann nun gewiß gezeichnet werden, wenn sein
Umkreis bekannt ist. Wir können unsere Aufgabe deshalb auch so
formulieren:

> *Gegeben ist der Südpol S und ein Punkt P mit den Koordinaten*
> *(sin ϱ; 0; $-$ cos ϱ). Gesucht ist ein Punkt Q mit den Koordinaten*
> *(sin r; 0; $-$ cos r). Dabei soll zwischen r und ϱ die Relation (6')*
> *erfüllt sein.*

Nach (2) haben die stereographischen Bilder P' und Q' die Koordinaten

$$x = \frac{\sin \varrho}{1 + \cos \varrho} , \quad y = 0 \tag{7}$$

und

$$x_1 = \frac{\sin r}{1 + \cos r} , \quad y_1 = 0 . \tag{7'}$$

134

Der Formel (6') entspricht dann die Beziehung

$$x_1{}^2 = \frac{1 - \operatorname{tg}\left(\dfrac{\pi}{4}\dfrac{1 - x^2}{1 + x^2}\right)}{1 + \operatorname{tg}\left(\dfrac{\pi}{4}\dfrac{1 - x^2}{1 + x^2}\right)} \tag{8}$$

zwischen den Koordinaten des stereographischen Bildes. Die Konstruktion auf der Kugel ist genau dann durchführbar, wenn x_1 in der Ebene mit Zirkel und Lineal aus gegebenem x konstruiert werden kann. Das wird dann und nur dann gelingen, wenn der Winkel

$$\beta = \frac{\pi}{4}\frac{1 - x^2}{1 + x^2} = \frac{\pi}{4}\cos\varrho$$

mit Zirkel und Lineal konstruiert werden kann. Man sieht sofort, daß z. B. die Bedingungen

$$\cos\varrho = 2^{2-n}\,, \quad \cos\varrho = 3^{-1}\cdot 2^{3-n}\ (n = 2, 3, \ldots)$$

dafür hinreichend sind.

Es gibt aber auch Fälle, in denen die Konstruktion bei irrationalem $\cos\beta$ möglich ist. So ist z. B. $\beta = \operatorname{arc\,tg}\dfrac{4}{3}$ natürlich konstruierbar, obwohl $\operatorname{arc\,tg}\dfrac{4}{3} = \operatorname{arc\,cos}\dfrac{3}{5}$ *kein rationales Vielfaches von* π *ist.* Der Beweis für diese Tatsache ergibt sich aus einem Hilfssatz, den wir im letzten Abschnitt dieses Kapitels nachtragen wollen.

Während also das Quadraturproblem in der Ebene unlösbar ist[1]*), gibt es Fälle, in denen das entsprechende Problem auf der Kugel gelöst werden kann.*

Satz 35:

Die Konstruktion eines einem Kugelkreis vom sphärischen Radius ϱ flächengleichen regulären Vierecks ist genau dann mit Kugelzirkel und Großkreislineal möglich, wenn $\operatorname{tg}\left(\dfrac{\pi}{4}\cos\varrho\right)$ *einem Quadratwurzelkörper $\Re_m$ angehört, der dem Körper $\Re = \Re_0\,(\cos\varrho)$ zugeordnet*[2]*) ist. Dabei ist $\Re$ der aus dem Körper $\Re_0$ der rationalen Zahlen durch Adjunktion von $\cos\varrho$ entstehende Körper.*

Zu diesem Satz gibt es ein Analogon in der nichteuklidischen (hyperbolischen) Geometrie[3]).

---

[1]) Siehe dazu z. B. [IX 7], [X 2], [X 3], [X 4]!

[2]) Siehe Fußnote [2]) S. 118!

[3]) Vgl. [X 1]. Die dort formulierte Bedingung für die Durchführbarkeit der Konstruktion ist aber nicht notwendig, sondern nur hinreichend.

Man kann die Problemstellung von Aufgabe (9) auch umkehren:

(9a) *Gegeben ist ein einem Kugelkreis vom sphärischen Radius r einbeschriebenes reguläres Viereck mit dem Winkel 2 α. Es soll mit Kugelzirkel und Großkreislineal ein flächengleicher Kugelkreis konstruiert werden.*

Um die Lösbarkeit dieser Aufgabe zu untersuchen, ist es bequem, von dem Winkel α des gegebenen Vierecks auszugehen. Setzt man $\alpha = \dfrac{\pi\,\omega}{4}$ so wird aus (6):

$$\cos \varrho = 2 - \omega\,, \quad \sin \varrho = \sqrt{4\,\omega - \omega^2 - 1}\,.$$

Danach ist $\cos \varrho$, $\sin \varrho$ und damit die x-Koordinate von P' nach (7) genau dann konstruierbar, wenn ω einem Quadratwurzelkörper $\mathfrak{K}_m{}^*$ angehört, der dem Körper $\mathfrak{K}^* = \mathfrak{K}_0 (\cos r)$ zugeordnet ist.

4. Ein Hilfssatz

Wir haben noch den Beweis dafür nachzutragen, daß λ in

$$\beta = \lambda \pi = \operatorname{arc\,tg} \frac{4}{3} = \operatorname{arc\,cos} \frac{3}{5}$$

irrational ist. Das ergibt sich aus folgendem allgemeinerem

Hilfssatz:
Die spitzen Winkel eines pythagoreischen Dreiecks sind keine rationalen Vielfache von π.

Zum Beweis dieses Satzes können wir annehmen, daß die pythagoreischen Zahlen u, g und r teilfremd sind:

$$u^2 + g^2 = r^2\,, \quad (u, g, r) = 1\,.$$

Bekanntlich muß von den Seitenzahlen der Katheten eine gerade, eine ungerade sein. Setzen wir also voraus: u ist ungerade, g gerade. Wir wollen zeigen, daß λ in

$$\beta = \lambda \pi = \operatorname{arc\,tg} \frac{g}{u} = \operatorname{arc\,cos} \frac{u}{r} \tag{9}$$

irrational ist. Nehmen wir an, es sei $\lambda = \dfrac{m}{n}$, $(m, n) = 1$.

1. Fall: n ist ungerade.
Aus der Formel (vgl. (VI 7)!)

$$\tag{16}$$
$$\sin n\,\beta = \binom{n}{1}\cos^{n-1}\beta \sin \beta - \binom{n}{3}\cos^{n-3}\beta \sin^3 \beta + \dots + (-1)^{\frac{n-1}{2}} \sin^n \beta$$

für ungerades n erhalten wir in unserem Fall

$$0 = \binom{n}{1}\left(\frac{u}{r}\right)^{n-1}\left(\frac{g}{r}\right) - \binom{n}{3}\left(\frac{u}{r}\right)^{n-3}\left(\frac{g}{r}\right)^3 + - \ldots + (-1)^{\frac{n-1}{2}}\left(\frac{g}{r}\right)^n.$$

Daraus folgt

$$n\,u^{n-1} = \binom{n}{3}u^{n-3}\,g^2 - + \ldots + (-1)^{\frac{n+1}{2}}\,g^{n-1} = G$$

mit einer geraden Zahl G. Das ist aber unmöglich, da $n \cdot u^{n-1}$ ungerade ist.

2. Fall: n ist gerade: $n = 2^\varrho \cdot U$, wobei U ungerade.

Hier setzen wir[1])

$$\gamma = 2^\varrho \cdot \beta = \frac{m\,\pi}{U} \tag{11}$$

und beachten, daß $\sin\gamma$ und $\cos\gamma$ sich dann in der Form

$$\sin\gamma = \frac{g_\varrho}{r^{\,2\varrho}}\,, \quad \cos\gamma = \frac{u_\varrho}{r^{\,3\varrho}} \tag{12}$$

schreiben lassen. Dabei ist g_ϱ gerade, u_ϱ ungerade. Die Richtigkeit der Darstellung (12) ergibt sich aus (9) unter Benutzung des Additionstheorems durch vollständige Induktion. Wir wenden jetzt (10) auf $\sin U\gamma$ an und erhalten

$$0 = \binom{U}{1}\left(\frac{U_\varrho}{r^{\,2\varrho}}\right)^{U-1}\left(\frac{g_\varrho}{r^{\,2\varrho}}\right) - \binom{U}{3}\left(\frac{u_\varrho}{r^{\,2\varrho}}\right)^{U-3}\left(\frac{g_\varrho}{r^{\,2\varrho}}\right)^3 + - \ldots + (-1)^{\frac{U-1}{2}}\left(\frac{g_\varrho}{r^{\,2\varrho}}\right)^U$$

oder

$$U \cdot u_\varrho^{U-1} = \binom{U}{3}u_\varrho^{U-3}\, g_\varrho - + \ldots + (-1)^{\frac{U+1}{2}}\,g_\varrho^{U-1} = G^*$$

mit einer geraden Zahl G und ungeraden Zahlen U und u_ϱ. Aus diesem Widerspruch folgt, daß λ in (9) nicht rational sein kann. Dann ist es aber auch μ in $\mu\,\pi = \frac{\pi}{2} - \beta$ nicht, und unser Hilfssatz ist bewiesen.

---

[1]) $U \neq 1$, da $U = 1$ auf $\sin\gamma = \sin m\pi = 0$ führt. Offenbar ist $\sin 2^\varrho\beta$ für alle ϱ von 0 verschieden.

XI. Probleme der Mengengeometrie

1. Neue Definition der Zerlegungsgleichheit

Das gleichschenklige Dreieck ABC in Abb. 44 ist dem Rechteck $ADCE$

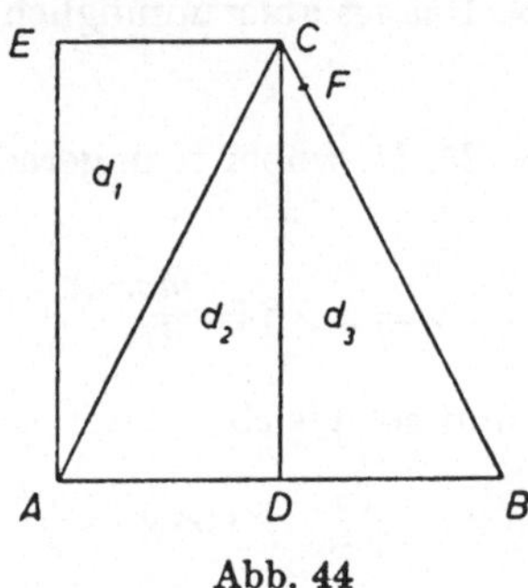

Abb. 44

im elementargeometrischen Sinne (S. 2) zerlegungsgleich: Das Dreieck ACD ist sich selber kongruent, das Dreieck ACE dem Dreieck BCD. Wir wollen jetzt klarstellen, daß die Zerlegungsgleichheit

$$ABC \overset{z}{=} ADCE$$

nicht ohne weiteres eine umkehrbar eindeutige Zuordnung zwischen den durch das Dreieck und das Rechteck bestimmten Punktmengen herstellt. Es sei etwa $\mathfrak{r}$ die Menge der Punkte, die im Innern des Rechtecks $ADCE$ liegen, $\mathfrak{b}$ die entsprechende Menge für das Dreieck ABC, $\mathfrak{b}_1$, $\mathfrak{b}_2$ und $\mathfrak{b}_3$ seien die Mengen der inneren Punkte von $\triangle ACE$, $\triangle ACD$ und $\triangle BCD$. Dann entspricht der Zerlegung

$$ACD + ACE = ACD + BCD$$

eine umkehrbar eindeutige Zuordnung der Punkte von $\mathfrak{b}_1$ auf $\mathfrak{b}_3$ und von $\mathfrak{b}_2$ auf sich selbst. Die erste dieser beiden Zuordnungen wird realisiert durch die Kongruenzabbildung, die die beiden Figuren zur Deckung bringt.

Damit ist aber keine entsprechende Zuordnung zwischen $\mathfrak{r}$ und $\mathfrak{b}$ hergestellt. Die Vereinigungsmenge von $\mathfrak{b}_1$ und $\mathfrak{b}_2$ ist eine echte Teilmenge von $\mathfrak{r}$, da ja die inneren Punkte der Strecke AC zwar zu $\mathfrak{r}$, nicht aber zu $\mathfrak{b}_1 + \mathfrak{b}_2$ gehören. Ebenso gehören die inneren Punkte von CD zu $\mathfrak{b}$, nicht aber zu $\mathfrak{d}_2 + \mathfrak{d}_3$. Es wird auch nicht einfacher, wenn man statt $\mathfrak{t}$, $\mathfrak{d}$ und $\mathfrak{d}_\nu$ ($\nu = 1, 2, 3$) die entsprechenden abgeschlossenen Mengen $\mathfrak{R}$, $\mathfrak{D}$, $\mathfrak{D}_\nu$ ($\nu = 1, 2, 3$) betrachtet.

Trotzdem ist es möglich, die elementargeometrische Zerlegungsgleichheit in eine mengentheoretische zu übersetzen. Dazu erklären wir:

Zwei Punktmengen $\mathfrak{P}$ und $\mathfrak{Q}$ (eines n-dimensionalen euklidischen Raumes) heißen „äquivalent durch Zerlegung in n Teile", wenn es möglich ist, $\mathfrak{P}$ und $\mathfrak{Q}$ so in je n paarweise elementefremde Mengen $\mathfrak{P}_\nu$ bzw. $\mathfrak{Q}_\nu$ ($\nu = 1, 2, \ldots, n$) zu zerlegen, daß die Teilmengen $\mathfrak{P}_\nu$ und $\mathfrak{Q}_\nu$ mit gleicher Nummer kongruent sind[1]):

$$\mathfrak{P} = \mathfrak{P}_1 + \mathfrak{P}_2 + \ldots + \mathfrak{P}_n\,, \quad \mathfrak{P}_\nu \mathfrak{P}_\mu = 0\ (\nu \neq \mu)\,,$$
$$\mathfrak{Q} = \mathfrak{Q}_1 + \mathfrak{Q}_2 + \ldots + \mathfrak{Q}_n\,, \quad \mathfrak{Q}_\nu \mathfrak{Q}_\mu = 0\ (\nu \neq \mu)\,,$$
$$\mathfrak{P}_\nu \equiv \mathfrak{Q}_\nu\,, \quad \nu = 1, 2, \ldots, n\,.$$

Wir schreiben dann: $\mathfrak{P} \overset{n}{=} \mathfrak{Q}$. Wenn man die Zahl n der Teile nicht kennt (oder auf die Festlegung dieser Zahl keinen Wert legt), kann man solche Mengen auch einfach als endlich äquivalent bezeichnen: $\mathfrak{P} \overset{(e)}{=} \mathfrak{Q}$. Dabei heißen zwei Mengen *kongruent*, wenn es möglich ist, die eine in die andere durch Kongruenzabbildungen (Verschiebungen, Drehungen und Spiegelungen) überzuführen.

Diese Äquivalenz durch Zerlegung in n Teile ist wohl zu unterscheiden von der früher eingeführten elementaren Zerlegungsgleichheit von Polygonen oder Polyedern. Bei der neuen Definition sind für die Mengen *und die Teilmengen* beliebige Punktmengen des betrachteten Raumes zugelassen, nicht nur Polygone und Polyeder. Andererseits fordern wir hier bei der Äquivalenz eine *eindeutige Zuordnung der Punkte und eine Zerlegung paarweise elementefremde Mengen*. Bei der Zerlegung der Polygone in Teilpolygone war dagegen nur gefordert, daß die Teilpolygone keine *inneren* Punkte gemeinsam haben.

Wir wollen nun zeigen, daß das Rechteck $ADCE$ und das Dreieck ABC von Abb. 44 auch in dem eben definierten Sinne äquivalent durch endliche Zerlegung sind. Dabei wollen wir jetzt unter dem Rechteck bzw. dem Dreieck die Menge der Punkte verstehen, die dem Innern oder dem Rand der Figuren angehören. Strecken AC, BC usw. werden wir im folgenden in Klammern einschließen, um andeuten zu können, ob wir die offene, halboffene oder abgeschlossene Menge meinen. So soll $[AC]$ (in eckigen Klammern) die Strecke AC mit Einschluß der Eckpunkte bedeuten, (AC) ist die offene Strecke, $[AC)$ die „halboffene" Strecke (einschließlich A, ausschließlich C).

---

[1]) Über die Addition und Subtraktion von Mengen siehe z. B. [VI 5] oder ein anderes Lehrbuch der Mengenlehre.

Wir versuchen nun, die Zuordnung der betrachteten Punktmengen so zu erreichen: Das (abgeschlossene) Dreieck ACD ($\mathfrak{D}_2$) wird sich selber zugeordnet, das offene Dreieck ACE ($\mathfrak{d}_1$ in Abb. 48) dem offenen Dreieck BCD ($\mathfrak{d}_3$):

$$\mathfrak{D}_2 \equiv \mathfrak{D}_2, \quad \mathfrak{d}_1 \equiv \mathfrak{d}_3.$$

Jetzt sind noch einige Strecken unterzubringen. Es sei F der auf $[BC]$ gelegene Punkt, für den die Kongruenz $[AE] \equiv [BF]$ erfüllt ist. Dann können wir die Mengen $\mathfrak{R}$ (das abgeschlossene Rechteck $ADCE$) und $\mathfrak{D}$ (das abgeschlossene Dreieck ABC) so zerlegen:

$$\mathfrak{R} = \mathfrak{D}_2 + \mathfrak{d}_1 + (EC) + (AE],$$
$$\mathfrak{D} = \mathfrak{D}_2 + \mathfrak{d}_3 + (DB) + (FB] + (CF].$$

Dabei gelten die Kongruenzrelationen:

$$\mathfrak{D}_2 \equiv \mathfrak{D}_2, \quad \mathfrak{d}_1 \equiv \mathfrak{d}_3, \quad (EC) \equiv (DB), (AE] \equiv (FB].$$

Dieses Ergebnis können wir so zusammenfassen:

$$\mathfrak{D} \overset{5}{\equiv} (CF] + \mathfrak{R}. \tag{1}$$

Das heißt: Die Strecke $(CF]$ ist einfach übriggeblieben! Wir werden sie aber doch noch im Rechteck unterbringen.

Dazu überlegen wir folgendes. Es sei M der Mittelpunkt des Rechtecks $ADCE$ (Abb. 45) und $(MN]$ eine zu EC parallele (halboffene) Strecke,

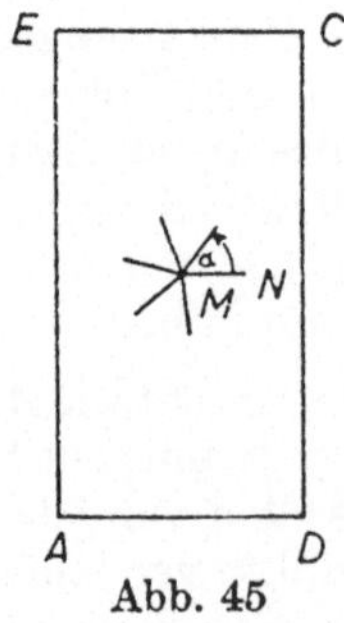

Abb. 45

deren Länge kleiner als $\frac{1}{2} EC$ ist. Wir bezeichnen diese Strecke mit σ, ihr durch Drehung um M um den Winkel $\nu \alpha$ entstehendes Bild mit $\sigma (\nu \alpha)$ (ν ganz, positiv). Wir wählen nun einen beliebigen Winkel α, der kein rationales Vielfaches von π ist und definieren die Menge $\mathfrak{S}$ als Vereinigungsmenge der unendlich vielen $\sigma (\nu \alpha)$ ($\nu = 1, 2, 3, \ldots$):

$$\mathfrak{S} = \sigma + \sigma (\alpha) + \sigma (2\alpha) + \cdots$$

Durch Drehung um den Winkel $-\alpha$ wird diese Menge übergeführt in

$$\mathfrak{S}(-\alpha) = \sigma(-\alpha) + \sigma + \sigma(\alpha) + \ldots = \mathfrak{S} + \sigma(-\alpha).$$

Wir haben also

$$\mathfrak{S} = \mathfrak{S} + \sigma(-\alpha). \tag{2}$$

Wenn nun im Rechteck $\mathfrak{R}$ $AD \leq CD$ ist, so ist, wie man leicht nachrechnet, CF kleiner als $\frac{1}{2}EC$. Wählen wir nun als Strecke σ eine zu $(CF]$ kongruente, so haben wir nach (2)

$$\mathfrak{S} \overset{2}{=} \mathfrak{S} + (CF]. \tag{3}$$

Wir zerlegen nun $\mathfrak{R}$ in $\mathfrak{S}$ und die Komplementärmenge $\mathfrak{R}_1$. Dann haben wir nach (3)

$$\mathfrak{R} = \mathfrak{R}_1 + \mathfrak{S} \overset{3}{=} \mathfrak{R}_1 + \mathfrak{S} + (CF] = \mathfrak{R} + (CF]. \tag{4}$$

Nun gilt für die endliche Äquivalenz eine ähnliche Transitivitätsbeziehung wie für die elementargeometrische Zerlegungsgleichheit:

Hilfssatz A:

Sind zwei Mengen einer dritten endlich äquivalent, so sind sie untereinander endlich äquivalent.

Ausführlicher: Ist

$$\mathfrak{R} \overset{m}{=} \mathfrak{B}, \quad \mathfrak{B} \overset{n}{=} \mathfrak{C},$$

so ist

$$\mathfrak{A} \overset{m \cdot n}{=} \mathfrak{C}.$$

Der Beweis dieses Hilfssatzes wird ähnlich geführt (durch Zerlegung in Teilmengen) wie die entsprechende Aussage für Polygone. Wir wollen ihn übergehen[1]).

Aus diesem Hilfssatz A folgt nun nach (1) und (4):

Satz 36:

Jedes Rechteck $\mathfrak{R}$ (ADCE in Abb. 44) ist dem aus seinen beiden rechtwinkligen Teildreiecken zusammengesetzten gleichschenkligen Dreieck $\mathfrak{D}$ (ABC) endlich äquivalent.

Damit haben wir einen ersten mengengeometrischen Satz als Analogon zu einer bekannten Aussage der Elementargeometrie gewonnen. Aber

---

[1]) Er steht bei *Sierpinski* [XI 3] S. 69.

die Mengengeometrie leistet viel mehr als die Umdeutung solcher Sätze.
Es gibt in dieser Theorie Aussagen, die vom Blickpunkt der Elementargeometrie aus paradox erscheinen müssen. Dazu gehört z. B. der

Satz 37:

*Jede Kugel des dreidimensionalen Raumes $\mathfrak{R}_3$ ist zu zwei punktfremden
Kugeln vom gleichen Radius endlich äquivalent.*

Es ist vielleicht nötig, an dieser Stelle zu unterstreichen, daß ,,endlich
äquivalent" wesentlich mehr sagt als ,,äquivalent" im allgemein mengen-
theoretischen Sinn. Hier wird doch behauptet, daß jede Kugel so in
endlich viele Teile zerlegt werden kann, daß aus diesen Teilen *durch
Drehungen und Parallelverschiebungen zwei* Kugeln des gleichen Radius
zusammengesetzt werden können. Wir wollen nach Sierpinski *die Zer-
legung einer Menge $\mathfrak{M}$ in zwei elementefremde Mengen* $\mathfrak{M}_1$ *und* $\mathfrak{M}_2$ *paradox
nennen, wenn jede der beiden Teilmengen* $\mathfrak{M}_\nu$ *($\nu = 1, 2$) zu* $\mathfrak{M}$ *endlich
äquivalent ist.* Aus der in Satz 37 ausgesprochenen Paradoxie lassen sich
noch weitere eigenartige Aussagen ableiten. Zum Beispiel die, daß jede
Kugel des $\mathfrak{R}_3$ jedem Würfel des $\mathfrak{R}_3$ endlich äquivalent ist (Satz 39
S. 155). Wir werden weiter zeigen (Satz 40), daß es im $\mathfrak{R}_1$ keine paradoxen Zerlegungen gibt. Das legt die Frage nahe, wie es mit dem $\mathfrak{R}_2$
steht. Wir wollen die Ergebnisse der folgenden Abschnitte nicht noch
weiter vorwegnehmen, aber doch betonen, daß die auf S. 4 gestellte
Frage (10) nach der mengengeometrischen Quadratur noch ungelöst
ist. Um diesem Fragenkreis nahe zu kommen, muß man es schon auf
sich nehmen, im nächsten Abschnitt einem etwas komplizierteren Be-
weisgang zu folgen.

2. Der Satz von Hausdorff

Der Zugang zu den paradoxen Zerlegungen im dreidimensionalen Raum
wird erschlossen durch den Satz *von Hausdorff:*

Satz 38:

*Die Oberfläche der Einheitskugel $\mathfrak{K}$ des $\mathfrak{R}_3$ läßt sich als die Vereinigung
von vier paarweise durchschnittsfremden Mengen darstellen:*

$$\mathfrak{K} = \mathfrak{Q} + \mathfrak{R} + \mathfrak{S} + \mathfrak{T}. \tag{5}$$

*Von diesen Mengen ist $\mathfrak{Q}$ abzählbar, die andern sind von der Mächtigkeit
des Kontinuums. Zwischen diesen Mengen bestehen die Kongruenzen:*

$$\mathfrak{R} \equiv \mathfrak{S}, \; \mathfrak{S} \equiv \mathfrak{T}, \; \mathfrak{T} \equiv \mathfrak{R}, \; \mathfrak{R} \equiv \mathfrak{S} + \mathfrak{T}. \tag{5'}$$

Die Kongruenzbewegungen sind in diesem Fall Drehungen der Kugel.

Den Beweis dieses Satzes gliedern wir in mehrere Teile.

A. Definition von Transformationen

Wir legen in den Mittelpunkt der Kugel ein rechtwinkliges Koordinatensystem und bezeichnen als positive u-Achse einen vom Nullpunkt ausgehenden Strahl der xz-Ebene, der mit der positiven z-Achse einen Winkel $\frac{1}{2}\,\Theta$, mit der positiven x-Achse einen Winkel $\frac{\pi}{2} - \frac{1}{2}\,\Theta$ bildet. Über Θ werden wir noch verfügen.

$$P' = \begin{pmatrix} x' \\ y' \\ z' \end{pmatrix} = \varphi\,(P) = \varphi\begin{pmatrix} x \\ y \\ z \end{pmatrix} \text{ und } P' = \begin{pmatrix} x' \\ y' \\ z' \end{pmatrix} = \psi\,(P) = \varphi\begin{pmatrix} x \\ y \\ z \end{pmatrix}$$

seien nun die Drehungen um die u-Achse um 180° bzw. um die z-Achse um 120°. Diese Drehungen φ und ψ können so dargestellt werden:

$$
\begin{aligned}
x' &= -\,x \cos\Theta && +\,z \sin\Theta, \\
y' &= && -\,y, \\
z' &= \;\;\;x \sin\Theta && +\,z \cos\Theta,
\end{aligned}
\tag{6}
$$

bzw.

$$x' = -\,\frac{1}{2}\,x \cdot \;\; \frac{1}{2}\,\sqrt{3}\,y, \tag{6'}$$

$$y' = \frac{1}{2}\,\sqrt{3}\,x - \frac{1}{2}\,y,$$

$$z' = \qquad\qquad z.$$

Die Zusammensetzung von Bewegungen $\varphi\,(P)$ oder $\psi\,(P)$ wie z. B.

$$\varphi\,(\psi\,(\psi\,(\varphi\,(\psi\,(P))))) \tag{7}$$

wollen wir, wenn keine Mißverständnisse zu befürchten sind, einfach durch die nebeneinander gesetzten Faktoren φ und ψ bezeichnen. Statt (7) wäre also zu schreiben $\varphi\,\psi^2\,\varphi\,\psi$. Wir verabreden, daß in solchen Produkten immer die Operation zuerst ausgeführt werden soll, die rechts steht.

Es gilt nun

$$\varphi^2 = 1\,, \quad \psi^3 = 1\,, \tag{8}$$

und deshalb kann man Operationen wie

$$\varphi^5\,\psi^4\,\varphi^2\,\psi\;; \quad \varphi^{13}\,\psi^4\,\varphi$$

reduzieren auf

$$\varphi\,\psi^2\;; \quad \varphi\,\psi\,\varphi\,.$$

Wir behaupten nun: *Durch geeignete Wahl des Winkels Θ kann man erreichen, daß verschieden geschriebene reduzierte Transformationen auch geometrisch verschieden sind.*

Reduzierte Transformationen werden nach unserer Verabredung in einer der folgenden Formen dargestellt:

$$\alpha = \psi^{m_1}\,\varphi\,\psi^{m_2}\,\varphi \ldots \psi^{m_n}\,\varphi\,, \qquad \beta = \varphi\,\psi^{m_1}\,\varphi\,\psi^{m_2} \ldots \varphi\,\psi^{m_n}\,, \qquad (9)$$

$$\gamma = \varphi\,\psi^{m_1}\,\varphi\,\psi^{m_2} \ldots \psi^{m_n}\,\varphi\,, \qquad \delta = \psi^{m_1}\,\varphi\,\psi^{m_2}\,\varphi \ldots \varphi\,\psi^{m_n}\,.$$

Dabei sind die Exponenten m_r die Zahlen 1 oder 2. Wäre nun z. B.

$$\varphi\,\psi^2\,\varphi\,\psi = \psi\,\varphi\,,$$

so würde daraus folgen

$$\varphi\,\psi^2\,\varphi\,\psi\,\varphi\,\psi^2 = \psi\,\varphi^2\,\psi^2 = \psi^3 = 1\,.$$

Es genügt zum Beweis unserer Behauptung offenbar der Nachweis, daß keine der eben mit α, β, γ oder δ bezeichneten Produkte gleich 1 sein können. Wir zeigen zuerst, daß bei geeigneter Wahl von Θ eine Drehung vom Typ α niemals gleich 1 sein kann. Diese Drehungen sind zusammengesetzt aus Drehungen von der Form $\psi\,\varphi$ und $\psi^2\,\varphi$. Berechnen wir zuerst $\psi\,\varphi$ aus (6) und (6'!) Durch Zusammensetzung der beiden Transformationen erhält man (am einfachsten durch Ausmultiplizieren der Matrizen) für die Transformation

$$\begin{pmatrix} x'' \\ y'' \\ z'' \end{pmatrix} = \psi\,\varphi \begin{pmatrix} x \\ y \\ z \end{pmatrix}$$

die Darstellung:

$$x'' = \frac{1}{2}\cos\Theta \cdot x + \frac{1}{2}\sqrt{3} \cdot y - \frac{1}{2}\sin\Theta \cdot z\,,$$

$$y'' = -\frac{1}{2}\sqrt{3}\,\cos\Theta \cdot x + \frac{1}{2}\,y + \frac{1}{2}\sqrt{3}\,\sin\Theta \cdot z\,, \qquad (10)$$

$$z'' = \sin\Theta \cdot x \qquad\qquad\quad + \cos\Theta \cdot z\,.$$

Da ψ^2 nur die Drehung um 240° bzw. $-120°$ um die z-Achse bedeutet, erhält man die Darstellung dieser Drehung aus (10), indem man $\sqrt{3}$ immer durch $-\sqrt{3}$ ersetzt.

Das Bild des Punktes $M_0 = (0;\,0;\,1)$ bei der Operation $\psi\,\varphi$ ist nach (10): $M_1 = \left(-\frac{1}{2}\sin\Theta\,;\,\frac{1}{2}\sqrt{3}\sin\Theta;\,\cos\Theta\right)$. Wendet man auf M_1 die Bewegung $\psi\,\varphi$ an, so erhält man

$$M_2 = (\sin\Theta \cdot f_1(\cos\Theta)\,;\quad \sin\Theta \cdot f_2(\cos\Theta)\,;\quad f_3(\cos\Theta))\,.$$

144

Dabei ist $f_\nu(v)$ ein Polynom in v. Es ist für unsere Zwecke nicht notwendig, diese Funktionen genau auszurechnen. Die wiederholte Anwendung dieser Bewegungen führt dann auf

$$M_n = (\sin \Theta \cdot f_1^{(n)} (\cos \Theta) \; ; \quad \sin \Theta \cdot f_2^{(n)} (\cos \Theta) \; ; \quad f_3^{(n)} (\cos \Theta)).$$

Jedenfalls wird die dritte Komponente z_n des Punktes M_n ein Polynom des Typs

$$z_n = a_0 \cos^n \Theta + a_1 \cos^{n-1} \Theta + \ldots + a_n$$

sein. Die Koeffizienten sind von der Form $a + b\sqrt{3}$, wobei a und b rationale Zahlen sind. Wäre nun $\alpha = 1$, so müßte $M_n = M_0$, z_n also auch gleich 1 sein. Damit haben wir für $\xi = \cos \Theta$:

$$A_0\, \xi^n + A_1\, \xi^{n-1} + \ldots + A_n = \sqrt{3}\,(B_0\, \xi^n + \ldots + B_n)$$

mit rationalen Zahlen A_ν, B_ν. Durch Quadrieren erhält man daraus eine Gleichung, der nur algebraische Zahlen ξ genügen. Wählt man z. B. $\xi = \cos \Theta = \dfrac{\pi}{4}$, so kann diese Gleichung nicht erfüllt, α also nicht gleich 1 sein.

Es bleibt nur noch zu zeigen, daß dann auch kein Produkt aus (9) von der Form β, γ oder δ gleich 1 sein kann. Nehmen wir also an, es sei $\beta = 1$. Dann ist auch $\varphi \beta \varphi = \varphi^2 = 1$, also

$$\varphi\, [\varphi\, \psi^{m_1} \ldots \psi^{m_n}]\, \varphi = \psi^{m_1}\, \varphi \ldots \psi^{m_n}\, \varphi = 1.$$

Das ist aber eine Transformation vom Typ α, von der wir schon wissen, daß sie nicht gleich 1 sein kann. Betrachten wir jetzt den Fall $\gamma = 1$. Danach wäre auch $\varphi\, \gamma\, \varphi = \varphi^2 = 1$. Für den Spezialfall $\gamma = \varphi\, \psi^{m_1}\, \varphi$ heißt das $\psi^{m_1} = 1$, und das ist sicher für $m_1 = 1$ oder $m_1 = 2$ falsch. Im allgemeinen Fall führt $\varphi\, \gamma\, \varphi = 1$ auf eine Gleichung vom Typ $\delta = 1$. Wir werden also unseren Beweis abgeschlossen haben, wenn wir gezeigt haben, daß bei der vollzogenen Wahl von Θ auch $\delta = 1$ auf einen Widerspruch führt.

Zu diesem Nachweis teilen wir die Elemente von δ in zwei Klassen. Zur Klasse K_1 gehören die Transformationen vom Typ δ, bei denen die Summe der Exponenten $m_1 + m_n \neq 3$ ist, zur Klasse K_2 die übrigen.

Sei nun $\delta = 1$ für ein δ aus K_1. Dann ist

$$\delta = 1 = \psi^{-m_1}\, \delta\, \psi^{m_1} = \varphi\, \psi^{m_2} \ldots \varphi\, \psi^{m_1 + m_n}.$$

Für $m_1 + m_n \neq 3$ ist das aber eine Transformation vom Typ β. Sie kann nicht gleich 1 sein. Bleibt schließlich noch der Fall:

$$\delta = 1 \text{ und } \delta \in K_2.$$

Hier ist

$$\varphi \, \psi^{m_n} \, \delta \, \psi^{m_1} \, \varphi = \varphi \, \psi^3 \, \varphi = \varphi^2 = 1$$

oder

$$\varphi \, \psi^{m_n} \, [\psi^{m_1} \, \varphi \, \psi^{m_2} \, \ldots \, \varphi \, \psi^{m_n}] \, \psi^{m_1} \, \varphi = 1.$$

Wegen $m_1 + m_n = 3$ und $\varphi^2 = \psi^3 = 1$ wird daraus

$$\delta' = \psi^{m_2} \, \varphi \, \ldots \, \psi_{m_n-1} = 1.$$

Das ist wieder eine Transformation vom Typ δ, aber sie hat zwei Glieder weniger als δ. δ' kann nicht, wie schon bewiesen, zur Klasse K_1 gehören. Also kann das eben benutzte Verfahren zur Verringerung der Faktoren fortgesetzt werden, bis schließlich $\varphi = 1$ oder $\psi^{m_\nu} = 1$ ($m_\nu = 1$ oder $m_\nu = 2$) übrig bleibt, und das ist sicher falsch. Damit ist gezeigt, daß alle verschiedenen reduzierten Transformationen bei der getroffenen Wahl von Θ wirklich geometrisch verschieden sind.

Die durch Zusammensetzung aus den Faktoren φ und ψ gebildeten Transformationen bilden eine Gruppe $\mathfrak{G}$. Wir setzen den Beweis unseres Satzes 40 fort durch Beweis eines Hilfssatzes über diese Gruppe $\mathfrak{G}$.

B. Beweis eines Hilfssatzes

Hilfssatz B:

Die Elemente der Gruppe $\mathfrak{G}$ können in drei elementefremde Klassen A, B und C eingeteilt werden, so daß folgende Bedingungen erfüllt sind:

1. Ist $\sigma \in A$, so ist $\varphi \, \sigma \in B + C$ und umgekehrt.

2. Jede der Bedingungen $\sigma \in A$, $\psi \, \sigma \in B$, $\psi^2 \, \sigma \in C$ hat die beiden übrigen zur Folge.

Um die angekündigte Einteilung der Elemente von $\mathfrak{G}$ in die drei Klassen vornehmen zu können, nehmen wir zunächst eine andere Aufteilung der Gruppe $\mathfrak{G}$ vor. Es sei G_n die Menge der Elemente von $\mathfrak{G}$, deren reduzierte Darstellung nicht mehr als n Faktoren φ, ψ, ψ^2 (ψ^2 gilt als *ein* Faktor!) enthält. Dann ist G_1 offenbar

$$G_1 = (1, \varphi, \psi, \psi^2) \, .$$

Für diese Teilmenge nehmen wir nun die im Hilfssatz B erwähnte Einteilung in die Klassen A, B und C vor:

$$1 \in A, \varphi \in B, \psi \in B, \psi^2 \in C \, .$$

Für diese Einteilung gilt die Aussage unseres Hilfssatzes. In der Tat: Wenn $\sigma \in A$ (und $\sigma \in G_1$) so ist $\sigma = 1$. Dann ist aber $\varphi \, \sigma = \varphi \in B \subset B + C$. Ist umgekehrt $\varphi \, \sigma \in B + C$, so ist $\varphi \, \sigma = \varphi$, also $\sigma = 1 \in A$.

Sind σ, $\psi\sigma$, $\psi^2\sigma$ sämtlich aus G_1, so sind für σ nur drei Werte möglich: $\sigma = 1, \sigma = \psi, \sigma = \psi^2$. Sei nun eine der Beziehungen

$$\sigma \in A,\; \psi\sigma \in B,\; \psi^2\sigma \in C \tag{11}$$

richtig. Ist $\sigma \in A$, so ist $\sigma = 1$, und die zweite und dritte Beziehung von (11) ist erfüllt. Ist $\psi\sigma \in B$, so wird von den für σ möglichen Werten der erste, nämlich $\sigma = 1$, angenommen. Ist schließlich $\psi^2\sigma \in C$, so folgt wieder $\sigma = 1$.

Die weitere Einteilung von $\mathfrak{G}$ in die drei Klassen A, B und C wird nun *induktiv* vorgenommen. Nehmen wir an, G_n sei in der vorgesehenen Weise eingeteilt. Wir müssen dann festsetzen, wie die Elemente von G_{n+1} aufzuteilen sind. Da $G_n \subset G_{n+1}$, genügt es, die Einteilung für $G_{n+1} - G_n$ anzugeben. Das sind gerade die Elemente von $\mathfrak{G}$, die genau $n+1$ Faktoren haben.

Für ein Element $\tau \in G_{n+1} - G_n$ sind nun drei Fälle möglich: τ muß von einer der drei Typen

$$\tau = \varphi\sigma,\; \tau = \psi\sigma,\; \tau = \psi^2\sigma \tag{12}$$

sein. Dabei ist σ ein Element von G_n mit genau n Faktoren. Wir geben nun eine Tabelle an, die für jeden der unter (12) genannten Fälle gestattet, die Klassenzugehörigkeit von τ abzulesen, wenn die von σ bekannt ist:

σ	Klasse von τ		
	$\tau = \varphi\sigma$	$\tau = \psi\sigma$	$\tau = \psi^2\sigma$
A	B	B	C
B	A	C	A
C	A	A	B

$$\tag{13}$$

Durch diese Vorschrift ist die Einteilung von $\mathfrak{G}$ in drei Klassen A, B, C induktiv vollzogen. Es wird zu zeigen sein, daß sie die im Hilfssatz B behauptete Eigenschaft hat. Vorher wollen wir als ein Beispiel noch notieren, wie sich — ausgehend von der Einteilung von G_1 — durch Benutzung der Tabelle (13) die Einteilung von G_3 ergibt:

	G_1	$G_2 - G_1$	$G_3 - G_2$
A	1	$\varphi\psi,\, \varphi\psi^2,\, \psi^2\varphi$	$\varphi\psi\varphi$
B	$\varphi,\, \psi$		$\varphi\psi^2\varphi,\, \psi\varphi\psi,\, \psi\varphi\psi^2$
C	ψ^2	$\psi\varphi$	$\psi^2\varphi\psi,\, \psi^2\varphi\psi^2$

Wir setzen nun voraus, daß für G_n alle Aussagen des Hilfssatzes B richtig sind und zeigen, daß sie auch für G_{n+1} stimmen.

Es geht zuerst um die Aussage 1. des Hilfssatzes. Es seien also σ und $\varphi\,\sigma$ Elemente aus G_{n+1}. Dann sind folgende vier Fälle in Betracht zu ziehen:

$$\text{a) } \sigma \in G_n\,, \quad \varphi\,\sigma \in G_n\,;\quad \text{b) } \sigma \in G_n\,,\quad \varphi\,\sigma \notin G_n\,;$$

$$\text{c) } \sigma \notin G_n\,,\quad \varphi\,\sigma \in G_n\,;\quad \text{d) } \sigma \notin G_n\,,\quad \varphi\,\sigma \notin G_n\,.$$

Im Fall a) ist die Aussage 1. nach Induktionsvoraussetzung richtig. Im Fall b) besteht σ aus genau n Faktoren, von denen der erste ψ oder ψ^2 ist. Wäre der erste Faktor φ, so hätte wegen $\varphi^2 = 1$ $\varphi\,\sigma$ weniger Faktoren als σ, müßte also zu G_n gehören. Ist $\sigma \in A$, so zeigt (13), daß $\varphi\,\sigma \in B \subset B + C$. Ist umgekehrt $\varphi\,\sigma \in B + C$, so ist (nach der Spalte $\tau = \varphi\,\sigma$ von (13)) $\varphi\,\sigma \in B$ und danach $\sigma \in A$.

Im Fall c) ist die Zahl der Faktoren für $\varphi\,\sigma = \varrho$ kleiner als für σ. Das ist nur möglich, wenn folgendes gilt:

$$\sigma = \varphi\,\varrho\,,\quad \varrho = \varphi\,\sigma\,,\quad \varrho = \psi^m \ldots$$

Die Tabelle (13) muß nun immer so gelesen werden, daß in der unter σ stehenden Spalte das Element mit der *geringeren* Zahl von Faktoren eingesetzt wird. In unserem Fall ist also $\sigma = \varphi\,\varrho$ zu benutzen und in (13) τ durch σ, σ durch ϱ zu ersetzen. Wenn man das beachtet, entnimmt man aus der Tabelle, daß aus $\sigma = \varphi\,\varrho \in A$ folgt $\varrho = \varphi\,\sigma \in B + C$ und umgekehrt.

Der Fall d) schließlich ist nicht möglich. σ müßte danach aus $n + 1$ Faktoren bestehen, deren erster nicht φ sein kann. (Sonst hätten wir ja $\varphi\,\sigma \in G_n$). Also ist σ von der Form $\sigma = \psi^m \ldots$ Dann hätte aber $\varphi\,\sigma$ $n + 2$ Faktoren und würde nicht zu G_{n+1} gehören. Damit ist die Aussage 1. des Hilfssatzes B bewiesen.

Nehmen wir jetzt zum Beweis von 2. an, σ, $\psi\,\sigma$, $\psi^2\,\sigma$ seien Elemente aus G_{n+1}. Wenn alle drei schon zu G_n gehören, so ist unsere Aussage nach Induktionsvoraussetzung richtig. Daß *keines* der Elemente zu G_n gehört, ist unmöglich. Denn dann wäre σ von der Form $\sigma = \varphi \ldots$, und $\psi\,\sigma$ und $\psi^2\,\sigma$ hätten $n + 2$ Faktoren. Es bleibt also nur der Fall, daß einige der drei Elemente σ, $\psi\,\sigma$, $\psi^2\sigma$ zu G_n gehören, andere nicht.

Nehmen wir zunächst an: $\sigma \in G_n$. Dann muß σ von der Form $\sigma = \varphi \ldots$ sein. Sonst würden auch $\psi\,\sigma$ und $\psi^2\,\sigma$ zu G_n gehören. Nach (13) folgt dann aus $\sigma \in A$:

$$\psi\,\sigma \in B\,,\quad \psi^2\,\sigma \in C$$

und umgekehrt.

Nächster Fall: $\sigma \notin G_n$, $\psi\,\sigma \in G_n$. Hier haben wir wieder den Fall, daß die Multiplikation mit ψ die Zahl der Faktoren verkleinert. Dann ist σ von der Form $\psi^2\varrho$, $\varrho = \varphi \ldots$, $\varrho = \psi\,\sigma$. Bei der Benutzung der Tabelle (13) ist wieder zu beachten, daß $\varrho = \psi \, \sigma$ weniger Faktoren hat als σ. Aus $\sigma = \psi^2 \, \varrho \in A$ folgt nach (13) dann $\varrho = \psi \, \sigma \in B$, $\psi^2 \, \sigma = \psi \, \varrho \in C$. Umgekehrt: Aus $\psi \, \sigma \in B$ oder $\psi^2 \, \sigma \in C$ folgt $\psi^2 \cdot \psi \, \sigma = \sigma \in A$.

Es bleibt nur noch der Fall: $\sigma \notin G_n$, $\psi^2 \, \sigma = \varrho \in G_n$. Hier ist σ von der Form $\sigma = \psi \, \varrho$, und für $\sigma \in A$ folgt $\psi^2 \, \sigma = \varrho \in C$ und $\psi \, \sigma = \psi^2 \, \varrho \in B$. Aus jeder dieser letzten Relationen folgt wieder $\sigma \in A$. Damit ist der Hilfssatz B vollständig bewiesen.

C. Anwendung des Auswahlaxioms

Im letzten Teil unseres Beweises werden wir das Auswahlaxiom der Mengenlehre benutzen (siehe z. B. [XI 6] S. 53). Es kann so formuliert werden:

Es sei $\mathfrak{M}$ eine Menge von nicht leeren paarweise elementefremden Mengen $\mathfrak{M}_\alpha$. Dann gibt es eine Menge $\mathfrak{m}$ von folgender Eigenschaft: Jedes Element $\mathfrak{m}$ von $\mathfrak{m}$ ist ein Element einer gewissen Menge $\mathfrak{M}_\alpha$, und $\mathfrak{m}$ hat mit jeder der Mengen $\mathfrak{M}_\alpha$ genau ein Element gemeinsam.

Dieses Axiom ist eine reine Existenzaussage, und es ist nicht immer möglich, die Elemente dieser „Auswahlmenge" effektiv zu ermitteln[1]). So werden wir uns auch in diesem Fall damit abfinden müssen, daß die Existenz der in Satz 38 genannten Mengen aus dem Auswahlaxiom bewiesen wird, aber kein Verfahren vorliegt, um die Aufteilung der Kugelfläche in die 4 Teilmengen effektiv zu beschreiben.

Wir bezeichnen zuerst die in Satz 38 genannte abzählbare Menge $\mathfrak{Q}$. Es ist das die Menge der Punkte der Kugelfläche, die bei einer der Drehungen der Gruppe $\mathfrak{G}$ festbleiben. Bei jeder Kugeldrehung bleibt ja ein Paar diametraler Punkte fest, und so haben wir eine abzählbare Menge $\mathfrak{Q}$ solcher Fixpunkte.

Ist M ein Punkt von $\mathfrak{K} - \mathfrak{Q}$, so ist $\sigma_1 \, (M) \neq \sigma_2 \, (M)$ für alle Drehungen σ_1, σ_2 ($\sigma_1 \neq \sigma_2$) unserer Gruppe $\mathfrak{G}$. Wäre nämlich $\sigma_1(M) = \sigma_2(M)$, so würde daraus folgen: $\sigma_1^{-1}\sigma_2 \, (M) = 1$. $\sigma_1^{-1} \, \sigma_2$ ist aber auch ein Element von $\mathfrak{G}$, und M wäre ein Fixpunkt für $\sigma_1^{-1} \sigma^2$. Da M nicht zu $\mathfrak{Q}$ gehört, ist das unmöglich.

Bezeichnen wir nun mit $\mathfrak{H}(M)$ für $M \in \mathfrak{K} - \mathfrak{Q}$ die Menge aller Punkte $\sigma \, (M)$, die sich ergibt, wenn σ die ganze Gruppe $\mathfrak{G}$ durchläuft. Aus dieser Definition folgt sofort: Wenn $M \in \mathfrak{K} - \mathfrak{Q}$, $N \in \mathfrak{K} - \mathfrak{Q}$, $M \neq N$, so sind die Mengen $\mathfrak{H}(M)$ und $\mathfrak{H}(N)$ entweder elementefremd oder identisch. Ist nämlich $\sigma_1(M) = \sigma_2(N)$, so folgt daraus $M = \sigma_1^{-1} \sigma_2 \, (N) = \tau \, (N)$. Das heißt aber: M gehört zur Menge $\mathfrak{H} \, (N)$, und wegen $\sigma \, (M) = \sigma \tau \, (N)$ sind dann $\mathfrak{H} \, (M)$ und $\mathfrak{H} \, (N)$ identisch. Auf diese Weise ist also $\mathfrak{K} - \mathfrak{Q}$ in

---

[1]) Über die Problematik der „effektiven" Berechnung siehe z. B. [VI 10] S. 44ff.

kontinuumviele Klassen abzählbarer Mengen $\mathfrak{H}(M)$ eingeteilt. Nach dem Auswahlaxiom gibt es eine Menge $\mathfrak{X}$ der „Repräsentanten“, eine Menge also, zu der aus jeder der Mengen $\mathfrak{H}(M)$ *genau ein Element* gehört.

Mit Hilfe dieser Auswahlmenge $\mathfrak{X}$ können wir nun die Mengen $\mathfrak{R}$, $\mathfrak{S}$ und $\mathfrak{T}$ von Satz 38 definieren. Verabreden wir zunächst, daß $\sigma(\mathfrak{X})$ die Menge der Punkte bedeutet, die durch die Drehung σ aus $\mathfrak{X}$ gewonnen wird. Mit dieser Bezeichnung erklären wir:

$$\mathfrak{R} = \sum_{\sigma \in A} \sigma(\mathfrak{X}), \quad \mathfrak{S} = \sum_{\sigma \in B} \sigma(\mathfrak{X}), \quad \mathfrak{T} = \sum_{\sigma \in C} \sigma(\mathfrak{X}). \tag{14}$$

Wir behaupten nun:

1. Die Mengen $\mathfrak{R}$, $\mathfrak{S}$ und $\mathfrak{T}$ sind durchschnittsfremd.

2. Jeder Punkt von $\mathfrak{R} - \mathfrak{Q}$ gehört zu einer der drei Mengen.

Wir zeigen zuerst, daß die Annahme eines gemeinsamen Punktes von $\mathfrak{R}$ und $\mathfrak{S}$ auf einen Widerspruch führt. Wäre P im Durchschnitt $\mathfrak{R}\,\mathfrak{S}$ gelegen, so hätten wir

$$P = \sigma_1(M) = \sigma_2(N),$$

wobei

$$\sigma_1 \in A, \quad \sigma_2 \in B, \quad M \in \mathfrak{X}, \quad N \in \mathfrak{X}.$$

Dabei ist jedenfalls $M \neq N$, da sonst $\sigma_2^{-1}\sigma_1(M) = M$ wäre und M in $\mathfrak{Q}$ liegen müßte. Aber auch aus $\sigma_1(M) = \sigma_2(N)$ für $M \neq N$ folgt ein Widerspruch. Danach wäre doch $N = \sigma_2^{-1}\sigma_1(M)$, also $N = \tau(M)$. Das ist aber unmöglich, da M und N als Elemente von $\mathfrak{X}$ Repräsentanten *verschiedener* Klassen sind. Also muß der Durchschnitt von $\mathfrak{R}$ und $\mathfrak{S}$ leer sein. Analog zeigt man:

$$\mathfrak{R}\,\mathfrak{T} = 0, \quad \mathfrak{S}\,\mathfrak{T} = 0.$$

Beweisen wir nun die Behauptung 2.! Es sei P ein beliebiger Punkt von $\mathfrak{R} - \mathfrak{Q}$. Er gehört dann jedenfalls zu $\mathfrak{H}(P)$. Ist nun M der in $\mathfrak{X}$ gelegene Repräsentant der Klasse $\mathfrak{H}(P)$, so gilt auch $P \in \mathfrak{H}(M)$, d. h. $P = \sigma(M)$ für ein gewisses σ aus $\mathfrak{G}$. σ muß aber zu einer der drei Klassen A, B oder C gehören, und nach der Definition (14) gehört P danach zu $\mathfrak{R}$, $\mathfrak{S}$ oder $\mathfrak{T}$. Für die durch (14) definierten Mengen $\mathfrak{R}$, $\mathfrak{S}$ und $\mathfrak{T}$ gilt nun weiter:

$$\varphi(\mathfrak{R}) = \mathfrak{S} + \mathfrak{T}, \quad \psi(\mathfrak{R}) = \mathfrak{S}, \quad \psi^2(\mathfrak{R}) = \mathfrak{T}. \tag{15}$$

Beweisen wir zunächst die erste dieser Relationen! Es sei $P \in \mathfrak{R}$, also $P = \sigma(M)$ mit $M \in \mathfrak{X}$ und $\sigma \in A$. Dann ist

$$\varphi(P) = \varphi\sigma(M) \in \mathfrak{S} + \mathfrak{T},$$

da nach Hilfssatz B $\varphi\,\sigma$ zu $B + C$ gehört. Sei nun umgekehrt $Q \in \mathfrak{S} + \mathfrak{T}$, also

$$Q = \varrho\,(M) \text{ mit } M \in \mathfrak{X},\ \varrho \in B + C\,.$$

Es ist also $\varphi^{-1}\,Q = \varphi^{-1}\,\varrho\,(M)$. Setzen wir $\varphi^{-1}\,\varrho = \sigma$ oder $\varrho = \varphi\,\sigma$, so folgt wegen $\varphi\,\sigma \in B + C$ nach Hilfssatz B: $\sigma \in A$, also $\sigma\,(M) \in \mathfrak{R}$. Das heißt aber: $\varphi^{-1}\,(Q) \in \mathfrak{R}$, $Q \in \varphi\,(\mathfrak{R})$. Danach ist tatsächlich

$$\varphi\,(\mathfrak{R}) = \mathfrak{S} + \mathfrak{T}\,.$$

Analog zeigt man unter Benutzung des Hilfssatzes B, daß auch die andern Relationen von (15) richtig sind. Die Einzelheiten dieser Schlüsse seien dem Leser überlassen.

Fassen wir zusammen: Wir haben eine Aufteilung (5) der Kugelfläche herausgefunden, bei der die Mengen $\mathfrak{Q}$, $\mathfrak{R}$, $\mathfrak{S}$ und $\mathfrak{T}$ paarweise elementefremd sind. Die in Satz 38 behaupteten Kongruenzen ergeben sich aus (15).

3. Paradoxe Zerlegungen im R_3

Der Hausdorffsche Satz liefert uns die paradoxe Zerlegung von zwei auf der Kugelfläche gelegenen Mengen von der Mächtigkeit des Kontinuums: Es ist doch nach Satz 38

$$\mathfrak{S} + \mathfrak{T} \equiv \mathfrak{S}, \quad \mathfrak{S} + \mathfrak{T} \equiv \mathfrak{T}, \quad \mathfrak{S} \cdot \mathfrak{T} = 0\,.$$

Diese Zerlegung ist paradox im Sinne der auf S. 142 gegebenen Erklärung. Aus Satz 38 lassen sich aber auch paradoxe Zerlegungen anderer weit einfacherer Mengen ableiten. Dazu brauchen wir noch zwei weitere Hilfssätze.

Hilfssatz C:

Es sei Q irgendeine höchstens abzählbare Menge von Punkten auf der Kugelfläche $\mathfrak{R}$. Dann gilt

$$\mathfrak{R} \overset{2}{\equiv} \mathfrak{R} - \mathfrak{Q}\,. \tag{16}$$

Der Beweis von (16) wird ähnlich geführt wie der von (4). Hier steht $\mathfrak{Q}$ für σ, $\mathfrak{Q}\,(\alpha)$ für $\sigma\,(\alpha)$. Man muß nur den Winkel α für die etwa um die z-Achse auszuführenden Drehungen so wählen, daß die Mengen

$$\mathfrak{Q},\,\mathfrak{Q}\,(\alpha),\,\mathfrak{Q}\,(2\,\alpha),\,\ldots$$

alle elementefremd sind. Man übersieht leicht, daß das immer möglich ist. Bezeichnen wir dazu die Ebene durch die z-Achse und irgendeinen Punkt $P_\nu \in \mathfrak{Q}$ mit η_ν, mit α_ν den Winkel der Ebene η_ν mit der xz-Ebene.

Dann soll α so gewählt werden, daß für kein Quadrupel $(n;\ \nu;\ \nu';\ \mu)$ nichtnegativer ganzer Zahlen die Relation

$$\alpha_\nu + n\,\alpha = \alpha_{\nu'1} + 2\,\pi\,\mu \tag{17}$$

erfüllt ist. Da die Menge solcher α, für die (17) gilt, abzählbar ist, kann man sicher den Drehwinkel so wählen, daß alle Mengen $\mathfrak{Q}\ (\nu\,\alpha)$ elementefremd sind.

Danach kann man den Hilfssatz C ähnlich beweisen wie oben die Gleichung (4).

Hilfssatz D:

Wenn

$$\mathfrak{A} \supset \mathfrak{C} \supset \mathfrak{B}\ und\ \mathfrak{A} \underset{=}{\overset{n}{=}} \mathfrak{B}\,, \tag{18}$$

so ist

$$\mathfrak{A} \underset{=}{\overset{n+1}{=}} \mathfrak{C}\,.$$

Nach Voraussetzung sind die Mengen $\mathfrak{A}$ und $\mathfrak{B}$ so zerlegbar:

$$\mathfrak{A} = \mathfrak{A}_1 + \mathfrak{A}_2 + \ldots + \mathfrak{A}_n\,, \quad \mathfrak{B} = \mathfrak{B}_1 + \mathfrak{B}_2 + \ldots + \mathfrak{B}_n\,, \tag{19}$$

wobei

$$\mathfrak{A}_i\,\mathfrak{A}_k = \mathfrak{B}_i\,\mathfrak{B}_k = 0 \ \text{für}\ 1 \leqq i < k \leqq n \tag{20}$$

und

$$\mathfrak{A}_k \equiv \mathfrak{B}_k \ \text{für}\ k = 1, 2, \ldots, n\,. \tag{21}$$

Es existiert danach eine Kongruenztransformation $\Phi_k\ (P)$ für jedes $k = 1, 2, 3, \ldots, n$, die die Menge $\mathfrak{A}_k$ in $\mathfrak{B}_k$ überführt. Fassen wir diese Transformationen zusammen durch die Definition

$$\Phi\ (P) = \Phi_k\ (P) \ \text{für}\ P \in \mathfrak{A}_k\,.$$

Nach (18) haben wir $\Phi\ (\mathfrak{A}) = \mathfrak{B} \subset \mathfrak{C} \subset \mathfrak{A}$, also auch

$$\Phi^l\ (\mathfrak{A}) \subset \mathfrak{A}\,, \quad \Phi^l\ (\mathfrak{A} - \mathfrak{C}) \subset \mathfrak{A}\,. \tag{22}$$

Wir definieren nun eine neue Menge $\mathfrak{A}'$ durch die Vorschrift

$$\mathfrak{A}' = (\mathfrak{A} - \mathfrak{C}) + \Phi\ (\mathfrak{A} - \mathfrak{C}) + \Phi^2\ (\mathfrak{A} - \mathfrak{C}) + \ldots \tag{23}$$

und

$$\mathfrak{A}'' = \mathfrak{A} - \mathfrak{A}'\,, \quad \mathfrak{C}' = \Phi\ (\mathfrak{A}')\,. \tag{24}$$

Dann gilt nach (22) $\mathfrak{A}' \subset \mathfrak{A}$ und

$$\mathfrak{A} = \mathfrak{A}' + \mathfrak{A}''\,, \quad \mathfrak{A}'\,\mathfrak{A}'' = 0\,. \tag{25}$$

Weiter ist

$$\mathfrak{E}' = \Phi(\mathfrak{A}') \subset \Phi(\mathfrak{A}) = \mathfrak{B} \subset \mathfrak{E}, \tag{26}$$

also

$$\mathfrak{E}' \subset \mathfrak{E}. \tag{26'}$$

Nach (23) folgt weiter

$$\Phi(\mathfrak{A}') = \Phi(\mathfrak{A} - \mathfrak{E}) + \Phi^2(\mathfrak{A} - \mathfrak{E}) + \Phi^3(\mathfrak{A} - \mathfrak{E}) + \cdots \tag{27}$$

also

$$\mathfrak{A}' = (\mathfrak{A} - \mathfrak{E}) + \Phi(\mathfrak{A}') = (\mathfrak{A} - \mathfrak{E}) + \mathfrak{E}' = \mathfrak{A} - (\mathfrak{E} - \mathfrak{E}').$$

Nach (24) ist daher

$$\mathfrak{E} - \mathfrak{E}' = \mathfrak{A} - \mathfrak{A}' = \mathfrak{A}''$$

oder

$$\mathfrak{E} = \mathfrak{E}' + \mathfrak{A}'', \quad \mathfrak{E}'\,\mathfrak{A}'' = 0. \tag{28}$$

Nach diesen Vorbereitungen können wir $\mathfrak{A}$ in $(n+1)$ paarweise elementefremde Mengen zerlegen:

$$\mathfrak{A} = \mathfrak{A}' + \mathfrak{A}'' = \mathfrak{A}'\mathfrak{A} + \mathfrak{A}'' = \mathfrak{A}'\mathfrak{A} + \mathfrak{A}'\mathfrak{A}_2 + \cdots + \mathfrak{A}'\mathfrak{A}_n + \mathfrak{A}''. \tag{29}$$

Für die Summanden $\mathfrak{A}'\mathfrak{A}_k$ von (29) gilt nun

$$\mathfrak{A}'\mathfrak{A}_k \equiv \mathfrak{E}'\mathfrak{B}_k, \quad k = 1, 2, \ldots, n. \tag{30}$$

Das sieht man so ein: Nach der Definition der Kongruenztransformation Φ ist

$$\Phi_k(\mathfrak{A}'\mathfrak{A}_k) = \Phi(\mathfrak{A}'\mathfrak{A}_k) = \Phi(\mathfrak{A}') \cdot \Phi(\mathfrak{A}_k) = \mathfrak{E}'\mathfrak{B}_k.$$

Für $\mathfrak{E}$ können wir jetzt eine ähnliche Zerlegung wie für $\mathfrak{A}$ aufschreiben. Nach (26) ist nämlich $\mathfrak{E}' = \mathfrak{E}'\mathfrak{B}$, und deshalb folgt aus (28) und (19):

$$\mathfrak{E} = \mathfrak{E}' + \mathfrak{A}'' = \mathfrak{E}'\mathfrak{B} + \mathfrak{A}'' = \mathfrak{E}'\mathfrak{B}_1 + \mathfrak{E}'\mathfrak{B}_2 + \cdots + \mathfrak{E}'\mathfrak{B}_n + \mathfrak{A}''. \tag{31}$$

Nach (28) und (20) sind die rechts stehenden Summanden elementefremd. Wegen (29), (31) und (30) ist also

$$\mathfrak{A} \underset{=\!=}{\overset{n+1}{}} \mathfrak{E}.$$

Die eben bewiesenen Hilfssätze können wir benutzen, um weitere Paradoxien abzuleiten. Nach Satz 38 ist eine Zerlegung (5) der Kugelfläche möglich. Die dabei genannten Mengen $\mathfrak{R}$, $\mathfrak{S}$ und $\mathfrak{T}$ können wir nun noch weiter so aufteilen: Es ist doch $\mathfrak{R} \equiv \mathfrak{S} + \mathfrak{T}$. Daher gibt es eine Zerlegung $\mathfrak{R} = \mathfrak{R}_1 + \mathfrak{R}_2$, für die

$$\mathfrak{R}_1 \cdot \mathfrak{R}_2 = 0, \quad \mathfrak{R}_1 \equiv \mathfrak{S}, \mathfrak{R}_2 \equiv \mathfrak{T} \tag{32}$$

gilt. Andererseits ist $\mathfrak{R} \equiv \mathfrak{S}$, $\mathfrak{R} \equiv \mathfrak{T}$. Durch die entsprechenden Drehungen werden $\mathfrak{R}_1$ und $\mathfrak{R}_2$ in elementefremde Mengen $\mathfrak{S}_1$ und $\mathfrak{S}_2$ bzw. $\mathfrak{T}_1$ und $\mathfrak{T}_2$ übergeführt:

$$\mathfrak{S} = \mathfrak{S}_1 + \mathfrak{S}_2, \quad \mathfrak{T} = \mathfrak{T}_1 + \mathfrak{T}_2, \quad \mathfrak{S}_1 \mathfrak{S}_2 = \mathfrak{T}_1 \mathfrak{T}_2 = 0, \quad \mathfrak{R}_\nu \equiv \mathfrak{S}_\nu \equiv \mathfrak{T}_\nu,$$
$$\nu = 1, 2.$$

Damit haben wir nach (5) die folgende Zerlegung der Kugelfläche $\mathfrak{K}$:

$$\mathfrak{K} = \mathfrak{R}_1 + \mathfrak{R}_2 + \mathfrak{S}_1 + \mathfrak{S}_2 + \mathfrak{T}_1 + \mathfrak{T}_2 + \mathfrak{Q}.$$

Wir setzen nun

$$\mathfrak{K}_1 = \mathfrak{R}_1 + \mathfrak{S}_1 + \mathfrak{T}_1, \qquad \mathfrak{K}_2 = \mathfrak{R}_2 + \mathfrak{S}_2 + \mathfrak{T}_2 + \mathfrak{Q}.$$

Nach (5′) und (32) bestehen aber die Kongruenzen

$$\mathfrak{R}_1 \equiv \mathfrak{R}_2 \equiv \mathfrak{S} \equiv \mathfrak{T} \equiv \mathfrak{R},$$
$$\mathfrak{S}_1 \equiv \mathfrak{S}_2 \equiv \mathfrak{R}_1 \equiv \mathfrak{S},$$
$$\mathfrak{T}_1 \equiv \mathfrak{T}_2 \equiv \mathfrak{R}_1 \equiv \mathfrak{R}_2 \equiv \mathfrak{T}.$$

Daraus folgt

$$\mathfrak{K}_1 \overset{3}{=} \mathfrak{K} - \mathfrak{Q}, \quad \mathfrak{K}_2 \overset{4}{=} \mathfrak{K}.$$

Nach Hilfssatz C ist nun $\mathfrak{K} - \mathfrak{Q} \overset{2}{=} \mathfrak{K}$, nach Hilfssatz A also $\mathfrak{K}_1 \overset{6}{=} \mathfrak{K}$. Wir haben schließlich das Ergebnis, daß *eine Kugelfläche zu zwei Kugelflächen (vom gleichen Radius) endlich äquivalent ist*:

$$\mathfrak{K} = \mathfrak{K}_1 + \mathfrak{K}_2, \quad \mathfrak{K}_1 \mathfrak{K}_2 = 0, \quad \mathfrak{K}_1 \overset{6}{=} \mathfrak{K}, \mathfrak{K}_2 \overset{4}{=} \mathfrak{K}. \tag{33}$$

Jetzt ist es nicht mehr schwer, den schon auf S. 142 formulierten Satz 37 zu beweisen. In diesem Satz geht es nicht um Kugelflächen, sondern um Vollkugeln. Bezeichnen wir zunächst mit $\mathfrak{k}'$ die Vollkugel *ohne Mittelpunkt*, deren äußere Randpunktmenge die eben betrachtete Kugelfläche $\mathfrak{K}$ ist. Ersetzen wir die Punkte der Kugelfläche durch die ihnen zugeordneten (im Mittelpunkt M der Kugel offenen) Radialstrecken, so gewinnen wir aus (33) eine entsprechende paradoxe Zerlegung für die (mittelpunktlosen) Vollkugeln:

$$\mathfrak{k}' = \mathfrak{k}_1' + \mathfrak{k}_2', \quad \mathfrak{k}_1' \mathfrak{k}_2' = 0, \quad \mathfrak{k}_1' \overset{6}{=} \mathfrak{k}', \quad \mathfrak{k}_2' \overset{4}{=} \mathfrak{k}'. \tag{34}$$

Nehmen wir jetzt die Mittelpunkte hinzu, so bekommen wir für die Vollkugeln mit Mittelpunkt:

$$\mathfrak{k} = \mathfrak{k}_1' + \mathfrak{k}_2' + M, \quad \mathfrak{k}_1 = \mathfrak{k}_1' + M \overset{(e)}{=} \mathfrak{k}, \quad \mathfrak{k}_2' \overset{(e)}{=} \mathfrak{k} - M.$$

Danach ist auch $\mathfrak{k}_2' \overset{(e)}{=} \mathfrak{k} - P$, wobei P ein Punkt der Kugelfläche ist.

Nach Hilfssatz C folgt daraus schließlich für die Vollkugeln

$$\mathfrak{k} = \mathfrak{k}_1 + \mathfrak{k}_2' , \quad \mathfrak{k}_1 \overset{(e)}{=\!=} \mathfrak{k} , \quad \mathfrak{k}_2' \overset{(e)}{=\!=} \mathfrak{k} ,$$

also Satz 37.

Daraus schließen wir auf

Satz 39:

Sind $\mathfrak{M}_1$ und $\mathfrak{M}_2$ zwei begrenzte Mengen des dreidimensionalen Raumes, die eine Vollkugel $\mathfrak{k}$ enthalten, so sind sie endlich äquivalent.

Zum Beweis zeigen wir zuerst, daß $\mathfrak{M}_1$ mit $\mathfrak{k}$ endlich äquivalent ist. Es sei r der Radius der Kugel $\mathfrak{k}$ und $\{\mathfrak{W}\}$ ein Würfelgitter, dessen Würfel eine Kantenlänge $a = \dfrac{2}{3}\sqrt{3} \cdot r$ haben. Die Umkugel jedes Würfels hat dann gerade den Radius r. s Würfel $\mathfrak{W}_\sigma$ $(\sigma = 1, 2, \ldots, s)$ mögen die Menge $\mathfrak{M}_1$ ganz bedecken. Dann haben wir also

$$\mathfrak{M}_1 \subset \mathfrak{W}_1 + \mathfrak{W}_2 + \ldots + \mathfrak{W}_s .$$

Wir zerlegen nun $\mathfrak{M}_1$ weiter in Teilmengen $\mathfrak{m}_\sigma$, die in $\mathfrak{W}_\sigma$ enthalten sind:

$$\mathfrak{M}_1 = \mathfrak{m}_1 + \mathfrak{m}_2 + \ldots + \mathfrak{m}_s, \mathfrak{m}_\sigma \subset \mathfrak{W}_\sigma .$$

Nach Satz 37 ist nun $\mathfrak{k} \overset{(e)}{=\!=} \mathfrak{k}_1 + \mathfrak{k}_2$, wobei $\mathfrak{k}_1$ und $\mathfrak{k}_2$ zwei getrennte Kugeln vom Radius r sind. Daraus folgt weiter $\mathfrak{k}_2 \overset{(e)}{=\!=} \mathfrak{k}_3 + \mathfrak{k}_4$, also $\mathfrak{k} \overset{(e)}{=\!=} \mathfrak{k}_1 + \mathfrak{k}_3 + \mathfrak{k}_4$, und durch vollständige Induktion schließt man auf die Existenz von s getrennten Vollkugeln vom Radius r, für die

$$\mathfrak{k} \overset{(e)}{=\!=} \mathfrak{k}_1 + \mathfrak{k}_2 + \ldots + \mathfrak{k}_s \tag{35}$$

gilt.

Aus der Definition der Würfel $\mathfrak{W}_\sigma$ und der Kugeln $\mathfrak{k}_s$ folgt nun sofort, daß $\mathfrak{M}_1$ einer Teilmenge von $\mathfrak{k}_1 + \mathfrak{k}_2 + \ldots + \mathfrak{k}$ endlich äquivalent ist. Nach (35) ist dann $\mathfrak{M}_1$ auch einer Teilmenge $\mathfrak{H}$ von $\mathfrak{k}$ endlich äquivalent. Wir haben also

$$\mathfrak{H} \subset \mathfrak{k} \subset \mathfrak{M}_1 , \quad \mathfrak{H} \overset{(e)}{=\!=} \mathfrak{M}_1 .$$

Nach Hilfssatz D folgt daraus: $\mathfrak{M}_1 \overset{(e)}{=\!=} \mathfrak{k}$. Daraus ergibt sich aber sofort Satz 41. Ist nämlich sowohl in $\mathfrak{M}_1$ wie in $\mathfrak{M}_2$ eine Kugel vom Radius r enthalten, so ist nach unseren Ergebnissen

$$\mathfrak{M}_1 \overset{(e)}{=\!=} \mathfrak{k} , \quad \mathfrak{M}_2 \overset{(e)}{=\!=} \mathfrak{k} ,$$

also nach Hilfssatz A $\mathfrak{M}_1 \overset{(e)}{=\!=} \mathfrak{M}_2$.

Aus Satz 39 folgt unter anderem, daß jedes Polyeder jeder Kugel endlich äquivalent ist.

4. Paradoxe Zerlegungen in der Ebene

Die Ergebnisse des letzten Abschnitts legen die Frage nahe, ob es auch in der Ebene paradoxe Zerlegungen gibt. Das ist in der Tat der Fall.

Wir geben ein einfaches Beispiel:

Es sei $\mathfrak{E}$ die Menge der komplexen Zahlen von der Form

$$\zeta = a_n\, e^{in} + a_{n-1}\, e^{i\,(n-1)} + \ldots + a_1\, e^i + a_0\,. \tag{36}$$

Dabei sind n und a_ν $(\nu = 0, 1, 2, \ldots, n)$ *nicht negative ganze Zahlen.* $\mathfrak{A}$ sei die Teilmenge von $\mathfrak{E}$, für die $a_0 = 0$ ist, $\mathfrak{B} = \mathfrak{E} - \mathfrak{A}$ die Komplementärmenge. Man macht sich leicht klar, daß die Zahlen der Menge $\mathfrak{E}$ genau diejenigen sind, die man aus der Zahl 0 durch wiederholte Anwendung der Operationen

$$P\,(z) = z + 1\,, \quad D\,(z) = e^i \cdot z$$

erhält. Wendet man nun auf die Menge $\mathfrak{E}$ die Transformation $D(z)$ an, so erhält man $\mathfrak{A}$. Multipliziert man nämlich die Zahlen (36) mit e^i, so erhält man wieder eine Zahl von der Form (36), bei der aber jeder Summand eine Potenz von e^i als Faktor enthält. Da umgekehrt die Multiplikation einer Zahl

$$\zeta = a_n\, e^{in} + a_{n-1}\, e^{i\,(n-1)} + \ldots + a_1\, e^i$$

aus $\mathfrak{A}$ mit e^{-i} zu einer Zahl aus $\mathfrak{E}$ führt, sind die Mengen $\mathfrak{A}$ und $\mathfrak{E}$ kongruent, da ja die Multiplikation mit e^i die Drehung der Menge $\mathfrak{E}$ um den Winkel $\alpha = 1$ bedeutet. Ebenso bildet $P\,(z) = z + 1$ $\mathfrak{E}$ auf $\mathfrak{B}$ ab. Da auch diese Transformation eine Kongruenztransformation ist, haben wir

$$\mathfrak{E} = \mathfrak{A} + \mathfrak{B}\,, \quad \mathfrak{A} \cdot \mathfrak{B} = 0\,, \quad \mathfrak{E} \equiv \mathfrak{A}\,, \quad \mathfrak{E} \equiv \mathfrak{B}\,,$$

also eine paradoxe Zerlegung.

Nun ist freilich die Menge $\mathfrak{E}$ im Unterschied zu den vorhin im $\mathfrak{R}_3$ zerlegten Mengen *abzählbar und nicht beschränkt.* Es liegt die Frage nahe, ob man auch beschränkte ebene Mengen von der Mächtigkeit des Kontinuums paradox zerlegen kann. Nach unseren Ergebnissen im $\mathfrak{R}_3$ könnte man versuchen, einen Kreis in ähnlicher Weise wie früher die Kugel paradox zu zerlegen. Es zeigt sich aber nun, daß das nicht möglich ist.

Es gilt nämlich

Satz 40:

Es gibt keine paradoxen Zerlegungen des Einheitskreises oder einer seiner nicht leeren Teilmengen.

Nehmen wir zum Beweis an, $\mathfrak{E}$ sei eine Menge von Punkten der komplexen Ebene mit $|z| = 1$, für die Zerlegungen der folgenden Art existieren:

$$\mathfrak{E} = \mathfrak{A} + \mathfrak{B} , \quad \mathfrak{A} \cdot \mathfrak{B} = 0 ;$$

$$\mathfrak{E} = \mathfrak{E}_1 + \mathfrak{E}_2 + \ldots + \mathfrak{E}_k = \mathfrak{E}_1' + \mathfrak{E}_2' + \ldots + \mathfrak{E}_l' ; \qquad (37)$$

$$\mathfrak{A} = \mathfrak{A}_1 + \mathfrak{A}_2 + \ldots + \mathfrak{A}_k , \quad \mathfrak{B} = \mathfrak{B}_1 + \mathfrak{B}_2 + \ldots + \mathfrak{B}_l ,$$

$$\mathfrak{A}_{k_1} \mathfrak{A}_{k_2} = \mathfrak{B}_{\lambda_1} \mathfrak{B}_{\lambda_2} = \mathfrak{E}_i \mathfrak{E}_j = \mathfrak{E}_i' \mathfrak{E}_j' = 0 ,$$

wobei

$$\mathfrak{E}_k \equiv \mathfrak{A}_k , \quad \mathfrak{E}_\lambda' \equiv \mathfrak{B}_\lambda . \qquad (38)$$

Die nach (38) existierenden Kongruenztransformationen zwischen $\mathfrak{E}_k$ und $\mathfrak{A}_k$ bzw. $\mathfrak{E}_\lambda'$ und $\mathfrak{B}_\lambda$ sind Drehungen oder Spiegelungen. Sie können so geschrieben werden:

$$\varphi_k (z) = \varphi_k (e^{i\vartheta}) = e^{i\alpha_k} \cdot z = e^{i(\varkappa_k + \vartheta)} \text{ oder } \varphi_k (z) = e^{-i(\varkappa_k + \vartheta)} \quad (39)$$

$$\psi_\lambda (z) = \psi_\lambda (e^{i\vartheta}) = e^{i\beta_\lambda} \cdot z = e^{i(\beta_\lambda + \vartheta)} \text{ oder } \psi_\lambda (z) = e^{-i(\beta_\lambda + \vartheta)} .$$

Da durch die Zerlegung (37) $\mathfrak{E}$, $\mathfrak{A}$ und $\mathfrak{B}$ in paarweise durchschnittsfremde Teilmengen zerlegt werden, kann man die Kongruenztransformationen (39) auch so zusammenfassen:

$$\Phi(\vartheta) = \varphi_k (z) \text{ für } z \in \mathfrak{E}_k , \quad \Psi(\vartheta) = \psi_\lambda(z) \text{ für } z \in \mathfrak{E}_\lambda' .$$

Ohne Einschränkung der Allgemeinheit können wir annehmen, daß $z = 1$ zur Menge $\mathfrak{E}$ gehört. Dann haben wir also $\Phi(0) \in \mathfrak{A}$, $\Psi(0) \in \mathfrak{B}$, also $\Phi(0) \neq \Psi(0)$, da ja der Durchschnitt $\mathfrak{A}\,\mathfrak{B}$ leer ist. Da $\Phi(x) \neq \Psi(x)$, $\Phi(x) \neq \Psi(y)$ für alle $x \in \mathfrak{E}$, $y \in \mathfrak{E}$, haben wir weiter:

$$\Phi\Phi(0) \neq \Psi\Phi(0) , \quad \Phi\Phi(0) \neq \Psi\Psi(0) , \quad \Phi\Phi(0) \neq \Phi\Psi(0) ,$$

$$\Phi\Psi(0) \neq \Psi\Phi(0) , \quad \Phi\Psi(0) \neq \Psi\Psi(0) , \quad \Psi\Psi(0) \neq \Psi\Psi(0) .$$

Die vier komplexen Zahlen $\Phi\Phi(0)$, $\Phi\Psi(0)$, $\Psi\Phi(0)$, $\Psi\Psi(0)$ sind also voneinander verschieden. Wir betrachten nun Zahlen des Typs

$$\tau_s = \Theta_s \Theta_{s-1} \ldots \Theta_1 (0) . \qquad (40)$$

Dabei steht Θ_σ ($\sigma = 1, 2, \ldots, s$) für Φ oder Ψ. Durch vollständige Induktion zeigt man nun leicht, daß irgend zwei Zahlen τ_s voneinander verschieden sind, wenn für irgendein σ für Θ_σ verschiedenen Transformationen (Φ oder Ψ) eingesetzt werden. Da für jedes σ zwei Möglichkeiten der Substitution bestehen, haben wir im ganzen 2^s verschiedene Zahlen von der Form (40). Nach (39) können wir nun diese Zahlen auch so aufschreiben:

$$\tau_s = e^{i\,\Sigma_s} = e^{i\,(c_1 + c_2 + \ldots + c_s)}. \tag{41}$$

Dabei steht c_σ für irgendein $\pm\,\alpha_k$ oder $\pm\,\beta_\lambda$. Das heißt aber, daß für c_σ in (41) die $r = 2\,k + 2\,l$ Zahlen

$$\pm\,\alpha_1,\ \pm\,\alpha_2,\ \ldots,\ \pm\,\alpha_k,\ \pm\,\beta_1,\ \pm\,\beta_2,\ \ldots,\ \pm\,\beta_l$$

in Frage kommen. Bezeichnen wir diese Zahlen mit u_ϱ, $\varrho = 1, 2, \ldots, r$. Dann ist Σ_s in (41) eine Summe von s Zahlen u_ϱ:

$$\Sigma_s = u_{\nu_1} + u_{\nu_2} + \ldots + u_{\nu_s}.$$

Die Zahl u_ϱ möge n_ϱ mal in dieser Summe als Summand auftreten. n_ϱ kann offenbar nur die Werte $0, 1, 2, \ldots, s$ annehmen. Es gibt also $s + 1$ Möglichkeiten für n_ϱ. Da insgesamt r Zahlen u_ϱ zur Verfügung stehen, kann es *höchstens* $(s + 1)^r$ verschiedene Summen Σ_s geben. Also gibt es auch höchstens $(s + 1)^r$ verschiedene Zahlen τ_s. Vorhin stellten wir aber fest, daß es 2^s solcher verschiedener Zahlen gebe. Es müßte also $2^s \leq (s + 1)^r$ sein. Das ist aber für großes s (bei festem r) sicher falsch, da bekanntlich

$$\lim_{s \to \infty} \frac{(s + 1)^r}{2^s} = 0$$

ist. Damit haben wir die Annahme einer paradoxen Zerlegungen einer auf $|z| = 1$ gelegenen (nicht leeren) Menge $\mathfrak{E}$ ad absurdum geführt.

Ähnlich kann man zeigen ([XI 3] S. 56):

Es gibt keine paradoxen Zerlegungen einer nicht leeren linearen Menge.

Damit ist gezeigt, daß es kein Analogon zu Satz 38 für den Kreis gibt. Man kann weiter zeigen[1]), daß *paradoxe Zerlegungen unmöglich sind für alle beschränkten ebenen Mengen.*

Diese Feststellung läßt aber durchaus noch die Möglichkeit offen, daß zwei ebene Mengen endlich äquivalent sind, wenn sie auch nicht im elementargeometrischen Sinne zerlegungsgleich sind. Es hat deshalb Sinn, das Problem der mengengeometrischen Quadratur (Aufgabe **(10)** S. 4) zu stellen. Es ist noch ungelöst. Eine Reihe weiterer offener Fragen der Mengengeometrie sind von *Sierpinski* ([XI 2], [XI 3]) formuliert worden.

---

[1]) *Lindenbaum*, Fund. Math. 8, S. 218.

XII. Die methodische Bedeutung der „unlösbaren" Probleme

Wolfgang Bolyai (1775—1856), ein Freund von *C. F. Gauß*, hatte viele Jahre seines Lebens dem Bemühen gewidmet, das Parallelenpostulat von *Euklid*[1]) zu beweisen. Die Existenz eines solchen ungelösten Problems in der Geometrie war ihm ein schweres Ärgernis. Er schreibt dazu an seinen Sohn *Johann:*

> *Es ist unbegreiflich, daß diese unabwendbare Dunkelheit, diese ewige Sonnenfinsternis, dieser Makel in der Geometrie zugelassen wurde, diese ewige Wolke an der jungfräulichen Wahrheit.*

Wenn heute diese Briefstelle in einer Vorlesung über Grundlagen der Geometrie zitiert wird, liegt jedesmal ein heiteres Lächeln über dem Auditorium. Wie kommt es, daß das gewiß ernst gemeinte Pathos des ungarischen Mathematikers den modernen Studenten so komisch erscheint? Hier liegt eine Wandlung des Denkens vor, die zu untersuchen wichtig ist.

Für den an der Platonischen Philosophie geschulten Mathematiker vergangener Jahrhunderte waren die Sätze der Geometrie Aussagen über die Welt der Ideen, und das Vorliegen eines wichtigen und doch ungelösten Problems bedeutete, daß der Blick des Forschers in die Welt der absolut gültigen Wahrheiten noch nicht völlig frei war. Nun hat aber gerade die Arbeit des Sohnes *Bolyai* (annähernd gleichzeitig mit dem Russen *Lobatschewsky*) zu der Einsicht geführt, daß das Parallelenproblem nicht gelöst werden *kann*, weil auch eine Geometrie in sich widerspruchsfrei denkmöglich ist, in der alle Euklidischen Axiome und Postulate gelten bis auf das Parallelenpostulat: An Stelle dieses Satzes tritt die Aussage, daß es durch einen Punkt zu einer Geraden in einer Ebene mindestens zwei Parallele gibt. Die Existenz einer solchen „Nichteuklidischen Geometrie"[2]) hat dazu beigetragen, daß die Mathematiker im 19. Jahrhundert lernten, das Wesen ihrer Axiome anders zu sehen. In der Hilbertschen formalistischen Mathematik geht es nicht mehr um

---

[1]) Das 5. Postulat („Parallelenpostulat") von *Euklid* lautet:
„*Wenn eine Gerade zwei Geraden trifft und mit ihnen auf derselben Seite innere Winkel bildet, deren Summe kleiner ist als zwei Rechte, dann treffen sich die beiden Geraden, wenn man sie auf dieser Seite verlängert.*"

[2]) Siehe dazu z. B. [XII 1].

„Wahrheit" (im metaphysischen Sinne), sondern um „Sicherheit"[1]), um die Sicherheit nämlich, daß der Aufbau der Theorie aus den einmal gesetzten Axiomen niemals auf einen Widerspruch führen kann. Die nun sogar nachweisbare Unbeweisbarkeit des Parallelenpostulates hat damit seine Schrecken verloren: Das 5. Postulat des Euklid ist eben von den andern unabhängig, und die übrigen Axiome können gar nicht geeignet sein, es zu beweisen.

Platon hatte die Mathematik den „Wecker der Erkenntnis" genannt. Es zeichnet sich jetzt die Möglichkeit ab, daß die moderne Mathematik das in einem ganz anderen Sinne wird: In der Mathematik ist es möglich, die Möglichkeiten und Grenzen einer wissenschaftlichen Methode mit einer Präzision festzustellen, die z. B. auf dem Gebiet der historischen Wissenschaften nicht möglich ist. Das wird besonders deutlich, wenn man die modernen Untersuchungen über die Beweisbarkeit der Widerspruchsfreiheit in mathematischen Theorien heranzieht. Hier liegen Bildungsmöglichkeiten für den mathematischen Unterricht in Hochschulen und Schulen vor, die bisher noch nicht voll genutzt sind[2]).

Die in dieser Schrift behandelten unlösbaren Konstruktionsaufgaben (8 und für gewisse Radien 9) haben eine ähnliche methodische Bedeutung wie das Parallelenproblem. Jahrtausendelang war man der Meinung, daß die Quadratur des Zirkels und die Dreiteilung des Winkels mit Zirkel und Lineal doch lösbar sein *müsse.* Heute wissen wir, daß Zirkel und Lineal eben nicht die geeigneten Geräte sind, um diese Aufgaben zu lösen. Ein moderner Geometer[3]) vergleicht das Vorliegen der unlösbaren Probleme in der Geometrie mit der Tatsache, daß eine Brettersäge zum Rasieren ungeeignet ist. Der zeitgenössische Forscher ist in der Tat prosaischer als *Wolfgang Bolyai,* aber es ist auch klar, daß dieser Wandel der Sprache seinen guten Grund hat.

Bei den „unlösbaren" Aufgaben des Kapitels VIII ist die Lage noch etwas anders als bei den Konstruktionsaufgaben. Hier liegt nur deshalb ein unlösbares Problem vor, weil die Aufgaben ungeschickt formuliert wurden: In der Aufgabenstellung von (7) ist doch unterstellt, daß es in der Menge der Bereiche $\mathfrak{B}$ einen solchen mit kleinstem Flächeninhalt gibt. Die nach unten beschränkte Menge der Flächeninhalte der Bereiche $\mathfrak{B}$ braucht aber gar kein Minimum zu haben. Eine solche Zahlen-

---

[1]) *Hilbert* in seinem Vortrag „Über das Unendliche", den er 1925 in München hielt. Abgedruckt in den „Grundlagen der Geometrie" 7. Aufl. 1930.

[2]) Siehe dazu auch den Aufsatz [XII 3], der auch in der 2. Auflage von [VI 10] nachgedruckt ist.

[3]) *W. Blaschke* in [XII 2] S. 7.

160

menge hat aber immer eine untere Grenze. Ersetzen wir einmal die Aufgabe (7) durch die folgende:

(7c) *In einem Bereich $\mathfrak{B}$ soll eine Strecke AB von der Länge 1 so bewegt werden (durch Verschiebungen und Drehungen), daß der Richtungswinkel von AB sich dabei um 360° ändert. Gesucht ist die untere Grenze u der Flächeninhalte aller Bereiche $\mathfrak{B}$.*

Diese Aufgabe ist lösbar. Aus Kapitel VIII ergibt sich $u = 0$, und wir können hinzufügen, daß in diesem Fall die untere Grenze kein Minimum ist.

Aus der Unlösbarkeit der Aufgabe (7) ist die Einsicht zu gewinnen, daß man bei Extremalproblemen niemals die Existenz einer Lösung als selbstverständlich voraussetzen darf, wenn es um Mengen mit unendlich vielen Elementen geht. Das bedeutet aber auch, daß indirekte Beweise im Bereich der Extremalprobleme der Ergänzung durch eine Existenzaussage bedürfen. Wir wollen das am Beispiel des „isoperimetrischen Problems" erläutern. Hier geht es um folgende klassische Aufgabe:

(7d) *Es sei M die Menge der ebenen einfach geschlossenen stetigen Kurven von der Länge L. Welche unter allen Kurven der Menge M umschließt einen Bereich größten Flächeninhalts?*

Es gibt einen schönen und einfachen Beweis von *Jacob Steiner* [V 4] dafür, daß eine Kurve, die kein Kreis ist, diese Extremaleigenschaft jedenfalls nicht hat. Jede solche Kurve $\mathfrak{K}$ kann „verbessert" werden durch Angabe einer Kurve $\mathfrak{K}'$ von gleicher Länge L, die einen Bereich $\mathfrak{B}'$ einschließt, dessen Flächeninhalt $F(\mathfrak{B}')$ größer als der des von der Kurve $\mathfrak{K}$ eingeschlossenen Bereiches $\mathfrak{B}$. *Steiner* folgerte daraus, daß damit die Aufgabe (7c) gelöst sei durch den Kreis vom Radius $\dfrac{L}{2\pi}$.

Erst *Weierstraß* wies darauf hin, daß der Schluß nicht korrekt sei. Es ist ja nicht gesagt, daß das Steinersche Extremalproblem überhaupt eine Lösung hat. Zunächst ist nur gezeigt: *Wenn* es eine Lösung dieser Aufgabe gibt, ist es der Kreis. Natürlich kann man in diesem Fall die Steinersche Überlegung durch einen „Existenzbeweis" ergänzen oder auf andere Weise direkt zeigen, daß der Kreis die Lösung des isoperimetrischen Problems ist[1]).

Wir wollen uns darauf beschränken, die Unzulässigkeit der Steinerschen Schlußweise durch ein von *O. Perron* stammendes Beispiel zu unterstreichen.

---

[1]) Siehe dazu z. B. [II 7].

Nach dem beim isoperimetrischen Problem benutzten Verfahren kann man „beweisen“, daß 1 die größte aller natürlichen Zahlen ist. Das geschieht so: Durch Quadrieren wird jeder von 1 verschiedenen natürlichen Zahl n eine größte natürliche Zahl n^2 zugeordnet. Jede von 1 verschiedene natürliche Zahl n kann also (durch Angabe einer größeren Zahl n^2) „verbessert“ werden, so wie oben beim geometrischen Beweis die geschlossenen Kurven durch Angabe einer andern mit größerem Inhalt „verbessert“ wurden. Das geht bei allen natürlichen Zahlen außer der 1. Also ist 1 die größte natürliche Zahl.

Hier ist der Trugschluß offensichtlich: Wir haben unterstellt, daß es überhaupt eine größte natürliche Zahl gibt, und das ist sicher falsch.

LITERATUR

Das Literaturverzeichnis ist nach den Kapiteln des Buches geordnet. Solche Arbeiten, die ausführliche Angaben über die einschlägige Literatur enthalten, sind durch einen Stern bei der Nummer gekennzeichnet.

II 1. *W. Killing* und *H. Hovestadt:* Handbuch des mathematischen Unterrichts I, Leipzig und Berlin 1910.

II 2. *L. Fejes:* Abschätzung des kürzesten Abstandes zweier Punkte eines auf der Kugel liegenden Punktsystems. JBer. d. D. M. V. 53, S. 66–68, 1943.

II 3. *D. Hilbert* und *S. Cohn-Vossen:* Anschauliche Geometrie. New York 1944.

II 4. *W. Lietzmann:* Elementare Kugelgeometrie mit numerischen und konstruktiven Methoden. Göttingen 1949.

II 5. *W. Habicht* und *B. van der Waerden:* Lagerungen von Punkten auf der Kugel. Math. Ann. 123, S. 223–234, 1951.

II 6. *B. van der Waerden:* Punkte auf der Kugel. Drei Zusätze. Math. Ann. 125, S. 213–222, 1952.

II 7.* *L. Fejes Toth:* Lagerungen in der Ebene, auf der Kugel und im Raum. Berlin, Göttingen, Heidelberg 1953.

II 8. *L. Fejes Toth:* Kreisüberdeckungen in der hyperbolischen Ebene. Acta Math. Ac. Sc. Hung., IV, 1–2, 1953.

II 9. *L. Fejes Toth:* Kreisausfüllungen in der hyperbolischen Ebene. Acta Math. Ac. Sc. Hung., IV, 1–2, 1953.

II 10. *H. Meschkowski:* Elementare Behandlung von Lagerungsproblemen. Math. Phys. Semesterber. IV, S. 256–262, 1955.

II 11. *A. Heppes:* Über mehrfache Kreislagerungen. El. der Math. X, S. 125–127, 1955.

III 1. *K. Schütte* und *B. van der Waerden:* Auf welcher Kugel haben 5, 6, 7 oder 8 Punkte im Minimalabstand 1 Platz? Math. Ann. 123, S. 96–123, 1951.

III 2. *K. Schütte:* Überdeckung der Kugel mit 8 Kreisen. Math. Ann. 129, S. 101–106, 1955.

IV 1. *F. Supnick:* On the dense packing of spheres. Transact. Am. Math. Soc. 65, S. 14–26, 1949.

IV 2. *M. E. Wise:* Dense random packing of unequal spheres. Phil. Res. Rep. 7, S. 321–343, 1952.

IV 3. *A. H. Boerdijk:* Some remarks concerning close-packing of equal spheres. Philips Res. Rep. 7, S. 303–313, 1952.

IV 4. *H. Hadwiger:* Einlagerung kongruenter Kugeln in eine Kugel. El. der Math. VII., S. 97–103, 1952.

V 1. *H. W. E. Jung:* Über die kleinste Kugel, die eine räumliche Figur einschließt. Crelles J. für d. r. und ang. Math. 123, S. 241–257, 1901.

V 2. *H. W. E. Jung:* Über den kleinsten Kreis, der eine ebene Figur einschließt. Crelles J. für d. r. und ang. Math. 137, S. 310–313, 1910.

V 3. *J. Pál:* Über ein elementares Variationsproblem. Det Kgl. Danske Vid. Selbskab, Mat.-Fys. Medd. III 2, 1920.

V 4. *H. Rademacher* und *O. Toeplitz:* Von Zahlen und Figuren. Berlin 1933.

V 5. *R. Sprague:* Über ein elementares Variationsproblem. Mat. Tideskrift 1936, S. 96–99.

V 6. *D. Gale:* On inscribing n-dimensional sets in a regular n-simplex. Proc. Am. Math. Soc. 4, S. 222–225, 1953.

V 7. *A. Kirsch:* Die Pferchkugel eines Punkthaufens. Math.-Phys. Semesterberichte III, S. 214–218, 1953.

V 8. *H. G. Eggleston:* Cavering the three dimensional set with sets ofs maller diameter. J. London Math. Soc. 30, S. 11–24, 1955.

V 9. *H. Hadwiger* und *H. Debrunner:* Ausgewählte Einzelprobleme der kombinatorischen Geometrie in der Ebene. L'Enseignement Math. 1, S. 56–89, 1955.

V 10.* *J. M. Jaglom* und *W. G. Boltjanski:* Konvexe Figuren. Berlin 1956.

V 11. *B. Grünbaum:* A simple proof of Borsuk's conjecture in three dimensions. Proc. Cambridge Phil. Soc. 53, S. 776–778, 1957.

VI 1. *M. Dehn:* Über den Rauminhalt. Math. Ann. 55, S. 465–478, 1901.

VI 2. *M. Zacharias:* Elementargeometrie der Ebene und des Raumes. Berlin 1930.

VI 3. *J. P. Sydler:* Sur la décomposition des polyèdres. Comm. Math. Helv. 16, S. 266–273, 1943.

VI 4. *H. Hadwiger:* Bemerkungen zur elementaren Inhaltslehre des Raumes. El. der Math. IV, S. 3–7, 1949.

VI 5. *E. Kamke:* Mengenlehre. Berlin 1949.

VI 6. *H. Hadwiger:* Zerlegungsgleichheit und additive Polyederfunktionale. Comm. Math. Helv. 24, S. 204–218, 1950.

VI 7. *J. P. Sydler:* Sur les conditions nécessaires pour l'équivalence des polyèdres euclidiens. El. der Math. VII, S. 49–53, 1952.

VI 8. *J. P. Sydler:* Sur l'équivalence des polyèdres à dièdres rationels. El. der Math. VIII, S. 75–79, 1953.

VI 9. *H. Hadwiger:* Der Inhaltsbegriff, seine Begründung und Wandlung in älterer und neuerer Zeit. Mitt. der Nat. Ges. Bern, 11, S. 13–41, 1954.

VI 10.* *H. Meschkowski:* Wandlungen des mathematischen Denkens. Braunschweig 1956.

VI 11. *D. Hilbert:* Grundlagen der Geometrie. 8. Aufl. Stuttgart 1956.

VI 12.* *H. Hadwiger:* Vorlesungen über Inhalt, Oberfläche und Isoperimetrie. Berlin, Göttingen, Heidelberg 1957.

VI 13. *M. Goldberg:* Tetrahedra equivalent to cubus by dissection. El. der Math. XIII, S. 107–109, 1958.

VII 1. *M. Dehn:* Über die Zerlegung von Rechtecken in Rechtecke. Math. Ann. 57, S. 314–332, 1903.

VII 2. *M. Kraitschik:* La mathématique des jeux. Bruxelles 1930.

VII 3. *A. Stöhr:* Über Zerlegungen von Rechtecken in inkongruente Quadrate. Schriften des Math. Inst. und des Inst. f. ang. Math. der Univ. Berlin, 4, S. 119–140, 1939.

VII 4. *R. Sprague:* Beispiel einer Zerlegung eines Quadrates in lauter verschiedene Quadrate. Math. Zeitschr. 45, S. 607–608, 1939.

VII 5. *R. Sprague:* Über die Zerlegung von Rechtecken in lauter verschiedene Quadrate. Journal für d. r. und ang. Math. 182, S. 60–64, 1940.

VII 6. *R. Sprague:* Zur Abschätzung der Mindestzahl inkongruenter Quadrate, die ein gegebenes Rechteck ausfüllen. Math. Zeitschr. 46, S. 460–471, 1940.

VII 7. *R. L. Brooks, C. A. B. Smith, A. H. Stone* und *W. T. Tutte:* The dissection of rectangles into squares. Duke J. of Math. 7, S. 312–340, 1940.

VII 8. *C. J. Bouwkamp:* On the dissection of rectangles into squares. Kon. Ned. Ak. van Wet., 49, S. 1176–1188, 1946; 50, S. 58–78, S. 1296–1299, 1947.

VII 9. *W. T. Tutte:* Squaring the square. Canadian J. of Math., S. 197–209, 1950.

VII 10. *M. Goldberg:* The squaring of developable surfaces. Scripta math. 18, S. 17–24, 1952.

VIII 1. *E. Trost:* Bemerkungen zu einem Satz über Mengen von Punkten mit ganzzahliger Entfernung. El. der Math. VI, S. 59–60, 1951.

VIII 2. *M. Altwegg:* Ein Satz über Mengen mit ganzzahliger Entfernung. El. der Math. VII, S. 56–58, 1952.

VIII 3. *A. Müller:* Auf einem Kreis liegende Punktmengen ganzzahliger Entfernungen. El. der Math. VIII, S. 37–38, 1953.

VIII 4. *F. Steiger:* Zu einer Frage über Mengen von Punkten mit ganzzahliger Entfernung. El. der Math. VIII, S. 66–68, 1953.

VIII 5. *H. Hadwiger:* Ungelöste Probleme. El. der Math. XIII, S. 85, 1958.

VIII 6. *W. Sierpinski:* Sur les ensembles de points aux distances rationelles situés sur un cercle. El. der Math. XIV, S. 25–27, 1959.

IX 1. *O. Perron:* Algebra I, II. Berlin 1932.

IX 2. *P. Buchner:* Eine Aufgabe, die mit Zirkel und Lineal nicht lösbar ist. El. der Math. II, S. 14–16, 1947.

IX 3. *E. Roth-Desmeules:* Noch eine Aufgabe, die mit Zirkel und Lineal nicht lösbar ist. El. der Math. III, S. 65–67, 1948.

IX 4. *B. van der Waerden:* Moderne Algebra. Berlin, Göttingen, Heidelberg 1950.

IX 5. *H. Lebesgue:* Leçons sur les constructions géométriques. Paris 1950.

IX 6. *E. Kasner & J. Harrison:* The trisection of horn angles Scripta math. 17, S. 231–235, 1951.

IX 7. *L. Bieberbach:* Theorie der geometrischen Konstruktionen. Basel 1952.

X 1. *N. M. Nestorovic:* Über die Quadratur des Kreises und die Zirkulatur des Quadrats in der Lobatschewskyschen Ebene (Russisch). Doklaty Ak. Nauk. UdSSR n. S. 63, 1948, S. 613–614.

X 2. *C. L. Siegel:* Transcendental numbers. Princeton 1949.

X 3. *E. Beutel:* Die Quadratur des Kreises. Leipzig 1951.

X 4. *Th. Schneider:* Einführung in die transzendenten Zahlen. Berlin, Göttingen, Heidelberg 1957.

XI 1. *W. Sierpinski:* Sur quelques problèmes concernant la congruence des ensembles de points. El. der Math. V, S. 1—4, 1950.

XI 2. *W. Sierpinski:* Algèbre des ensembles. Warszawa 1951.

XI 3. *W. Sierpinski:* On the congruence of sets and their equivalence by finite de composition. Lucknow Univ. Studies XX, Fac. of Science, The Lucknow University 1954.

XI 4.* *J. P. Natanson:* Theorie der Funktionen einer reellen Veränderlichen. Berlin 1954.

XI 5. *H. Hadwiger:* Ungelöste Probleme Nr. 5. El. der Math. X, S. 66, 1955.

XI 6. *P. S. Alexandroff:* Einführung in die Mengenlehre und die Theorie der reellen Funktionen. Berlin 1956.

XII 1. *H. Meschkowski:* Nichteuklidische Geometrie. Braunschweig 1954.

XII 2. *W. Blaschke:* Reden und Reisen eines Geometers, Berlin 1957.

XII 3. *H. Meschkowski:* Menschenbildung im Zeitalter der Automatisierung. Erziehung und Bildung 11, Heft 4, 1958.

REGISTER

Wandlungen
des mathematischen Denkens

Von Dr. Herbert Meschkowski, Berlin

2., durchgesehene und erweiterte Auflage.
VII, 141 Seiten mit 19 Abbildungen und
4 Kunstdrucktafeln. 1960. Leinen. DM 12,80

Wie in fast allen Gebieten unseres Daseins hat sich auch in der Mathematik in den letzten 50 Jahren (vielleicht sogar 100 Jahren) eine tiefgehende Umwälzung vollzogen. Sie ist freilich dem Uneingeweihten nur wenig sichtbar, aber dafür um so überraschender, wenn er Näheres darüber erfährt. Das Wertvolle an diesem Buch ist, daß es bis zur Tiefe der modernen Problematik vorzudringen gestattet, ohne dabei eines allzu großen Apparates an Definition, Formulierungen, Symbolen usw. zu bedürfen.

Inhaltsübersicht: Die Aufgabe — Die Grundlagen der griechischen Mathematik — Der Weg zur nichteuklidischen Geometrie — Die Problematik des Unendlichen — Cantors Begründung der Mengenlehre — Antinomien und Paradoxien — Der Intuitionismus — Geometrie und Erfahrung — Probleme der mathematischen Logik — Der Formalismus — Entscheidungsprobleme — Operative Mathematik — Der philosophische Ertrag der mathematischen Grundlagenforschung — Menschenbildung im Zeitalter der Automatisierung — Namenverzeichnis — Literaturverzeichnis.

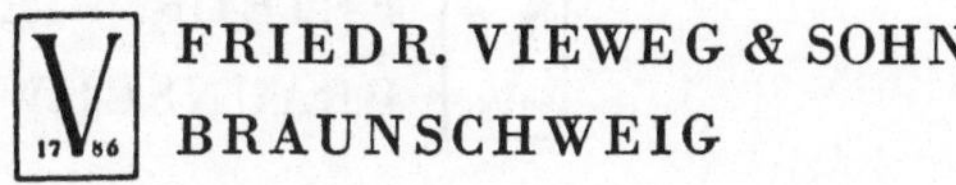

Nichteuklidische Geometrie

Von Dr. Herbert Meschkowski, Berlin

Beihefte für den mathematischen Unterricht,
Heft 4. IV, 80 Seiten mit 65 Abbildungen.
1954. Kartoniert. DM 3,40

Nach einer kurzen Erörterung über das Definieren und Beweisen in der Geometrie überhaupt wird das Hilbertsche Axiomensystem besprochen. An Hand des Poincaréschen Modelles werden sodann die wichtigsten Sätze der hyperbolischen Geometrie behandelt, einige Konstruktionsaufgaben durchgeführt und die Grundformeln der hyperbolischen Trigonometrie hergeleitet.

Internationale Mathematische Nachrichten, Wien

Inhaltsübersicht: Vom Beweisen und Definieren — Das Hilbertsche Axiomensystem. Axiome der Verknüpfung. Axiome der Anordnung. Axiome der Kongruenz. Axiome der Stetigkeit. Das Parallelenaxiom — Aus der Geschichte der Parallelenpostulats Hilfssätze. Kreisbüschel. Transformation durch reziproke Radien. Doppelverhältnisse — Das Poincaré-Modell — Elementare Gesetze der hyperbolischen Geometrie — Konstruktionsaufgaben — Trigonometrie — Elliptische Geometrie — Zum Schluß — Literaturverzeichnis.

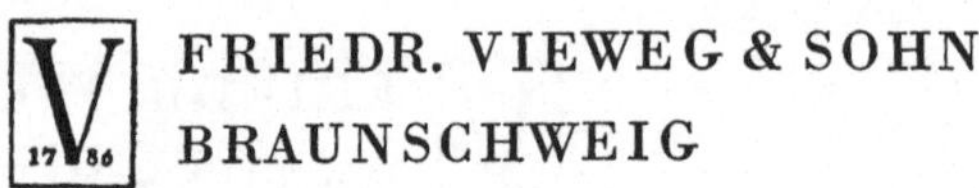

FRIEDR. VIEWEG & SOHN
BRAUNSCHWEIG

Was sind und was sollen die Zahlen?

Von Prof. Dr. Richard Dedekind.

8. Auflage. XII, 47 Seiten. 1960
Kartoniert. DM 3,80.

Im Jahre 1887 begründete Dedekind, einer der bedeutendsten Mathematiker der Zeit um die Jahrhundertwende, mit der vorliegenden kleinen Schrift die moderne Lehre von den Zahlen. Auf vielseitigen Wunsch erschien das Buch als unveränderter Nachdruck in 8. Auflage. Die Darstellung dieser bereits klassischen Abhandlung ist so einfach gehalten, daß jeder mathematisch Interessierte, der mit den Grundlagen der Algebra vertraut ist, sie ohne den Besitz von Spezialkenntnissen lesen kann.

Inhaltsübersicht: Systeme von Elementen — Abbildung eines Systems — Ähnlichkeit einer Abbildung. Ähnliche Systeme — Abbildung eines Systems in sich selbst — Das Endliche und Unendliche — Einfach unendliche Systeme. Reihe der natürlichen Zahlen — Größere und kleinere Zahlen — Endliche und unendliche Teile der Zahlenreihe — Definition einer Abbildung der Zahlenreihe durch Induktion — Die Klasse der einfach unendlichen Systeme — Addition der Zahlen — Multiplikation der Zahlen — Potenzierung der Zahlen — Anzahl der Elemente eines Systems.

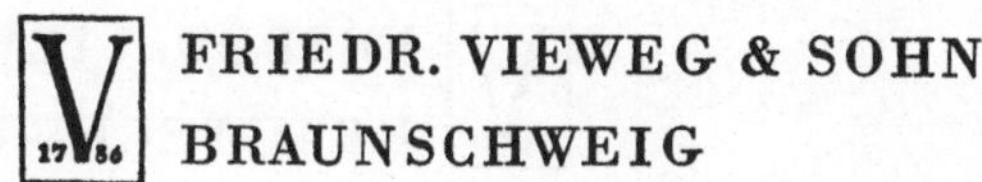

Prinzipien zur Lösung mathematischer Probleme

Von Dr. Josef Hermann Weinacht,
Neustadt/Weinstr.

VIII, 116 Seiten mit 43 Abbildungen und
45 Beispielen. 1959. Edelbroschur. DM 8.80

Die Lösung einer mathematischen Aufgabe wird häufig nur im Hinblick auf das gerade vorliegende spezielle Problem betrachtet. Mit dieser einseitigen Betrachtungsweise wird man zwar eine Lösung finden, doch nicht immer in der zweckmäßigsten Form. Vielfach werden dabei unnötige Gedankengänge verfolgt, ehe das Ziel erreicht wird. In dem Buch werden an vielen Beispielen die Prinzipien erläutert, die für ein systematisches Entwickeln der Lösungen beachtet werden müssen.

Inhaltsübersicht: Einführung — Verstehen der Aufgabe — Entwerfen des Lösungsplanes. Allgemeines. Das funktionale Denken. Die Rolle der Phantasie. Die Bedeutung der Analogie. Die Auswertung einer Analogie. Der Sinn einer Lösung. Allgemeine Richtlinien für einen Lösungsplan: Erstellung und statische Erkundung einer Figur (12 Beispiele). Die dynamische Erkundung einer Figur (14 Beispiele). Abänderung des Problems (16 Beispiele). Lösung geometrischer Probleme auf algebraischem Wege (3 Beispiele) — Durchführung des Lösungsplanes, Rückblick, Ausblick.

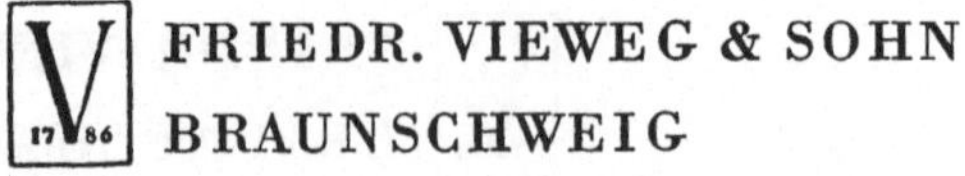

FRIEDR. VIEWEG & SOHN
BRAUNSCHWEIG